標準化教本
世界をつなげる標準化の知識

編集委員長　江藤　学

70周年記念出版

創立70周年記念出版に当たって

　日本規格協会は，2015年12月6日に，創立70周年を迎えました．
　これもひとえに関係者の皆様方のご理解・ご協力の賜物と感謝申し上げる次第です．

　我が国の工業標準化と規格統一の促進を図り，技術の向上，生産の効率化，品質管理の普及・啓発を進めることにより，産業・経済の発展，生活の向上に寄与することを目的に，当協会は，公益法人として終戦から間もない1945年12月6日に設立されました．
　戦後の復興と，それに続く経済・社会の発展のためには，標準化と品質管理が重要な役割を果たすことを見通し，当協会の設立に奔走した当時の関係者の苦労に改めて思いを馳せるところです．
　日本経済は，時代とともに繊維などの軽工業から鉄鋼などの重化学工業へ軸足を移しながら，自動車や電機の牽引により世界第2位の経済大国へ登り詰めました．そして，現在ではITを中心とするイノベーションに目覚ましいものがあり，IoT，ビッグデータ，ロボット技術など，将来の産業構造の転換につながる技術革新は急速に進行しています．
　さらに，グローバル化，多様化の進展と相俟って，インダストリー4.0などの大規模システム技術のほか，エネルギー，環境などの地球規模の課題，高齢化社会，セキュリティー，安心・安全の分野など，モノづくりを超えて標準化が必要とされる領域はますます拡大しています．

　こうした状況の中で，標準化の知見を活用できる人材の育成は，速やかに取り組まなければならない重要な課題となっています．
　そこで，大学・大学院，工業高等専門学校などの学生や若手の社会人を主な対象として，グローバル社会で必要不可欠となる標準化の知識を網羅的に習得することのできる教科書を作成することとしました．

内容は，経済産業省の日本工業標準調査会に設置された標準化教科書執筆者会議での議論と試作をベースにして，江藤学一橋大学教授を委員長とする編集委員会で英知を結集して執筆いただき，"標準化教本〜世界をつなげる標準化の知識〜"と題し，日本規格協会創立70周年の記念出版としました．

　ご協力いただいた経済産業省関係者及び編集委員の皆様に感謝申し上げますとともに，本書が教育機関や企業で広く活用され，標準化の理解と普及が進み，社会で活躍する人材育成の一助となることを心より念願しています．

2016年7月

一般財団法人 日本規格協会 理事長

揖斐　敏夫

まえがき

　企業のビジネスにおける標準化活動の重要性については，古くから様々な指摘がなされてきたが，日本企業の多くは，長い間，標準化活動を社会的責任の一部として位置付け，活動を行ってきた．このため，標準化活動を担う人材も，様々な部署を経験して，リタイア時期の近づいた方々が多く，標準化に対する基礎的教育に対するニーズは低かった．

　しかし，21世紀に入り，標準化活動がビジネス戦略の一部として，企業収益に大きな影響を与える事例が増え，ハイテク業界を中心に，標準化活動を企業戦略の一部として組み込むニーズが高まった．そうなると，入社したばかりの新人が標準化の担当として配属される例も出始め，このような若年層や，入社前の学生に対する標準化の基礎知識教育の重要性が急速に高まることになった．

　この時期，日本工業標準調査会（JISC）では，2006年に"国際標準化戦略目標"を策定，翌2007年には"国際標準化アクションプラン"策定している．2008年には，標準化経済性研究会の報告もまとまり，企業における標準化活動の重要性が急速に経済界に浸透した時期といえるだろう．そこに最大の課題として残されたのが，標準化人材の育成であった．

　このような中で2008年3月，JISCは，"人材育成政策特別委員会"を設置し，標準化人材の育成に関する様々な問題の検討を開始した．この委員会は短期間の集中討議で人材育成の問題点を洗い出し，同年7月に"今後の標準化人材の育成のあり方について"という報告をまとめた．そこで提言されたのは，①企業人材及び研究者，学生に向けた標準化人材育成，②国際標準専門家の育成，③標準化能力検定制度の構築，の3点であった．

　この後，JISCは，この提言を受け，人材の育成政策を広範に開始するが，その実施の中で問題となったのが，教育のための教材の不足である．そこで，最初に着手したのが，②の国際標準専門家のための教材であった．この教材は，私も含めたJISCの事務局メンバーが直接執筆する形で作り上げ，2010年7月に，"標準化実務入門（試作版）"として，JISCのWebサイト上に公表した．この書は2016年1月には全面的に情報を刷新し，正式版の"標準化実務入門

テキスト"として公開している．この標準化実務入門の取りまとめ後に残されたのが企業人材及び研究者，学生に向けた標準化人材育成に活用可能な教科書であり，本書の果たすべき役割である．

　2014年には，経済産業大臣が主催した標準化官民戦略会議が"標準化官民戦略"を公表し，その中で"政府は，産業界や学会と協力して，大学の技術経営学等のカリキュラムのための体系的な標準化教材を作成し，標準化講座の導入を促進する．"と明示された．これを受けて開始されたのが，JISCの"標準化教科書執筆者会議"である．

　この会議では，社会人となった後，初めて標準化に関係する仕事に携わることとなった若いサラリーマンをターゲットとした教科書を想定し，大学や大学院での教育にも利用可能な教科書とは，どのような内容を持つべきであるかについての議論を進めた．この検討の中で最も重視したのは，初めて手に取る標準化の教科書で得るべき知識とは何か，心得るべきことは何か，であった．この議論には，将来の執筆をお願いする前提として，各分野の第一人者の方にお集まりいただき，2015年度末までに試作的な執筆も行った上で，教科書の構成を固めていった．

　2015年に入り，この教科書を，日本規格協会で創立70周年記念事業の一部として出版していただけることが決定し，本格的な執筆が開始された．この時点では，既にAPECやドイツにおいて標準化の教科書が出版され，国連欧州経済委員会での教科書執筆も進んでいたが，日本においてこのような本格的な教科書は初の出版といってよいだろう．だからこそ，今後の標準化の教科書のモデルケースとしての役割を担うことを想定し，本書の執筆に当たっては，現在我が国において，誰からも異論の出ない各分野の第一人者に執筆していただくことを目標に執筆者の依頼を行った．

　その結果，ISOに関しては，ISO理事・副会長を長く務められた武田氏に，IECに関しては直前まで副会長職にあった藤澤氏に，そしてITUに関しては日本代表を長く務められた平松氏にと，国際標準化に関する主要3組織について，紛れもない日本の第一人者に執筆いただいた．さらに，日本の誇るJISについてはJISCの"JISマーク制度専門委員会"委員長や，日本規格協会"標準委員会"の副委員長を務められ，ISOのナノテクノロジー第一人者でもある小野氏に執筆いただき，公共財としての標準化は，JISC消費者政策特別委員

会委員長を長く務められ，現在もISO/COPOLCO（消費者政策委員会）の国内委員会委員長兼日本代表である松本氏に執筆していただいた．そして，標準化活動の中で最も学習難易度の高い適合性評価については，日本を代表する認定機関であるNITE-IAJapan（独立行政法人製品評価技術基盤機構認定センター）のトップを長く勤められた瀬田氏に執筆いただいた．

本書冒頭の基礎的な用語解説，ビジネスと標準化の関係，特許と標準化の関係などは私が執筆させていただいたが，私はこの執筆メンバーの中では最も若輩者であり，大先輩方のご支援・ご指導をいただきつつ，本書を取りまとめることができたのは，大きな喜びであった．さらに，本書の執筆に当たっては，JISC及び経済産業省基準認証ユニットの専門家の方々の様々な支援をいただくことができた．ここに厚く御礼申し上げたい．

本書は，現在の日本で，考え得る限り最高のメンバーで執筆した標準化の教科書といってよいだろう．前に述べたように，それぞれの執筆者が，当該分野に一家言持つ第一人者であるため，それぞれの章の間の統一性は犠牲にしても，各章を執筆者の思いで自由に執筆していただくことを優先した．その上で，出版元である日本規格協会の出版部隊が用語の統一や整理を行って，教科書としての統一性を実現している．

標準化は，ビジネス活動の中で，ぜひ知っておきたい知識である．標準化がビジネスにどのような影響を及ぼすのか，その効果と活用手法を知っているだけで，ビジネス戦略の検討の幅が大きく広がることは間違いない．世界経済のグローバル化はますます進展し，日本人も，世界で，"グローバル社会人"として活躍することが求められている．本書が，その方々の必携の書の一つとなることを期待している．

2016年7月

江藤　学

編集委員会名簿

				執筆章
編集委員長	江藤　　学	一橋大学 イノベーション研究センター 教授		（1, 2, 4 章）
	松本　恒雄	独立行政法人国民生活センター 理事長		（3 章）
	瀬田　勝男	独立行政法人製品評価技術基盤機構 認定センター 技術専門職		（5 章）
	武田　貞生	芝浦工業大学 複合領域産官学民連携推進本部 特任教授		（6 章）
	藤澤　浩道	株式会社日立製作所 研究開発グループ 技術顧問 （早稲田大学 理工学術院 基幹理工学研究科 客員教授）		（7 章）
	平松　幸男	大阪工業大学大学院 知的財産研究科 教授		（8 章）
	小野　　晃	国立研究開発法人産業技術総合研究所 特別顧問		（9 章）
	一般財団法人日本規格協会			（10 章）
オブザーバ				
	藤代　尚武	経済産業省 産業技術環境局 国際標準課 課長		
	大塚　玲朗	経済産業省 産業技術環境局 基準認証政策課		

（執筆章順，敬称略，所属は発刊時点）

本書は，2016年7月の初版発行時に基づいて，執筆・編集されたものである．2019年7月に"工業標準化法"が"産業標準化法"に改正され，"日本工業規格（JIS）"は"日本産業規格（JIS）"に，"日本工業標準調査会（JISC）"は"日本産業標準調査会（JISC）"に改められたことを受け，それらに関する事項については，更新を施している．

目　次

創立 70 周年記念出版に当たって　　i
まえがき　　iii
編集委員会名簿　　vi

1. 標準化の基礎知識
1.1　標準化とは何か··· 9
　1.1.1　標準化の起源··· 9
　1.1.2　標準化の目的·· 10
　1.1.3　標準化の用語の定義·· 10
1.2　標準化の経済学的効果··· 15
　1.2.1　ネットワーク外部性·· 15
　1.2.2　スイッチングコストとロックイン効果······························ 17
　1.2.3　情報の非対称性解消·· 18
1.3　規格の種類··· 18
　1.3.1　規格の内容による分類··· 18
　1.3.2　規格の作成組織による分類··· 20
　1.3.3　標準の成立過程における分類·· 23
1.4　規制と標準化·· 26
　1.4.1　強制法規と規格の関係··· 26
　1.4.2　日本における標準化と強制法規の関係深化························· 27
　1.4.3　企業にとっての標準化と安全規格···································· 30
1.5　標準化環境の変化·· 32
　1.5.1　世界のグローバル化の進展··· 32
　1.5.2　技術の複雑化・高度化··· 33
　1.5.3　WTO/TBT 協定の成立··· 34
　1.5.4　国際標準化活動の変化··· 35
　1.5.5　知的財産と標準の関係深化··· 36

2. ビジネスと標準化 ……… 37

2.1 企業から見た標準化の効果 ……… 38
- 2.1.1 安く作る（コストダウン）……… 38
- 2.1.2 沢山売る（市場の創設・拡大・維持）……… 41
- 2.1.3 高く売る（差別化）……… 44
- 2.1.4 標準化のメリット・デメリット ……… 46

2.2 WTO/TBT協定のビジネスへの影響 ……… 47
- 2.2.1 WTO/TBT協定の本質 ……… 48
- 2.2.2 WTO/TBT協定とビジネス ……… 50
- 2.2.3 マルチスタンダード化によるTBT協定の形骸化 ……… 51
- 2.2.4 WTO政府調達協定とビジネス ……… 53

2.3 デジュール標準の価値と効用 ……… 55
- 2.3.1 企業におけるデジュール標準の価値 ……… 55
- 2.3.2 デジュール標準獲得のための活動 ……… 55
- 2.3.3 コンセンサス標準活用の基本的考え方 ……… 56

3. 公共財としての標準化

3.1 公共財としての標準化 ……… 59
- 3.1.1 古典的な意味での公共財としての標準化 ……… 59
- 3.1.2 公共政策のツールとしての標準化 ……… 59
- 3.1.3 ソフトローとしての標準化 ……… 60

3.2 消費者と標準化 ……… 60
- 3.2.1 日本の消費者政策の展開と標準化 ……… 60
- 3.2.2 マーケティングと契約 ……… 62
- 3.2.3 製品とサービスの安全 ……… 67
- 3.2.4 苦情処理・紛争解決 ……… 72
- 3.2.5 個人情報保護 ……… 74
- 3.2.6 標準化への消費者参加 ……… 76

3.3 高齢者・障害者と標準化 ……… 77
- 3.3.1 アクセシブルデザイン ……… 77
- 3.3.2 ISO/IEC Guide 71 ……… 78

3.3.3　福祉用具の標準化 …………………………………………… 79
　3.4　社会的責任と標準化 …………………………………………………… 80
　　3.4.1　ISO 26000 の開発と発行の意義 …………………………… 80
　　3.4.2　ISO 26000 における社会的責任の定義 …………………… 81
　　3.4.3　社会的責任とコンプライアンス …………………………… 82
　　3.4.4　ISO 26000 の構成と性質 …………………………………… 85
　　3.4.5　7 つの中核主題と 36 の課題 ……………………………… 87
　　3.4.6　ISO 26000 の展開 …………………………………………… 89

4. 特許と標準化

　4.1　イノベーションにおける特許と標準化 ……………………………… 91
　　4.1.1　発明と標準化の関係 ………………………………………… 91
　　4.1.2　特許制度の出現 ……………………………………………… 92
　　4.1.3　特許法と標準化に三つ巴となる独占禁止法の存在 ……… 93
　　4.1.4　特許と標準化の関係深化 …………………………………… 96
　4.2　標準技術に包含される特許の問題 …………………………………… 97
　　4.2.1　標準化過程における特許の影響 …………………………… 98
　　4.2.2　標準化後の特許の影響 ……………………………………… 101
　　4.2.3　今後のパテントポリシー …………………………………… 102
　4.3　パテントプール ………………………………………………………… 103
　　4.3.1　MPEG-2 パテントプール …………………………………… 103
　　4.3.2　DVD-6C パテントプール …………………………………… 107
　　4.3.3　W-CDMA パテントプラットホーム ……………………… 108
　4.4　パテントプールの利点と欠点 ………………………………………… 110
　　4.4.1　ライセンサーにとっての利点と欠点 ……………………… 110
　　4.4.2　ライセンシーにとってのパテントプール ………………… 110
　　4.4.3　パテントプールの問題点 …………………………………… 112
　　4.4.4　各国競争法当局の動き ……………………………………… 114
　　4.4.5　パテントプールの新しい動き ……………………………… 120

5. 適合性評価

5.1 適合性評価活動とその背景 ……………………………………………… 123
- 5.1.1 国際貿易とWTO/TBT協定 ……………………………………… 123
- 5.1.2 適合性評価と国際規格 …………………………………………… 127

5.2 適合性評価の諸活動 ……………………………………………………… 130
- 5.2.1 試験・検査 ………………………………………………………… 130
- 5.2.2 マネジメントシステム認証と要員認証 ………………………… 133
- 5.2.3 製品・サービス・プロセス認証 ………………………………… 137
- 5.2.4 校正・標準物質生産 ……………………………………………… 141
- 5.2.5 認定と技能試験 …………………………………………………… 145

5.3 国際的な動向と適合性評価の相互受入 ………………………………… 149
- 5.3.1 欧州統合と適合性評価 …………………………………………… 149
- 5.3.2 適合性評価ビジネスの拡大 ……………………………………… 154
- 5.3.3 国際相互承認による相互受入 …………………………………… 156
- 5.3.4 各国規制法規による適合性評価，認定及びその相互承認の受入 ……… 164

6. ＩＳＯ

6.1 国際標準化機関 …………………………………………………………… 167
- 6.1.1 主な国際標準化機関：ISO，IEC，ITU ……………………… 167
- 6.1.2 その他の国際標準化機関 ………………………………………… 169
- 6.1.3 グローバル展開を行っている米国の標準開発組織（US-SDO）……… 170
- 6.1.4 政府間の国際機関との関係 ……………………………………… 171
- 6.1.5 国際標準の開発に関する原則（WTO/TBT委員会決定）………… 172

6.2 ISOの概要 ………………………………………………………………… 173
- 6.2.1 ISOの設立 ………………………………………………………… 173
- 6.2.2 ISOの役割と活動領域 …………………………………………… 174
- 6.2.3 ISO規格の開発状況と中期戦略 ………………………………… 175

6.3 規格の著作権と標準化機関のビジネスモデル ………………………… 179
- 6.3.1 ISOとメンバー機関のビジネスモデル ………………………… 179
- 6.3.2 規格の著作権 ……………………………………………………… 180

6.4 ISO の専門委員会と規格の開発 …………………………………… 181
6.4.1 専門委員会（TC）と分科委員会（SC），作業部会（WG）………… 181
6.4.2 TC/SC の幹事国と議長 ………………………………………… 182
6.4.3 ISO 規格の開発プロセス ……………………………………… 184
6.4.4 ウィーン協定（ISO と CEN との関係）……………………… 187
6.4.5 技術管理評議会（TMB）……………………………………… 188
6.4.6 規格開発に対応する国内対応委員会 ………………………… 189

6.5 ISO の組織と運営 ……………………………………………………… 189
6.5.1 ISO の組織 ……………………………………………………… 189
6.5.2 ISO のガバナンス機構と政策開発委員会 …………………… 190
6.5.3 ISO の役員 ……………………………………………………… 192
6.5.4 ISO 中央事務局 ………………………………………………… 192
6.5.5 ISO への日本の参画 …………………………………………… 193

6.6 ISO/IEC JTC 1 …………………………………………………………… 194
6.6.1 設立の経緯 ……………………………………………………… 194
6.6.2 JTC 1 の活動状況 ……………………………………………… 195
6.6.3 JTC 1 における標準化プロセス ……………………………… 195

7. I E C

7.1 IEC の概要 ……………………………………………………………… 199
7.1.1 IEC の設立 ……………………………………………………… 199
7.1.2 IEC のビジョンとミッション ………………………………… 202
7.1.3 IEC の新しい動向 ……………………………………………… 203

7.2 IEC の組織と運営 ……………………………………………………… 203
7.2.1 総会（C）………………………………………………………… 203
7.2.2 評議会（CB）…………………………………………………… 204
7.2.3 執行役員会（ExCo）…………………………………………… 204
7.2.4 市場戦略評議会（MSB）……………………………………… 205
7.2.5 標準管理評議会（SMB）……………………………………… 205
7.2.6 適合性評価評議会（CAB）…………………………………… 206

7.3 IEC の市場戦略活動 …………………………………………………… 207

7.4 **IECの規格開発活動** ·································· 209
 7.4.1 スコープと最近の規格開発 ····················· 209
 7.4.2 SMB活動とシステムアプローチ ················ 210
 7.4.3 技術開発における中立性原理 ··················· 214
 7.4.4 欧州標準化機関（CENELEC）との協調関係 ······ 215
7.5 **IECの国際適合性評価制度** ···························· 216
 7.5.1 試験・認証の相互承認 ·························· 216
 7.5.2 IEC適合性評価システムの概要 ················· 218
 7.5.3 IEC適合性評価システムの管理運営体制 ·········· 223
 7.5.4 適合性評価におけるシステムアプローチ ·········· 225
7.6 **日本におけるIEC活動** ································ 228
 7.6.1 IEC活動推進会議（IEC-APC） ················· 228
 7.6.2 日本の活躍 ··································· 228

8. ITU

8.1 **ITUの概要** ··· 231
 8.1.1 発足前後の経緯 ································ 232
 8.1.2 現在までの歴史 ································ 233
8.2 **ITUの構成** ··· 235
 8.2.1 憲章・条約 ···································· 236
 8.2.2 ITU-T ······································· 240
 8.2.3 ITU-R ······································· 247
 8.2.4 ITU-D ······································· 249
8.3 **ITUの標準化作業** ··································· 250
 8.3.1 SG会合 ······································ 250
 8.3.2 勧告 ··· 252
 8.3.3 その他の成果文書 ······························ 253
 8.3.4 知的財産権の取り扱い ·························· 253
8.4 **ITUの活用** ··· 255
 8.4.1 標準実施者として ······························ 255
 8.4.2 情報収集を目的として ·························· 255

9. JIS

9.1 JIS の変遷 ……………………………………………………… 257
9.2 JIS の国際化 …………………………………………………… 258
9.3 JIS の多様化 …………………………………………………… 260
9.3.1 マネジメントシステム規格 ……………………………… 260
9.3.2 安全規格 …………………………………………………… 262
9.4 JIS と適合性評価 ……………………………………………… 264
9.5 JIS と強制法規 ………………………………………………… 265
9.6 国家規格と国際規格 …………………………………………… 267
9.7 JIS 作成の体制 ………………………………………………… 268
9.8 産業標準化制度とその運用 …………………………………… 270
9.8.1 JIS の制定プロセス ……………………………………… 270
9.8.2 JIS のタイプ ……………………………………………… 271
9.8.3 TS/TR 制度 ……………………………………………… 273
9.8.4 JIS の分野 ………………………………………………… 275
9.9 最近の JIS の動向 ……………………………………………… 276
9.9.1 新技術分野の JIS ………………………………………… 276
9.9.2 新市場創造型標準化制度 ………………………………… 277

10. 海外の標準化機関

10.1 米国 ……………………………………………………………… 279
10.1.1 標準化制度の概要 ………………………………………… 279
10.1.2 NIST（米国国立標準技術研究所）……………………… 279
10.1.3 ANSI（米国規格協会）…………………………………… 280
10.1.4 ASTM International（米国材料試験協会）…………… 280
10.1.5 ASME（米国機械学会）………………………………… 280
10.1.6 IEEE（米国電子電気学会）……………………………… 281
10.1.7 UL（保険業者安全試験所）……………………………… 281

10.2 欧州 ……………………………………………………………… 281
　10.2.1　欧州の標準化制度の概要 …………………………………… 281
　10.2.2　CEN（欧州標準化委員会）………………………………… 282
　10.2.3　CENELEC（欧州電気標準化委員会）…………………… 283
　10.2.4　ETSI（欧州電気通信標準化機構）………………………… 284
　10.2.5　欧州主要国の標準化機関 …………………………………… 284

10.3 アジア …………………………………………………………… 287
　10.3.1　PASC（太平洋地域標準会議）……………………………… 287
　10.3.2　ACCSQ（アセアン標準化・品質管理諮問評議会）……… 288
　10.3.3　中国 ……………………………………………………………… 288
　10.3.4　韓国 ……………………………………………………………… 290
　10.3.5　シンガポール ………………………………………………… 291
　10.3.6　ベトナム ……………………………………………………… 292
　10.3.7　インド ………………………………………………………… 293
　10.3.8　タイ …………………………………………………………… 294
　10.3.9　インドネシア ………………………………………………… 294
　10.3.10　マレーシア ………………………………………………… 295

引用・参考文献 ………………………………………………………… 297
索　引 …………………………………………………………………… 303

1. 標準化の基礎知識

1.1 標準化とは何か

　最初に，"標準化"とは何か，標準化の目的とは何か，から見ていこう．標準化は，その活動から得られる直接的効果から，間接的・総合的効果まで，様々な効果を持ち，そのそれぞれが標準化の目的として規定されることがある．標準化を理解する上では，この階層構造を念頭に置くことが必要である．

1.1.1 標準化の起源

　標準化活動は人類の誕生と同時に，あるいは生物の誕生と同時に始まった活動であり，自然そのものが標準化活動の積み重ねともいえる．そして人間社会において，標準化はコミュニケーションの手段として，生活の便益向上の手段として大きな役割を果たしている．

　言語や文字は標準化によって作られた代表的なものといえるだろう．複数の人，複数の機械，そして人と機械がコミュニケーションし，共に働くためには，その間のインタフェースを両者があるルールとして理解していることが必要である．こうしてルールを決めていく活動が標準化であり，そのルールが普及すると，そのルールを標準と呼ぶようになるのである．つまり，標準とは，何かと何かをつなぐインタフェースだといってもよい．人と人とをつなぐインタフェースになるのが言語や文字などの標準であり，機械と機械をつなぐのが，形状やプロトコルなどの標準である．そして，人と機械の間をつなぐのは，使い方や作り方などのマニュアルや測定・試験の方法などである．

　このため，標準は社会生活に密接に関係している．実際，自分の身の周りに

標準化されたものがあふれていることにすぐに気が付くだろう．

1.1.2　標準化の目的

このような標準を作る標準化という活動は，言い換えれば"単純化"する活動だといってもよい．形状や材料を単純化することで，誰でも簡単に作れるようになり，測定方法を単純化することで，異なったものを比較し，同じものであれば交換できるようになる．そして使用方法や管理の方法を単純化すれば，誰でも簡単に扱えるようになるのである．

このため，標準化の最もわかりやすいメリットはコストダウンである．誰でも簡単に作れ，品質管理が容易になることは，コストダウンに直結することは明白である．このため，標準化の事業活用に関する報告には標準化によるコストダウン機能に注目したものが多い．しかし，標準化を行う目的は，決してコストダウンだけではない．

1972 年に ISO 設立 25 周年を記念して，"The aims and principles of standardization"[1]（邦題：標準化の目的と原理）という本が ISO から出版された．この本の中では，標準化の目的として，表 1.1 の 9 つを挙げている．ここには，標準化が直接的に実現する目的から，それが社会に普及することで結果的に社会を変化させることまでの広範な目的まで含んでおり，それぞれに重複がある．例えば標準化は単純化であり，単純化するからこそ互換性が生まれ，互換性があるからこそ，伝達手段として使えるのである．標準化の目的は，このような階層構造を持つものとして全体を俯瞰的に見る必要がある（図 1.1）．

1.1.3　標準化の用語の定義

ここまで，標準という言葉を，特に定義せずに使ってきたが，標準という言葉の定義も見ておこう．なお，日本語では Standard に対して"標準"という言葉と，"規格"という言葉の二つが使われる．この二つの使い分けについては後で論じるが，法律や条約などの翻訳では，Standard に対し"規格"の訳語が与えられることが多い．

表 1.1 標準化の目的

① **単純化**
　人間社会は絶えず複雑性が高まる方向に進むため，この情報・製品の洪水を抑え，良好な方向に流す役割をするのが標準化の第一目的であるとしている．標準化活動とは単純化することだが，その単純化自体が標準化の目的ということもできるのである．

② **互換性の確保**
　単純化により品種を減少し製造コストの削減をするには，互換性の維持が重要になる．一つの部品が世界中様々な場所で利用できれば，単純化の効果も大きい．コストダウン効果を生み出す標準化目的の一つがこの互換性の確保である．

③ **伝達手段としての規格**
　最初に述べたように，言語・文字は標準化の最も重要な成果の一つである．これにより，同じ言語・同じ文字を利用する者の間のコミュニケーションが実現した．同様のことが表示方法や用語の統一でもいえる．

④ **記号とコードの統一**
　長さ，重さなどの物理量を測定し，それを世界中に通じる形で表示するためには，単位系の統一や記号・コードの統一が必須である．本書ではあまり触れていないが，計量標準という重要な学問分野との連携を持つ部分が，この記号とコードの統一である．

⑤ **全体的な経済への効果**
　標準化の経済面への貢献は，この報告の前までは軽視されていた．しかし，この時期以降，標準化の経済への影響の大きさが知られるとともに，これを重要な目的とする標準化も現れてきた．その代表的なものがコストダウンであり，もう一つが市場拡大である．

⑥ **安全，生命，健康の確保**
　安全・生命・健康に関するルールは多く，標準化の目的としては欠かせない．あるルールの主要な目的が安全にある場合，この報告では，安全を最も上位に位置付けるべきとしている．

⑦ **消費者の利益の保護**
　消費者の利益を守ることは，標準化の最も重要な目的の一つであるが，消費者が規格作成に参加することは少ない．

⑧ **共同社会の利益の保護**
　環境問題など，一消費者でなく社会全体が利益を上げることができるようにすることも標準化の目的の一つといえるであろう．

⑨ **貿易の壁の除去**
　世界における製品貿易が活発化する中で，様々な技術的貿易障害が発生しているが，これも標準化によって解決が模索されている．

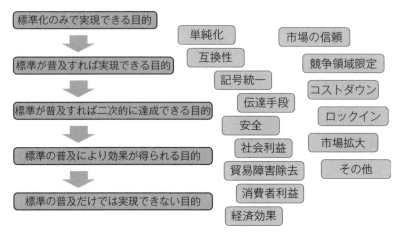

図 1.1 標準化の目的の階層構造例

(1) WTO における定義

"標準" の定義として世界的に最も権威のある定義は，WTO/TBT 協定によるものだろう．この協定の附属書に用語の定義があり，そこに強制規格（Technical regulation）と，任意規格（Standard）が定められている（表 1.2）．

(2) ISO における定義

ISO/IEC Guide 2 [JIS Z 8002（標準化及び関連活動 — 一般的な用語）] では，"Standard（規格）" について次のように定義している．

> "与えられた状況において最適な秩序を達成することを目的に，共通的に繰り返して使用するために，活動又はその結果に関する規則，指針又は特性を規定する文書であって，合意によって確立し，一般に認められている団体によって承認されているもの."

なお，ISO/IEC Guide 2 では，"Standardization（標準化）" についても定義しており，次のようになっている．

> "実在の問題又は起こる可能性がある問題に関して，与えられた状況において最適な秩序を得ることを目的として，共通に，かつ，繰り返して使用するための記述事項を確立する活動."

1.1 標準化とは何か

表 1.2 WTO/TBT 協定による標準の定義

> **1. 強制規格**
> 　産品の特性又はその関連の生産工程若しくは生産方法について規定する文書であって遵守することが義務付けられているもの（適用可能な管理規定を含む.）. 強制規格は，専門用語，記号，包装又は証票若しくはラベル等による表示に関する要件であって産品又は生産工程若しくは生産方法について適用されるものを含むことができ，また，これらの事項のうちいずれかのもののみでも作成することができる.
>
> **2. 任意規格**
> 　産品又は関連の生産工程若しくは生産方法についての規則，指針又は特性を一般的及び反復的な使用のために規定する，認められた機関が承認した文書であって遵守することが義務付けられていないもの. 任意規格は，専門用語，記号，包装又は証票若しくはラベル等による表示に関する要件であって産品又は生産工程若しくは生産方法について適用されるものを含むことができ，また，これらの事項のうちいずれかのもののみでも作成することができる.

(3) 日本産業規格（JIS）における定義

前に述べたように，日本語には標準と規格の二つの言葉があるため，JIS Z 8002 では，Standard を"規格"とした上で，"標準"については，同 JIS の附属書 JA（参考）関連用語で

> "関連する人々の間で利益又は利便が公正に得られるように，統一し，又は単純化する目的で，もの（生産活動の産出物）及びもの以外（組織，責任権限，システム，方法など）について定めた取決め."

としている.

この文章を規格（Standard）と比べると，標準とは，規格（Standard）のように文書化され規定されている必要はなく，規格よりも少し広い概念として規定されていることがわかる. 言い換えれば，JIS の規定上，規格は"文書化された標準"である.

(4) 産業標準化法の定義

なお，JIS の制定等を定めた"産業標準化法"では，"産業標準化"と"産業

標準"について表 1.3 のように定義している．ここでまた新しい言葉として"基準"という言葉が使われているが，この言葉は，"規格"とほぼ同じ意味で使われている．

表 1.3　産業標準化法（第2条）による定義

"産業標準化"とは，次に掲げる事項を全国的に統一し，又は単純化することをいい，"産業標準"とは，産業標準化のための基準をいう．
① 鉱工業品（医薬品，農薬，化学肥料，蚕糸及び農林物資（日本農林規格等に関する法律（昭和 25 年法律第 175 号）第2条第1項に規定する農林物資をいう．第10号において同じ．）を除く．以下同じ．）の種類，型式，形状，寸法，構造，装備，品質，等級，成分，性能，耐久度又は安全度
② 鉱工業品の生産方法，設計方法，製図方法，使用方法若しくは原単位又は鉱工業品の生産に関する作業方法若しくは安全条件
③ 鉱工業品の包装の種類，型式，形状，寸法，構造，性能若しくは等級又は包装方法
④ 鉱工業品に関する試験，分析，鑑定，検査，検定又は測定の方法
⑤ 鉱工業の技術に関する用語，略語，記号，符号，標準数又は単位
⑥ プログラムその他の電磁的記録（電子的方式，磁気的方式その他人の知覚によつては認識することができない方式で作られる記録であつて，電子計算機による情報処理の用に供されるものをいう．）（以下単に"電磁的記録"という．）の種類，構造，品質，等級又は性能
⑦ 電磁的記録の作成方法又は使用方法
⑧ 電磁的記録に関する試験又は測定の方法
⑨ 建築物その他の構築物の設計，施行方法又は安全条件
⑩ 役務（農林物資の販売その他の取扱いに係る役務を除く．以下同じ．）の種類，内容，品質又は等級
⑪ 役務の内容又は品質に関する調査又は評価の方法
⑫ 役務に関する用語，略語，記号，符号又は単位
⑬ 役務の提供に必要な能力
⑭ 事業者の経営管理の方法（日本農林規格等に関する法律第2条第2項第2号に規定する経営管理の方法を除く．）
⑮ 前各号に掲げる事項に準ずるものとして主務省令で定める事項

(5) 社会における標準と規格の使い分け

ここまで見てきた用語の定義は，法律や公的な規格によるものである．しかし，現実社会において，この"標準"と"規格"という二つの単語が，文書化されているか，いないか，で使い分けられていることはほとんどない．現実の社会では，"標準"と"規格"は使い分けられず，同じ言葉として使われることが多い．この二つの用語は，ほぼ包含しているといってもいいだろう．

ただし，この二つを接続した"標準規格"という言葉も多く見られる．この"標準規格"という言葉は，"規格が普及して標準となった"という意味を持っており，"標準"には，"規格"には存在しない"普及"という要件が加わっている．

実際，規格化は技術者が机上や話し合いで行うものだが，規格は普及しなければ，現実社会ににおいてその目的を達成することはできない．普及しないまま消えていく規格が多いのも事実である．そして，"標準"という言葉を使う場合，そこには，普及することによって規格の本来の目的を達成することができた，という感覚が加わっている場合が多い．つまり，現実的に"標準"と"規格"を使い分けるならば，"普及した規格が標準"と考えておくのが社会的には最も誤解が少ないといえるだろう．

1.2　標準化の経済学的効果

前に述べたように，規格は普及しなければ価値を持たない．逆にいえば，普及しやすくするためにルールを単純化し，わかりやすく整理したのが規格である．では，なぜ技術を単純化し，規格化すれば普及しやすくなるのだろうか．ここでは，標準化の経済学的効果として必ず知っておくべき三つの効果を説明する．ネットワーク外部性，スイッチングコスト，情報の非対称性解消である．

1.2.1　ネットワーク外部性

ネットワーク外部性（network externalities）は，多くのユーザーがネットワークに接続すればするほど利便性が高くなる効果である．この結果，市場の

拡大が促され，市場の存在を確固たるものとするクリティカル・マスの形成に至る．ネットワークを構成する産業は，古くは鉄道業から始まったが，近年では，情報通信技術分野が注目される．

ネットワークに新ユーザーが加入すると，加入済みのユーザー全体に対し，ネットワークを利用する際の利便性を高める（ネットワーク外部性を発生させる）．例えば，相互に独立して連絡できない，加入者100万人の電話ネットワークと加入者10万人の電話ネットワークでは，連絡可能な加入者数に大きな差があるため，結果として，便利さでは圧倒的な差が発生する（加入者間の可能な組合せを計算すればその差は歴然である．）．また，データを交換や共有する際には，同一のソフトウェアを使うほうが便利になるため，利用者が多いソフトウェアであればあるほど，価値が高まると考えられる．

結局のところ，ネットワーク外部性の意味するところは，広範なユーザーを獲得したネットワーク技術を選択するほうがより望ましい結果に結び付くというものである．

ネットワーク外部性は，ネットワーク接続により直接的に便益が発生するケース（電話加入者数，新たなFAX機の追加導入等）の他に，ネットワークに伴う周辺市場（ネットワークで利用可能なソフトウェアの存在等）からの間接的なネットワーク外部性も存在する．

規格化された技術は，多くの場合，その普及過程においてネットワーク外部

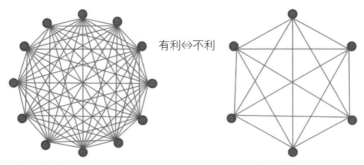

参加者が多いネットワークに加入していたほうが，便益が大きい．

図 **1.2** ネットワーク外部性の考え方

性を有する．このため，規格化された技術がある一定の市場規模を持つと，急速にその規格による技術の寡占化が生じる．このため，規格化された技術は普及しやすいのである．

1.2.2 スイッチングコストとロックイン効果

スイッチングコスト（switching costs）は，ある規格製品／サービスから別の規格製品／サービスに切り替える際に発生するコストである．このコストは，新規に新しい設備などを導入するための費用だけではない．ユーザーが旧技術から移管するために必要な習熟コストや，これまで蓄積されたデータの変換コストなど，特定の規格の利用期間が長ければ長いほど，そこへの投資額が大きければ大きいほど，スイッチングコストには様々なものが含まれることになり，その額は拡大する．そして，このスイッチングコスト大きいほど，ユーザーが技術を乗り換えることは難しくなる．

現実に大きなスイッチングコストの存在は，標準の使用者が，既存標準の使用を取りやめることや別の標準への変更を躊躇させてきた．このように，ユーザーが技術を乗り換えることができなくなった状態をロックインと呼ぶ．つまり，規格化された技術は，普及して標準になっていく過程でスイッチングコストが大きくなり，ユーザーを当該規格に固定するロックイン効果を有するのである．QWERTY のキーボードレイアウトは，その典型例であり，技術的に高い価値のあるものでなくても，一旦標準として普及したものはスイッチングコストが大きくなり，標準を長い間一つに固定してしまうのである．

図 1.3 ロックインの代表例 – QWERTY キーボード

1.2.3 情報の非対称性解消

情報の非対称性（information asymmetries）は，生産者が製品の品質の詳細を把握しているのに対し，消費者は購入する製品の品質を購入後まで知らないといったように，市場における各取引主体が保有する情報に差があるときの，その不均等な情報構造を示す経済学上の概念である．情報の非対称性により，消費者が品質の差を見分けられない場合，高品質であっても価格が高い製品は，低品質で価格が安い製品の前で，競争力を発揮できず市場を喪失するなど，市場の失敗が生じる可能性がある．

このような情報の非対称性の解決策としては，情報優位者が製品の品質に関する情報（シグナル）を情報劣位者に間接，直接に提示し，情報の格差を縮小する"シグナリング"や，情報劣位者が，情報優位者に幾つかの案を示し，その選択を通して情報を開示させる"スクリーニング"の有効性が知られている．

標準化とは，このうち，情報優位者が，あらかじめ品質や安全性に関する条件を決定し，その情報を情報劣位者に直接提供するものであるため，"シグナリング"機能を持つ情報の非対称性に対する一つの対応策と考えられる．この情報の非対称性解消も，標準化の基本的経済効果の一つといえるだろう．

1.3 規格の種類

規格を分類する場合，その規格の内容によって分類する方法と，規格が作られた組織によって分類する方法，作成方法によって分類する方法などがある．代表的な分類を以下に示す．

1.3.1 規格の内容による分類

前述の ISO/IEC Guide 2 では，規格を表 1.4 に示すように 8 つに分類している．

ただし，これらの分類は規格ごとに区分できるものではない．多くの規格が，複数の機能を持つからである．

例えば製品規格では,その製品の仕様を定めるために測定結果を用いることが多いが,その測定方法が既存の試験方法規格で規定されていない場合,製品規格中に測定方法を記述する.また,多くの規格が,その規格で初めて出現した用語の定義を行う.つまり,製品規格には用語規格や試験方法規格を含むものも多く存在するのである.

表 1.4 ISO/IEC Guide 2 (JIS Z 8002) による規格の種類

① **基本規格** (basic standard)
　用語,記号,単位,標準数など適用範囲が広い分野にわたる規格,又は特定の分野についての全体的な記述事項をもつ規格.
② **用語規格** (terminology standard)
　用語に関する規格であって,通常,用語の定義を伴い,ときには説明のための備考,図解,例などを伴うもの.
③ **試験方法規格** (testing standard)
　試験方法に関する規格であって,ときにはサンプリング,統計的方法の使用,試験順序などのような試験に関する記述事項を含むもの.
④ **製品規格** (product standard)
　目的適合性を確実に果たすために,製品又は製品群が満たさなければならない要求事項を規定する規格.
⑤ **プロセス規格** (process standard)
　目的適合性を確実に果たすために,プロセスが満たさなければならない要求事項を規定する規格.
⑥ **サービス規格** (service standard)
　目的適合性を確実に果たすために,サービスが満たさなければならない要求事項を規定する規格.
⑦ **インタフェイス規格** (interface standard)
　製品又はシステムの相互接続点における両立性に関する要求事項を規定する規格.
⑧ **提供データに関する規格** (standard on data to be provided)
　特性の一覧を内容とする規格であって,製品,プロセス又はサービスを規定するために,それらの特性に対する値又はその他のデータを指定するもの.

1.3.2 規格の作成組織による分類

規格を作成する標準化機関の地理的，政治上あるいは経済上の水準から以下のように7つのタイプに分類することができる．

(1) 国際規格

国際規格の制定プロセスに関して満たすべき条件として，WTO/TBT（貿易の技術的障害）委員会において表1.5に示す6条件が合意されている．

これらの条件を満たす機関において策定された規格が国際規格である．国際的に合意がある機関としては，電気・電子・通信以外の幅広い技術を扱う国際標準化機構（ISO），電気・電子の標準化を行う国際電気標準会議（IEC），通信分野の標準化を行う国際電気通信連合（ITU），計量関係の規格を決定する国際法定計量機関（OIML）がある．

これ以外にも，例えば防爆関係では国際連合（UN）が，航空機の安全関係では国際民間航空機関（ICAO）が標準化活動を行うなど，様々な国際機関が標準化に関与している．さらに米国は，国内のIEEEやASTMなども，WTO/TBTが定める国際標準化機関の条件に合致していると主張している．

(2) 地域規格

地域規格は地域的な標準化機関で制定される規格であり，代表的な地域標準化機関として欧州の3団体を上げることができる．CEN（欧州標準化委員会）が電気・通信分野を除くあらゆる分野の欧州規格（EN）を制定しており，CENELEC（欧州電気標準化委員会）は電気・電子分野に欧州規格（EN）を，

表1.5 WTO/TBT委員会で合意された国際規格の制定プロセス

- ・透明性（規格案の早い段階からの通知，作業計画の開示等）
- ・開放性（世界各国からの自由な参加等）
- ・公平性（コンセンサスに基づく決定等）
- ・効率性・市場適合性（特定の市場が有利にならないことの確保，各国の規制体系への適応性，性能規格の重視等）
- ・一貫性（重複の回避等）
- ・途上国への配慮（標準化機関や先進国による必要な技術協力等）

ETSI（欧州電気通信標準化機構）は通信分野，放送・情報技術を中心とした欧州規格を制定している．

CENとISOは技術協力協定として"ウィーン協定"を締結し，ISO規格と欧州規格（EN）を可能な限り両立あるいは一致させるとともに，作業の重複を避けることによって相互の利益を得る仕組みを構築している．また，CENELECとIECは技術協力協定として"ドレスデン協定"を締結し，CENELECはIECが制定した国際規格（IEC規格）を，修正を加えずそのまま欧州規格（EN）として導入する方針を打ち出している．

欧州以外の地域規格団体としては，COPANT（Pan-American Standards Commission）が独自規格を作成しているものの，その他の地域では，PASC（太平洋地域標準会議）を含め，当該地域向けの翻訳規格を作成するのみで独自の規格は作成していない．

(3) 国家規格

国家規格は国家標準化機関が制定する規格であるが，先進国の多くでは民間機関が国からの委託や権限付与を受け，国家規格を制定・認定している．例えば，英国規格協会（BSI）は英国規格（BS）を，ドイツ規格協会（DIN）はDIN規格を作成している．フランス規格協会（AFNOR）では，フランス国家規格（NF規格）を一部作成するとともに，認定されたフランスの標準化団体が作成した規格をNF規格として承認している．米国では，ASTM（米国材料試験協会），IEEE（米国電気電子学会）等の任意規格を開発する団体が800以上あるといわれており，米国規格協会（ANSI）自らは規格の作成は行っておらず，280以上の規格開発団体（SDOsと呼ばれる．）を標準化機関として認定し，これらの認定された標準化機関が提出する規格を承認し，米国国家規格（ANSI）として指定している．

これに対し，日本の場合は，国家標準化機関である日本産業標準調査会（JISC）が日本産業規格（JIS）を，農林水産省が日本農林規格（JAS）を制定しており，国が直接国家規格を定めている．同様に中国では，国家標準化機関である中国国家標準化管理委員会（SAC）が国家規格（GB，GB/T）の審査・

許可・番号指定・公布をしている．多くの途上国でも国家規格は国が定める形となっており，日本は途上国型の国家規格作成構造を維持しているということができる．

(4) 団体規格

団体規格は業界団体等が作成する規格であり，日本では，例えば，日本電子振興協会（JEITA）がJEITA規格を，日本鉄鋼連盟標準化センター（JISF）が日本鉄鋼連盟規格（JFS）を作成している．米国では，多数の規格開発機関が存在し，各々の団体規格を作成していることは既述のとおりである．なお，民間標準化団体規格と区別するため，業界規格という場合もある．

(5) フォーラム規格・コンソーシアム規格

フォーラム規格は，ある特定の標準の策定に関心のある企業が自発的に集まってフォーラムを形成し，合意によって作成される規格である．電子情報分野等の変化の早い分野では，フォーラムが実質的にはデジュール規格案の検討機関として働くことが増えてきた．

過去には，コンソーシアム規格とフォーラム規格をメンバーの開放性の違いから分けて論じることもあったが，最近では，これらを区別する意味はほとんどなくなっているといってもよいだろう．

なお，インターネットのWorld Wide Webで使用される各種技術の標準化を推進するために設立された標準化団体であるW3C（World Wide Web Consortium）は，フォーラムと学会の中間的な組織であり，世界中の関係者が参加しているため，そこで作成される規格を国際規格と呼ぶこともできる．

(6) 社内規格

社内規格は，会社，工場などで，材料，部品，製品，組織，あるいは購買，製造，検査，管理などの仕事に適用することを目的として定めた規格である．このような社内標準化は，社内の技術を標準化し，固有技術を蓄積して効果的活用を図ること，あるいは，社内の業務運営を定め，作業方法を統一し，結果のばらつきを低減すること等を通じて，業務の合理化・効率化を図ることができるなどの効果が期待できる．

(7) 学会規格

　日本機械学会（JSME）や情報処理学会（IPSJ）など，標準化活動に積極的に参加する学会では，学会内の話し合いで規格原案を作成することがある．こういったものを学会規格と規定することができるが，本当に重要なのは後述の学会標準であろう．なお，国際的な学会でありながら標準化活動を積極的に行っている米国電気電子学会（IEEE）が作成する規格については，米国では国際規格に相当するものと評価されている．また，インターネットの標準化を進める IETF（Internet Engineering Task Force）は，参加資格が個人であることから，組織形態としては学会に近いが，活動内容はフォーラム標準化団体に近く，そこで作成される規格は国際規格に近い影響力を持っている．

1.3.3　標準の成立過程による分類

　規格の作成場所による区分と似ているが，その規格が普及して標準となっていく過程に注目して標準を分類することもできる．このため，ここでは"規格"ではなく"標準"の用語を用いる．

(1)　コンセンサス標準

　1.1 節で述べた"標準化"の定義は，参加者が話し合いによって規格を作成するものであった．このような規格全体を"コンセンサス標準"と呼ぶ．コンセンサスで作成された規格は，作成参加者が規格を利用し普及するため，標準となりやすい．

　ただし，話し合いによって規格を作成するため，作成メンバーである場合は特に独占禁止法の影響を受けやすく，規格の利用を制限することが難しい．このため，コンセンサス標準のビジネス活用には綿密な戦略が必要である．

　なお，以前はデジュール標準のことをコンセンサス標準と呼ぶことがあったし，最近は逆にデジュール標準は含まず，フォーラム標準だけをコンセンサス標準と呼ぶこともある．基本的には，異なった組織から参加した規格作成メンバーの話し合いによって作られた規格の標準化は，全てコンセンサス標準と考えるべきだろう．

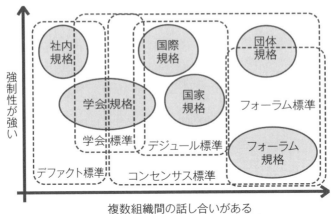

図 1.4 標準の分類の考え方の一例

(2) デジュール標準

デジュール標準はコンセンサス標準の代表的なものであり，国際標準化機関や国家標準化機関，標準化団体等により公的な標準として策定される規格の総称である．これらの機関で作成された規格は，規格作成活動への参加者である国や業界団体が利用することが前提であるため，一定の普及が実現することは確実であり，これらをまとめてデジュール標準と呼ぶ．

デジュール標準の場合，規格策定への参画はオープンで，規格策定に関心のある国，団体，企業が参画し，関係者間の投票等の合理的な合意形成によって規格が作成される．このため，参加者間のレベル差に影響されやすく，策定プロセスに一定の時間が必要である．

(3) フォーラム標準

前述のフォーラム規格が普及すると，フォーラム標準と呼ばれるべきだが，実際にはフォーラム規格とフォーラム標準はほぼ同じ用語として使われている．フォーラムという話し合いの場を経て，フォーラムへの参加者が協力して普及させ標準とすることから，コンセンサス標準の一種と考えられる．

(4) 学会標準

学会標準とは，学会において論文等で発表された測定方法，実験方法，病気の診断・治療方法などが普及し，標準としての効果を持つようになったものをいう．多くの学会で，このような活動が行われているが，一部の学会では前述の学会規格として規格化されているし，そうでない場合も，学会の参加者間に暗黙の合意があるところから，次に述べるデファクト標準とは異なり，デファクト標準とコンセンサス標準の中間的な位置付けにあるといえるだろう．

ビジネス面から見ると，規格がオープンで誰でも使える状態になっていることが多い点ではコンセンサス標準的だが，"話し合い"や"規格の調整"という行為が行われない場合が多いため独占禁止法の影響を受けにくく，特定の規格原案作成者の規格がそのまま標準となる場合が多いという意味ではデファクト標準的である．

(5) デファクト標準

1980年代後半に企業活動に大きな影響を与えたデファクト標準は"標準化活動"の結果成立する"コンセンサス標準"ではない．"デファクト標準"とは，企業の事業活動の結果，特定企業の製品が市場をほぼ占有し，その製品にネットワーク外部性があるために，その製品が用いるインタフェースなどを利用しなければ，その市場に参入することができなくなった状態を指している．つまり，標準を獲得したのではなく，特定製品が市場を獲得したために，その製品技術が標準と同様の経済効果を持つようになってしまったのが，いわゆるデファクト標準である．

このため，デファクト標準を成立させる活動とは，企業の基本的活動である市場シェアの確保戦略，つまり，技術力，営業力，販売力，宣伝力など，企業の持つ力を結集して製品の市場を拡大する活動に他ならない．

しかし，デファクト標準の成立は，単なる市場占有にはない重要な意味を持っている．それは，ネットワーク外部性があるために，ある程度普及すると，ネットワーク外部性の効果で急速に市場占有が進み，他の技術製品を市場から駆逐してしまうということである．さらにその標準のロックイン効果が高いた

め，市場を長い間占有できる．これはまさに"標準の効果"の一つであり，結果的に獲得した"標準"であっても，そのメリットは企業に多大な恩恵を与えるのである．

そして，デファクト標準が通常の標準化活動により成立した標準と異なるのは，その標準技術の利用を開発者が占有することができるということである．前に述べたように，コンセンサス型の標準であれば，その技術の利用は基本的に公開されており，多くの社がその製品製造に参入することになる．独禁法上も，標準化技術を占有することは問題である．しかし，デファクト標準であれば，その技術は知的財産として特許法で保護することが可能であり，その状態であれば占有することも可能となっている．このため，デファクト標準となった技術は，改良技術などによる置き換えが生じ難く，長期にわたって市場を占有することが可能になるのである．逆に，市場を獲得できなかった製品技術は市場を失い，その開発コストはサンクコスト（埋没費用）となる．このため熾烈なデファクト競争が市場で行われることになる．

1.4 規制と標準化

1.4.1 強制法規と規格の関係

規制法などの強制法規に何らかの技術基準が組み込まれる場合，これらの技術基準を"強制規格"と呼ぶことができる．その目的は安全性の確保，環境維持など，国民の健康と安全を守るためである場合が多い．さらに昨今では，強制法規がJISなどの任意規格を引用する場合が増加している．この場合，引用された規格自体は任意規格として作成されたものだが，強制法規に引用された時点で強制規格と同等になる．この性格変化が起こることが，規格と法との関係を考える上で，最も重要なポイントである．

本来，安全を守るための基準は科学的根拠を基に決定されるべきで，参加者の合意によって作るものではない．しかし多くの場合，正確なリスク分析には長い期間と多くのデータが必要になり，その間安全を守ることが遅れることを

放置することはできない．できるだけ早く，妥当な範囲で安全を確保するためには，前述のように，既に作成されている任意規格を引用することが最も効果的なのである．しかし，その規格は科学的に安全性が証明されたものとは限らないことを忘れてはならない．

ところで，一般に安全規格といった場合，最初に頭に浮かぶのは，ヘルメットやチャイルドシートなど，安全を守るために存在する製品の規格だろう．しかし，これらの規格は厳密には安全規格ではない．これらは，製品に一定以上の品質を保証する"品質規格"の一部であり，分類上は製品規格の一部である．本来の安全規格とは，標準化そのものによって，あるいは標準化によってのみ初めて安全性が得られる場合である．例えば，ガス栓の開閉方向やそのときのコックの向き，航空機用トグルスイッチの作動方向の向きなどを規格化して同一方向にすること，などが典型的な例である．

市場においては，このような厳密な用語の使い分けはなされておらず，製品規格と厳密な安全規格の中間的存在として，製品を安全に使用するための規格である"消費者の安全を守るための規格"や，"事業所等における労働者の安全を守る規格"全体を安全規格と呼ぶ場合が多い．

1.4.2 日本における標準化と強制法規の関係深化

ここで，日本における標準化と強制法規との歴史を見てみよう．日本の近代的標準化政策の始まりは，明治時代後半の公共調達に始まる．1906（明治38）年農商務省において政府調達のポルトランドセメントの試験方法を統一したが，これが日本における全国的な規格統一作業の最初といわれている．当時官公庁におけるセメントの調達は基本的にこの規格を採用することとしたため，民間にも普及し，強制法規で使用が義務付けられたわけではないものの，かなりの強制力を持つ規格であった．

1919（大正8）年に度量衡及び工業品規格統一調査会を設置し，規格作成体制のあり方について検討，1921年，工業品規格統一調査会を設置して日本標準規格（JES）の制定が開始された．この規格制定の目的は，製品の互換性を

とり，利便性を高めることはもちろんであったが，それ以上に国内製品の品質向上を図ることに主要な目的が置かれていた．基本的に前述のポルトランドセメント同様，政府の調達時にはJES規格品を調達することとされていたため，この規格の影響は大きかった．

この工業品規格統一調査会は1946（昭和21）年2月まで存続したが，1939年以降は戦時規格としての臨時日本標準規格（臨時JES）策定にその中心が移った．この臨時JES規格は国家総動員法，価格統制令による物価統制に利用され，多くの製品で臨時JES規格による生産が法的に強制された．もちろん，これ以前にも，多くの法律が"技術基準"を設定して，これに沿った規制を実施していたが，この時期に標準化活動と強制法規の関係は急速に近まり，"規格"を強制法規が引用する形が一般化した．

1945年8月15日の終戦とともに戦時規格の制定も終わり，工業品規格統一調査会は廃止され，1946年2月，日本工業標準調査会（JISC，現 日本産業標準調査会）が発足した．この調査会の大きな課題が，輸出品の品質向上のための規格整備であった．終戦2年後の1947年には日本と海外との貿易が再開されたが，戦時中に崩壊した我が国の輸出産業を立ち直らせるのは容易ではなかった．特に，こういった時期は技術面で粗悪品濫造に走りやすいため，これを防止することが喫緊の課題であった．このため政府は，輸出検査機構を通じた輸出品の質的向上を達成するため，重要輸出品取締法を策定し，この輸出品検査の規格として，国内規格とは別に輸出品規格を制定することとした．1949（昭和24）年，工業標準化法（現 産業標準化法）が制定され，我が国の工業標準化活動が完全に統一されたが，この一部の輸出品規格は重要輸出品取締法に引用され強制規格として利用されることとなり，この体制は1957（昭和32）年まで継続された．

とはいえ，戦後に策定された"工業標準化法"の基本目的は，使用者に対し品質の保証された製品を供給することであり，強制法規に引用されることが目的ではなかった．同時に整備されたJISマーク表示制度は，まさに，市場において"よい規格"を満足している製品を判別することができるようにするた

1.4 規制と標準化

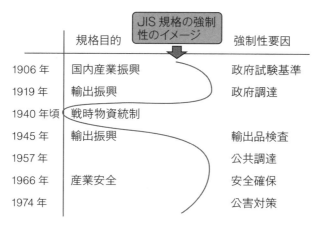

図 1.5 日本の国家規格と強制法規との関係の変化イメージ

めの制度であり，"任意規格"を満足することが社会・経済の利益に通じるということを大原則とした産業振興法としての性格の強い法律であった．

このため，前述の輸出品規格との間の矛盾が徐々に大きくなった．つまり，国内の製品品質が高まり，その中で更によいものを選別する規格を作ろうとしても，輸出品規格に足を引っ張られ，品質の低い規格しか作れないという問題が発生したのである．このため，重要輸出品取締法向けに作られる"輸出品規格"と，それ以外の規格との関係が何度も議論され，徐々に取締法と工業標準化法との距離をとるべきとの意見が強まり，1957（昭和32）年，輸出品取締法が廃止され，輸出品検査法にその機能が移管されるタイミングで，輸出品のための特別な規格は作成しないことが決定され，工業標準化法により作成される規格の"任意規格"化が進められた．

ただし，品質が安全に関わる場合などについては，強制法規との関係はこの後も続いている．この一環として，1966（昭和41）年の工業標準化法改正では，第26条として，国及び地方公共団体が技術上の基準を定めるときや鉱工業品を調達するときは，JIS 規格を尊重することが義務付けられている．

1968（昭和43）年に工業技術院（当時）が行った調査[2]では，この時点で

50 の法律の 193 の規則・告示に JIS 規格が引用され，当時の JIS 規格の 2 割に当たる 1 415 規格が何らかの法律等に引用されていた．そのうち 91 ％が JIS 規格の利用を強制するものであり，労働基準法，薬事法，食品衛生法，火薬類取締法などに見られた．当時，法律別に見て最も多くの JIS 引用条文を持っていたのは消防法であり，電気事業法，船舶安全法などにも多くの引用が見られるなど，品質確保より安全の確保において JIS 規格の強制化が進展した．

1974（昭和 49）年に制定された第四次工業標準化計画において標準化活動の目的が，当時最も大きな社会課題であった産業公害の防止や消費者の保護，労働安全に重点が移ったため，この後更に安全・安心関係の規格が積極的に作成され，強制法規との関係を強めていくこととなった．現在も JIS 規格が引用されている法律の数は増加しているが，安全規格関係が多く引用される構造は 40 年前とほとんど変化していない．

工業標準化法の大きな柱である JIS マーク表示制度も，この動きと無縁ではない．前に述べたように，JIS マーク表示制度は任意のマーク制度であり，高度な規格に準拠した高品質製品を区別するために製品に付されているものであったが，2004（平成 16）年に工業標準化法が大改正された時点で存在した約 1 万の JIS 認定工場（JIS 製品を製造できることを認定された工場）のうち，半数以上が生コン工場とコンクリート二次製品工場であった．これは，JIS 規格が建築基準法や土木工事の調達基準で引用されているためであり，国内生コン工場の 90 ％以上が JIS 認定工場となっている．任意の基準を満たすことで高品質を証明することを目的に整備された JIS マーク表示制度も，実態的には強制法規に対応する資格要件として機能する制度として積極的に活用されているのである．

1.4.3 企業にとっての標準化と安全規格

これまで見てきたように，社会経済の観点から見れば，安全に関わる規格が強制法規との関係を強めていくのは，消費者保護の観点から当然ともいえる．では，企業にとって，安全規格とはどのような意味を持つのであろうか．

企業活動にとって標準化の主要な役割は市場拡大とコストダウンである．そして，安全規格が市場拡大に大きな役割を果たすことは明確である．安全規格により製品の安全性が向上することが購買者の安心感を惹起し，その製品の市場が拡大することになる．

重要なことは，この安全規格は，コストダウンにも大きな役割を果たしているということである．前にも述べたように，"完全な安全"はあり得ないとすれば，安全の確保はリスク排除と，それにかけるコストとのバランスにならざるを得ない．しかし，安全の程度をコストで議論することはできず，企業が想定し得るリスクを全て排除する努力をすることが求められ，これは企業にとって無限大の負担となる．ところが，このときに安全規格が存在すれば，その規格の求める要求事項を満足することで，企業はリスクを排除する合理的努力をしたと認められ，それ以上のコストを安全に費やす必要がなくなるのである．

これは企業にとって非常に大きなコストダウンになることは明白である．JIS においても，多くの安全規格がこのために存在するといっても過言ではない．

しかし，ここに一つ大きな問題が生じる．もし，この安全規格が，消費者を危険から守るために製造者が守るべき基準であるなら，それは"任意規格"ではなく"強制規格"であるべきではないかという問題である．逆に言うなら，強制規格でない安全規格とは，何をどこまで安全に守る規格なのか．そして，その規格に準拠することは，企業にとってどのような意味があるのかということである．

規格への準拠が強制ならば，それを守るのは当然で製品は差別化されない．規格への準拠が強制でないなら，規格に準拠しているほうが，当然製品価値が高いことになり，そこは製品の差別化のポイントとなる．しかし，もしそうなら，規格より更に高い安全性を持てば，それは製品価値を更に高めることとなり，任意規格の存在価値がなくなるのである．

以上見てきたように，任意規格であった安全規格と強制法規との関係は消費者保護の流れの中で大きく変化しつつある．将来的には，本当に守るべき安全

規格は全て強制化し，任意の安全規格は存在しない状態になるのが国家規格の終着点かもしれない．2007 年に起こった大阪でのジェットコースター事故でも，安全基準としての JIS 規格は存在したが，強制されていないことが問題となった．リチウム電池の発火事故については，発火事故の多発を受け，2000 年の IEC の安全基準を基にした JIS を 2007 年に改正し，2008 年には電気用品安全法に，この JIS の技術基準がそのまま導入されている．

しかし，本来"安全"は法で守るべきものではなく，製品が"本質的に安全"であることが最も重要なことである．体系化された安全規格群は製品の本質的安全を確保する上で高い効果を有している．製品開発・設計に携わる技術者は，安全を法遵守で担保するのではなく，体系的安全規格を導入し，製品の本質的安全が実現できるような開発・設計を実現しなければならない．

1.5　標準化環境の変化

昨今の標準化に関する環境は，大きく変化している．以下では，この標準化環境の変化について述べる．

1.5.1　世界のグローバル化の進展

現代の事業活動における標準化の効果を考える場合，最も重要な背景の変化は，先進工業国から BRICs，ASEAN 諸国などに生産技術が移転され，安価な人件費とあいまって，新興工業国が世界の生産工場としての地位を確立したことである．標準化による技術情報の単純化と流通は，高い生産性を持つ国を利するのは明白であろう．

1990 年代初頭の日本企業は，"どんな標準でも，決定されれば，その標準に合った製品を世界で最初に出荷できる"と公言するほど自国・自社の生産能力に強い自信を有していた．今でも，その生産能力にかげりはないが，人件費の高騰がモジュラー化された大量生産品の競争力を奪い，今やその能力の多くがアジアの新興工業国にも移転した．このため，標準化による先行者利益を獲得

できる期間はますます短くなり，利益の多くは安価な製品を製造できる国に移ってきている．日本は世界標準を自ら作り出す技術力はつけたが，その製品を安価に早く出荷する能力はASEAN・中国等に大きく水をあけられたと言わざるを得ないだろう．

こういった環境下においては，安易な標準の設定は，海外工業国に国内・海外市場を奪われるだけで，我が国に何のメリットも与えない可能性が高いことを認識する必要がある．

1.5.2 技術の複雑化・高度化

もう一つの重要なポイントが，技術の複雑化により，一社独占による製品技術確立が困難となり，複数社の多くの技術を用いなければ，一つの製品を作ることができなくなってきていることである．

さらに，市場が立ち上がり始めた後の普及スピードが早いため，いかに競争製品より早くネットワーク外部性の効果が出る規模まで市場を拡大するかが事業上最も重要なポイントとなっている．このため，先行者が普及させたい製品のうち，ネットワーク外部性に影響の大きいインタフェースなどの技術をオープンにして他社の参入を促す"デファクト標準のオープン化"が行われることが増えている．これにより参入者が増加することで早い段階でネットワーク外部性の効果が高まり，その製品のシェアが急速に高まることが期待できるのである．

ただし，前に述べたとおり，参入者の増加は企業利益に結び付かない可能性があることに注意する必要がある．市場確保を重視して技術をオープン化しすぎると，当該技術の開発コストを上乗せする必要のない後発参入社が低価格攻勢で先発社の市場シェアを奪うことにつながるからである．このように技術のオープン化で市場を拡大したものの，開発者が利益を失う事例が多く見られる．IBM-PCとクローンメーカーがそのいい例だろう．

とはいえ，一社でのデファクト標準獲得が困難である以上，このような動きは拡大せざるを得ない．それがフォーラム標準の増加である．一社によるデ

ファクトスタンダードが生まれにくくなっている環境については，原田もその著書で述べているが[3),4)]，昨今では複数企業が集まりフォーラム形式（コンソーシアム形式）で技術を持ち寄り製品を完成する形態が増加しており，フォーラムの形成数の増加が，その事実を裏付けている[5)]．

1.5.3 WTO/TBT 協定の成立

1995年に発効したWTO/TBT協定（Agreement on Technical Barriers to Trade）は，各国で用いられている基準認証制度が技術的に貿易の円滑化の障害になるようなことを防ぐための協定である．この協定発効以降，各国の基準認証制度は例外規定を除き，国際標準を用いることが義務付けられ，国際標準の策定に関わっていくことの重要性が叫ばれることとなった．

WTO（World Trade Organization：世界貿易機関）は，1995年にそれまでのGATT（関税と貿易に関する一般協定）を引き継いで発足した．2016年1月現在で世界162の国と地域が参加しており，世界の大部分の国・地域が加盟している国際機関である．そしてWTO協定の中でも基準認証分野に密接に関係しているのが，"貿易の技術的障害に関する協定（TBT協定）"である．

WTO加盟各国においては，産品の品質や試験方法などに関する基準（規格）とそれらの基準に適合しているかどうかを評価する認証制度が構築されているが，これらの制度は，通常，品質や安全性の確保，環境の保全などの目的で運用されている．しかしながら，これらの制度はその運用方法次第で輸入制限や輸入品に対する差別的な待遇を与えることにつながり，結果として自由貿易を制限することがあり得る．また，当該国において，外国産品が適合性評価を受けることが当該国の国内産品に比して困難な場合は，その国の基準・認証制度自体が市場参入の障壁となることがある．

このような障壁を除去するため，WTOの前身のGATTの場では1979年に"貿易の技術的障害に関する協定"（通称"GATTスタンダードコード"）を成立させた．しかし，この協定は批准国だけが適用されるものであったため義務の適用が部分的なものであった．

1.5 標準化環境の変化　　　　　　　　　　　　　　　　　　　35

ウルグアイ・ラウンドでは，この協定を強化する形でTBT協定が合意された．このTBT協定はWTO加盟時に一括受諾対象の協定となったため，全てのWTO加盟国で適用されるものとなり，各国の基準認証制度の手続きによる不要な貿易障害の除去を徹底し，自由貿易体制の強化が図られることとなった．

なお，WTO/TBT協定と同時に，標準化が大きな意味を持つ協定として，政府調達において国際標準を利用すること義務付けている"政府調達協定"がある．このWTO/TBT協定と政府調達協定のビジネスとの関係については，第2章で述べる．

1.5.4　国際標準化活動の変化

ISOなどにおける国際デジュール標準そのものの変化も重要なポイントである．WTO/TBT協定の影響もあり，規格化された技術は，とりあえず国際標準を獲得する傾向が顕著になっているが，これに対応して，ISOにおけるファーストトラック（Fast-track procedure：迅速手続）制度，IWA（International Workshop Agreement：国際ワークショップ合意文書）制度などが整備され，国際標準を作りやすい環境が醸成されている．これと同時に，ここ数年言われている事後標準から事前標準への流れを受け，グローバルレリバンス議論の進展や，技術開発スピードの高速化により，国際標準のマルチスタンダード化が幅広い分野で一般化していることに注意しておく必要がある．今や国際標準は，市場においてデファクト標準が決まる前に，その候補をスクリーニングする手段として機能していると見ることさえできる．その意味では，国際標準を獲得することは，デファクト標準を目指す上で必須のプロセスといえるが，それだけで標準化の効用を得ることができるとは限らないことに注意する必要がある．

この国際標準のマルチスタンダード化は，同時に，各国の自国市場を守るためのバリアとしての働きも見せつつある．本来WTO/TBT協定により，WTO加盟各国は"共通の"国際標準を採用することを義務付けられているはずだが，国際標準がマルチスタンダード化しているため，このTBT協定の価値は薄れ，

逆に各国が自国標準を国際標準化して自国市場を守る動きに出ているのである．中国が行った無線 LAN 標準への WAPI 規格提案などが，その典型であり，昨今は多くの中国規格が国際標準化機関により国際規格とされている．

1.5.5　知的財産と標準の関係深化

最後に，知的財産と標準との関係が深化していることにも注意する必要がある．規格を国際標準化するということは，その規格を誰でも自由に使えるということだが，昨今の技術開発スピードの高速化と複雑化の中では，標準に特許を組み込まざるを得ない場合も多く，そのためのルールであるパテントポリシーの整備も進んだ．

その結果として，知財を含んだ標準が数多く作られているが，同時にパテントポリシーによる RAND 条件の強制により，これらの技術から高いライセンス料を要求するのが困難となり，ライセンスを活用したビジネスは難しくなってきている．さらに前に述べた技術の複雑性ともあいまって，クロスライセンス等も活発に行われ，ライセンス収入では製品収入に太刀打ちできない環境となりつつある．このような環境下では，ますます製品による利益回収の戦略が重要となる．

加えて，その技術の複雑さゆえにホールドアップ問題が起きやすくなっていることに注意する必要がある．特に昨今，製品製造を行わない開発専業企業が増えていること，更には製品技術に内包された泡沫パテントによる訴訟利益を目指すパテントトロールと呼ばれる活動が拡大していることは，ホールドアップの危険を高める原因として大きな問題である．これについては，第 4 章で詳しく解説する．

2. ビジネスと標準化

　前章では，標準化が様々な意義や目的を持つことを説明した．これらの意義や目的は，それぞれ重要なもので，そこに固定した優先順位は存在しない．しかしながら企業に所属する者にとっては，当該企業が行う経済活動の側面から標準化を理解し，必要に応じて標準化を利用していくことを考慮する必要がある．本章においては，特に企業の経済活動と標準化の関係において，押さえておくべき知識として，標準化のビジネス効果について説明する．

　1980年代後半以降，世界の経済活動のグローバル化やネットワーク型の情報通信技術の普及などを背景として，標準化の経済効果に関する理論的・実証的な調査研究が活発化している．標準化に関する調査研究は，

① 標準化が行われる背景にある経済合理性の説明を試みるもの
② 標準化活動が及ぼす国際貿易の促進効果を評価するもの
③ 標準化による経済成長や生産性向上への影響に関する研究
④ 標準化のイノベーションとの関係に関する研究

など，多様な内容を含んでいる．以下では，標準化の経済効果を理解するために必要な基本的な概念について述べる．

　企業活動のうち，最もわかりやすい製造業の活動を考えた場合，その活動は，"製品を安く作り，沢山，高く売ること"と整理できる．実は製造業に限らず，ほとんどの企業はこの原則に基づいて活動している．自社の商品を売って利潤を上げ，それを出資者に還元するのが企業活動である．では，この企業における事業活動の観点から標準化を見た場合，標準化にはどのような効果があるだろうか．上記のそれぞれの活動に分けて，標準化活動の効果を見ていこう．

2.1 企業から見た標準化の効果

2.1.1 安く作る（コストダウン）

まず最初に，"安く作る"ことを考えよう．製品を安く作るためには，製品を安価に開発・設計し，原材料を安価に入手し，製造工程の整備や人件費の削減などで製造コストを下げ，更に流通コストを下げるなど，様々な工夫が考えられる．これらの活動に，標準化はどのような効果を与えるだろうか．

(1) 社内標準化によるコストダウン

標準化の効果として最もわかりやすいのが，製造工程の標準化による製造設備や人材の効率的活用によるコストダウンである．これは標準化により生産性の向上を図ることに他ならない．多くの自動車メーカーが実施している製造ラインにおける職能工の活用による多車種同時生産は，この標準化活動の賜物といえるだろう．

一歩進んで，例えば車体の共通化などをすれば，これは部品点数の削減によるコストダウンにつながる．複雑な組立産業であればあるほど，ねじやばねなど，標準化することで部品点数を削減できる可能性は高く，それがコストダウンにつながるのである．

このようなコストダウンの発展形として，系列間での標準化によるコストダウンを整理することができる．取引関係の深い系列間で部品の標準化を行うことは，双方にとって様々なメリットがあり，コストダウンにつながるのである．

(2) 業界コンセンサス標準化によるコストダウン

前述の縦系列の連携による標準化に対し，例えば業界で一致して部品や原材料，製造設備の標準化を行うなど，業界が横系列で横断して標準化を行えば，市場の拡大による価格競争効果により調達における更なるコストダウンが期待できる．この例としては，半導体業界が 300 mm ウェハ導入に併せて行ったウェハ搬送システムの標準化がわかりやすいだろう．ウェハサイズの変更による設備開発には巨大な投資が必要であるため，半導体業界は全世界で一致して搬送システムの開発と標準化を実施した．これによって需要が拡大したことで

2.1 企業から見た標準化の効果　　　　　　　　39

価格競争が起こり，搬送システムの価格は 1/4 になったといわれている．このように調達したい物資・設備を標準化し価格競争を起こすことでコストダウンすることも重要な標準化の活用といえるだろう．

このウェハの事例でも見られるように，業界全体での標準化は，調達価格のコストダウンだけでなく，その開発費用を各社が分担することとなり，その削減にもつながる．さらに業界全体が当該標準化製品を使うことを合意すれば，この領域における差別化競争が必要なくなるため，継続的な技術開発コストの低減にもつながるだろう．また後発企業にとっては，標準化は参入コストの低減に大きな役割を果たすだろう．このことは，2.1.2 項で述べる標準化の市場拡大効果に大きく影響することとなる．

さらに業界で標準化を合意すれば，その部分について異なった製品を製造する必要がなくなるため，製品種類の削減によるコストダウンも実現できる．NTT がリードした光コネクタの標準化には，交換機メーカーも参加していたが，彼らのメリットの一つはコネクタ部分が標準化されることで，その部分における製品バラエティが不要となることであった．

なお，このような横系列の連携によるコストダウンは，半導体ウェハの事例でも明らかなように，その業種の上流企業においては価格競争による利益の減少につながるものであることを理解しておくことが重要である．横系列の標準化によるコストダウンとは，コストの負担者を上流と下流のどちらに振り分けるかを変更しているだけということもできるだろう．

(3) 標準化と認証を活用したコストダウン

標準化活動により作成された規格への適合性を評価し証明するのが認証である．この認証を活用したコストダウンもある．例えば製品製造のために調達する物資については，JIS マーク製品など，品質などが認証により保証されている部品・材料を入手することにより，受入検査等のコストを削減することが可能となる．ISO 9001 などの品質マネジメントシステム認証を獲得した企業からの調達も，認証を活用したコストダウンに活用できる可能性がある．

もう一つ重要なのが，出荷する製品の認証を得ることによるコストダウンで

ある.製品認証などの適合性評価は原理的には製品の差別化に資する制度であるため,認証の獲得は製品の価値を高める反面,認証のためのコストアップになるように思われる.

しかし,実際に実施されている認証制度の多くは,製品の差別化を実現するのが目的ではなく,製品が必要最低限の品質や安全確保を実現していることを証明する制度として運用されている.もともと製品の高品質化や安全確保には上限というものがないため,この部分が競争領域となると,企業にとっては大きなコストアップ要因となるのである.そこを規格を活用し,規格の要求事項を満たしていることをもって,必要な品質や安全を確保していることを証明し,必要以上のコストをかけないで済むようにしているのである.

このため,もしこの領域を差別化領域としたいならば,標準化する必要はない.例えば製品の大半の機能が標準化され,リニアな競争領域が燃費と安全性に集中しつつある自家用車では,安全性に関する製品標準化を行おうという動きは見られない.

(4) コストダウンの評価

このような標準化のコストダウン効果については,標準化団体を中心に様々な分析が進められている.まずISOでは,1970年代後半に標準化の便益を広く一般に知らしめるためのプロジェクトが開始され,過去の17の文献を整理し1982年にその報告がまとめられた.この中では,標準化によって得られるコストダウン効果を"標準化収入",標準化活動に必要なコストを"標準化コスト"と定義し,その両者を比較することで標準化の便益を定量的に示すアプローチが見られる.また,2000年にドイツのDINが発表した"標準化の経済的利益"という報告書も企業にとっての標準化のメリットを様々な観点から報告しているが,その大半は製造・販売・研究開発活動において標準がコストダウンに役立つというものであった.さらに国際連合工業開発機関(UNIDO)が2006年に中小企業向けに配布した報告[1]においても,標準がメーカーに与える利益として,製造プロセスの合理化,材料や労働力の節約,原料・完成製品の品目削減,製造原価の低下の4点を指摘しており,標準のコストダウン

効果に注目している．

このように，標準化の効用として最も典型的で理解しやすい効果がコストダウンであるが，このコストダウン効果のうち，業界が一致して行うようなオープンな標準化によるコストダウン効果は，実は標準化のもう一つの重要な機能である"市場拡大"によってもたらされているのである．つまり，共同コストダウンは，標準化活動による市場拡大効果の直接効果を利益の拡大ではなく，コストの削減という形で受け取っているに過ぎないのである．これを理解するため，次に，標準化の本質的一次機能である"市場拡大"について見てみよう．

2.1.2 沢山売る（市場の創設・拡大・維持）

さて，次の標準化効果である"市場の創設・拡大・維持"について，その仕組みと影響を分析してみよう．これについては，大きく三つに分けて検討する．一つが市場を創設してそれを成長させる機能であり，もう一つが，他の市場に進出することで，その製品の販売できる市場を拡大すること，そして最後が，成立した市場をできるだけ長く維持することである．

(1) 市場の創設と成長による拡大

標準化による市場の創設効果の第一は，第1章でも述べた情報の非対称性の解消による市場拡大である．製品の購入者が，製品が標準化されていることで品質や安全性，それに長期安定供給に対する安心感を持つことで，購入を拡大するのである．さらに供給側にとって製品が標準化されていることで技術の公開や製品種別の減少による技術的参入バリアが低下することと，製品の主流化による市場失敗リスクの低減が実現されるということも市場の創設を促す．現実的には，まず消費者の増加が先行し，消費者が標準化された製品を優先的に選択していることが明白になった時点で，多くの企業がその製品に参入し，急激に市場が拡大することになるのが普通であろう．

このような市場拡大効果は当然ながら，技術の単純化・固定化範囲が広いほど大きいことになり，ユーザーの多様性・個性要求を無視すれば，ある製品全ての仕様を全て標準化することが最も市場拡大効果が大きいはずである．つま

り，標準化の市場拡大効果を大きくするためには，できるだけ多くの仲間を集め，できるだけ詳細に製品全体を標準化することである．

この典型ともいえるのが，自転車とミシンであり，日本の自転車産業，ミシン産業は標準化によって成長・拡大し国際競争力をつけたといわれている．例えば自転車では，あらゆる部品が詳細に標準化され，例えばハンドルのグリップを1種類製造すれば，そのグリップを大半の自転車に取り付けることが可能となっている．つまり，ハンドルのグリップ1種類を製造する力さえあれば，自転車産業という大きな輸出産業（戦前）に参入することが可能なのである．これにより自転車産業には多くの中小企業が参入し，日本の自転車産業全体を発展させる原動力となった．

しかし，この"市場の拡大"は企業利益に直結しないことに注意を払う必要がある．前述のコストダウン効果は，それそのものが企業利益であった．しかし，市場拡大は，その製品全体の市場が拡大することであり，決して各社の売り上げが拡大することとイコールではない．市場が拡大しても，自社の製品シェアが下がれば，自社の利益は伸びないのである．それどころか，標準化により参入者が増加するため，その製品は製造技術の工夫による激しい価格競争にさらされることになり，仮にシェアを維持しても利益が減少する可能性さえある．価格の低下は，ユーザーにとってコストダウンとして大きなメリットを得ることは前に述べたとおりであり，これにより製品の更なる市場拡大につながるが，製造者にとっては利益の減少を意味していることに注意しなければならない．前述の自転車産業も，自転車関税の廃止と同時に安価な海外製品の流入にさらされ国内市場の大半を失ったのは周知の事実である．

(2) 新市場との接続による市場拡大

標準化による市場拡大のもう一つの効果が，ネットワーク外部性効果である．それを実現する前提として，インタフェース標準の整備による市場の接続がある．これは，ある市場の製品に対し，それまで，その製品が利用されていない市場との間にインタフェース標準を整備することで，新しい市場を開拓することである．

例えば，IBM-PC はオフィス用パソコンとして発売され，業務用として普及が進んだが，PC-AT の発売と同時に標準化した AT バスを活用して，音楽や画像など，新しい市場の周辺機器が多数接続できるようになり，新たな市場に参入した．

また，デジタルカメラはパソコンの周辺機器として生まれ，撮影した画像はパソコンで保存し，パソコンのプリンタで印刷する製品であった．しかし，メモリカードのファイルフォーマットを標準化し，更に DPE ショップへのデータ受け渡しフォーマットの標準化を行うことで，パソコンを所有していなくても，デジタルカメラを購入し利用することが可能となり，デジタルカメラがパソコン市場から独立し，完全にカメラ市場を席捲することになった．さらに，プリンタとのインタフェースを標準化し，プリンタとの直接接続が可能になることで，プリンタがパソコン市場とともに，デジタルカメラ市場という巨大な市場を手に入れることになった．デジタルカメラを意識した高画質プリンタは，パソコン用エントリープリンタに比べ価格低下が起こりにくい．

このように，インタフェース規格を整備することで，それまでその製品が使われていなかった市場に進出することは，市場開拓の重要な手法であり，事業活動に標準化を活用する上で，忘れてはならない機能といえよう．

そして，このインタフェースによる接続が一般化すると，このインタフェースに接続できない機器との間に大きな利便性の差が生まれる．これがネットワーク外部性である．IBM-PC でしか利用できないソフトウェアやハードウェアの存在は，大きなネットワーク外部性を生み出し，市場の拡大を促進した．ネットワーク外部性の存在は，市場の拡大期に，その拡大スピードを飛躍的に高めることになるのである．

(3) **市場の長期維持**

市場の拡大には，ある時点での市場規模の拡大と同時に，積分値としての市場の拡大を考えることも重要である．つまり，製品寿命を長くし，長期にわたって市場を維持する事業戦略も重要な課題である．この戦略に大きな役割を果たすのが，標準化によるロックイン効果である．ロックイン効果やスイッチ

ングコストについては 1.2.2 項で解説したが，標準化により市場が拡大し，その占有率が高まれば高まるほど，また，その製品の利用方法の習得に係る学習コストが大きいほど，その製品のロックイン効果が高まり，市場が長期にわたって安定することになる．そのためにも，標準化により市場を拡大することは重要な戦略となる．

ただし，このロックイン効果は，新技術の導入に当たっては障害となるため，先進的でイノベーティブな製造業者，先進的ユーザーともに，デメリットになる可能性があることに注意する必要がある．

ロックイン効果の弊害は，ワープロソフトや表計算ソフトなど，ソフトウェアの世界ではよく見られる現象であるが，最も有名なのは 1.2.2 項でも述べた QWERTY キーボードの例であろう．QWERTY キーボードは 1870 年頃から利用されているが，その配列はもともとのアルファベット順の配列から，2 段目に使いやすいキーを抜き出したに過ぎない偶然の産物であり，高度な工夫に基づくものではない．このため，タイプライターの進歩に合わせ，もっと入力効率の良いキーボードが開発されており，例えば 1932 年に特許を獲得しているドボラック配列は，英語入力において高速入力を追求したキー配列となっている．

しかし，一旦 QWERTY キーボード配列によってタイピングを学習した人の移行コスト（スイッチング・コスト）が大きすぎ，移行が起こらず，コンピュータ時代の現代においても，QWERTY キーボードが継続的に使われているのである．

日本企業の利点は技術力であり新製品の開発力であることを考えれば，この標準化によるロックイン効果をうまくコントロールする戦略も重要な課題であろう．

2.1.3 高く売る（差別化）

標準化の重要な機能の一つとして，"同じ基準で測れるようにすること" がある．この測定方法の標準化は，結果として，同じ基準で図った場合の優劣を判

断できるデータを提供することとなる．つまり，標準化された測定方法・評価方法を利用することで，対象物の優劣の比較が可能となるのである．これが標準化による差別化効果であり，これを活用することで，付加価値を高めることが可能となる．

(1) 試験・検査方法規格を利用した差別化

　試験・検査方法規格とは，製品などの様々な性能・性質を試験・検査するための規格である．このような規格は，市場が立ち上がるときには，旧来製品を代替する上で大きな役割を果たすため，例えば白熱灯しか存在しない電灯市場に蛍光灯を投入するときのように，それまでになかった新しい技術で同等の機能を果たす製品を導入する場合，必ず整備すべき規格といえるだろう．

　このようにして，市場の創設期においては市場拡大に大きな役割を果たす試験・検査方法規格が，市場飽和期には，製品の差別化を促進する機能を果たすようになる．蛍光灯の例でも，蛍光灯市場が伸びてくると，同じ試験・検査方法規格が，各社の蛍光灯の性能比較に利用されるようになるのである．このようにして，試験・検査方法規格は，製品の差別化に大きな役割を果たすことになる．

　ただし，試験・検査方法規格には重大なデメリットがある．それは，技術漏洩につながりやすいということである．製品規格はその製品の仕様そのものを規格化するので，性能規格化などの工夫をしない限り，製品の模倣は簡単である．しかし，製品規格の場合，その技術移転を容易にしていくことを目的とした標準化も多く，技術移転が容易であることがデメリットとは限らない．

　これに対し，試験・検査方法規格の場合，規格が試験・検査するのは，まさにその製品の最も重要な技術部分であり，製品差別化力の源泉部分である．このため，その部分の試験・検査方法を公開することは，技術開発目標を公開することに等しい．研究開発活動において，最も困難なのが技術開発目標を設定することであり，その目標を公開することは他社の研究開発活動を大きく支援することになるのである．このような試験・検査方法規格のデメリットも知った上で，製品規格と試験・検査方法規格の使い分けをしていくことが重要である．

(2) 認証を利用した差別化

2.1.1項でも述べたとおり，製品認証の多くは，その製品が必要最低限の品質や安全性を保っていることを証明するものであり，認証の獲得は製品差別化に積極的には結び付かないことが多い．しかし，その認証規格のレベルが高く，誰もが実現することはできないレベルであった場合，それは製品差別化に貢献することになる．

この代表例が，一般社団法人自転車協会が実施しているBAAマーク制度である．この制度は，日本企業製の自転車を中国製などの製品と差別化するために，厳しい安全基準に適合したものにだけ与えられる認証制度で，輸入品に席捲された日本市場において安全性の高い自転車を選択する基準として活用されている．品質マネジメントシステム規格であるISO 9001の適合認証などは製品そのものではなく，製品を製造する企業の差別化にある程度の役割を果たしているといえるだろう．

最近では，企業やフォーラムが認証システムを整備し，自社グループの製品の高品質をアピールする場合も多い．ユーザーが購入前に品質を確認することが困難な製品の場合，認証による差別化は大きな価値を持つことが知られている．

2.1.4 標準化のメリット・デメリット

以上，企業の事業活動の観点から標準化の影響を見てきた．そのうち，特に企業活動と関係の深い製品標準化についてメリット，デメリットをまとめたのが表2.1である．この表を見てもわかるように，標準化には事業に対する様々なプラス効果があるが，同時にマイナス効果を持っていることに注意して事業活動に標準化を活用していくことが必要である．

特に重要なポイントは，標準化により市場は拡大するが，製品差別化が困難になり価格競争になってしまう可能性が高いことである．つまり標準化活動は，標準化活動参加者全体の総量としては業界の成長に大きな貢献を果たすが，一企業として見た場合，企業の競争力を削ぐ可能性があるということである．こ

表 2.1　標準化のメリット・デメリット

	供給者側	需要者側
メリット	参入コストダウン 製造コストダウン 研究開発コストダウン 市場拡大・長期安定	調達コストダウン 調達量・品質の安定
デメリット	技術漏洩 製品差別化困難 販売価格低下 非標準品市場開発困難	製品選択肢の減少 導入製品の入れ替え困難

れを防ぐためには，各企業が標準化した領域以外に得意分野を保有し，標準化により拡大した市場において，単なる価格競争に巻き込まれず，製品の性能で自社製品を高く売ることを実現しなければならない．もし価格競争に参入してしまったら，日本企業が人件費の安いアジアなどの新興工業国に勝つことはほとんど不可能である．

もう一つ重要なことは，標準化活動の結果は，取り消すことができないということである．一旦標準化されたら，その部分は永遠に"標準"であり，それが変更されるのは，新しい技術により，その部分が画期的に改良された場合だけである．それまでの間，標準化された技術は公共財として，誰でも安価に利用できる状態となる．このため，標準化された技術は，それをすぐに活用しなければ，自社だけが不利を被ることになりかねないことも重要なポイントである．企業はこのような標準化の事業影響を十分に把握して標準化活動と事業活動をリンクさせていくことが重要である．

2.2　WTO/TBT協定のビジネスへの影響

1.5.3 項で述べたように，WTO/TBT 協定とは，各国で用いられている基準認証制度が技術的に貿易の円滑化の障害になるようなことを防ぐための協定である．標準化の世界では，この協定が大きな影響を与えたという論調が多い．それは本当だろうか．以下では，WTO/TBT協定とビジネスとの関係について，

再整理してみる．

2.2.1 WTO/TBT 協定の本質

　WTO/TBT 協定は，WTO 活動の基本である自由貿易体制の強化の一環として定められたものである．世界各国では，それぞれの国が，国内に輸入される産品の品質やその試験方法などを定め，その確認のための認証制度などを構築しているのが普通である．しかし，これらの制度は運用次第で輸入制限や輸入品に対する差別的な扱いを生むことになる．さらに，国によって異なる検査基準や認証手続きは，貿易のコストを大幅に増大させる．このような自由貿易の障害を除去するために GATT 東京ラウンドで成立した"スタンダードコード"を WTO において一般協定化したのが WTO/TBT 協定である．

　TBT 協定の主要条項は表 2.2 に示すとおりである．TBT 協定では，政府及び地方・非政府機関による強制規格の立案・制定及び適用と，政府及び非政府機関による任意規格の立案・制定及び適用について，それぞれ規定を定めている．これを見るとわかるとおり，協定本文においては，強制規格について国際規格又はその関連部分を強制規格の基礎として用いることが定められているが，任意規格については附属書 3 の"適正実施規準"を受け入れることとなっている．この附属書 3 の関連部分を表 2.3 に示す．これを見るとわかるとおり，附属書 3 で規定されていることは，強制規格に関して第 2 条において規定されていることとほぼ同じであることがわかる．ポイントは，"国際規格が存在するとき又はその仕上がりが目前であるときは，当該国際規格又はその関連部分を（強制・任意）規格の基礎として用いる．"ことが定められていることである．

　このため，WTO/TBT 協定は，国際規格に一致した製品でなければ貿易できないという"誤解"を生んだ．政府系の報告書においてさえ"国際標準化に係る政策については，1995 年に発効した WTO の TBT 協定（貿易の技術的障害に関する協定）の導入が大きな影響を及ぼしている．同協定により，国際市場に製品を出す場合，国際規格（ISO 規格，IEC 規格等）を基礎とすることが義務付けられた．"といった記述が見られる．

表 2.2　WTO/TBT 協定（抜粋）

第 2 条　強制規格の中央政府機関による立案，制定及び適用
2.2　加盟国は，国際貿易に対する不必要な障害をもたらすことを目的として又はこれらをもたらす結果となるように強制規格が立案され，制定され又は適用されないことを確保する．このため，強制規格は，正当な目的が達成できないことによって生ずる危険性を考慮した上で，正当な目的の達成のために必要である以上に貿易制限的であってはならない．（以下，略）
2.4　加盟国は，強制規格を必要とする場合において，関連する国際規格が存在するとき又はその仕上がりが目前であるときは，当該国際規格又はその関連部分を強制規格の基礎として用いる．（以下，略）
2.5　他の加盟国の貿易に著しい影響を及ぼすおそれのある強制規格を立案し，制定し又は適用しようとする加盟国は，他の加盟国の要請に応じ，2.2 から 2.4 までに規定する強制規格の正当性について説明する．（以下，略）
2.8　加盟国は，適当な場合には，デザイン又は記述的に示された特性よりも性能に着目した産品の要件に基づく強制規格を定める．
第 3 条　強制規格の地方政府機関及び非政府機関による立案，制定及び適用
（第 2 条に準ずる規定）
第 4 条　任意規格の立案，制定及び適用
4.1　加盟国は，中央政府標準化機関が附属書 3 の任意規格の立案，制定及び適用のための適正実施規準を受け入れかつ遵守することを確保する．加盟国は，自国の領域内の地方政府標準化機関及び非政府標準化機関並びに加盟国又は自国の領域内の 1 若しくは 2 以上の機関が構成員である地域標準化機関が適正実施規準を受け入れかつ遵守することを確保するため，利用し得る妥当な措置をとる．（以下，略）
第 5 条　中央政府機関による適合性評価手続
第 6 条　適合性評価の中央政府機関による承認
第 7 条　地方政府機関による適合性評価手続
第 8 条　非政府機関による適合性評価手続
第 9 条　国際制度及び地域制度
第 10 条　強制規格，任意規格及び適合性評価手続に関する情報
第 11 条　他の加盟国に対する技術援助
第 12 条　開発途上加盟国に対する特別のかつ異なる待遇
第 13 条　貿易の技術的障害に関する委員会
第 14 条　協議及び紛争解決

表 2.3　附属書 3　任意規格の立案，制定及び適用のための適正実施基準（抜粋）

一般規定
B. 適正実施規準は，世界貿易機関の加盟国の領域内の標準化機関（中央政府機関であるか地方政府機関であるか非政府機関であるかを問わない.），1 又は 2 以上の構成員が世界貿易機関の加盟国である政府地域標準化機関及び 1 又は 2 以上の構成員が世界貿易機関の加盟国の領域内に所在する非政府地域標準化機関（適正実施規準においてこれらの標準化機関を"標準化機関"という.）の受入れのために開放しておく.

実体規定
E. 標準化機関は，国際貿易に対する不必要な障害をもたらすことを目的として又はこれらをもたらす結果となるように任意規格が立案され，制定され及び適用されないことを確保する.
F. 標準化機関は，国際規格が存在するとき又はその仕上がりが目前であるときは，当該国際規格又はその関連部分を任意規格の基礎として用いる．ただし，当該国際規格又はその関連部分が不十分な保護の水準，気候上の又は地理的な基本的要因，基本的な技術上の問題等の理由により，効果的でなく又は適当でない場合は，この限りでない.
G. 標準化機関は，任意規格についてできる限り広い範囲にわたる調和を図るため，自らが任意規格を制定しており又は制定しようとしている対象事項についての国際規格を国際標準化機関が立案する場合には，適切な方法で，能力の範囲内で十分な役割を果たすものとする．（以下，略）
I. 標準化機関は，適当な場合には，デザイン又は記述的に示された特性よりも性能に着目した産品の要件に基づく任意規格を定める.
J. 標準化機関は，少なくとも 6 箇月に 1 回，その名称及び所在地，現在立案されている任意規格並びに直前の期間において制定された任意規格を含む作業計画を公表する．（以下，略）

2.2.2　WTO/TBT 協定とビジネス

確かに WTO/TBT 協定が貿易に与える影響は大きい．特に電気用品安全法など，安全基準などの強制規格では，国際標準にその規制基準を適合させる必要がある．このため，日本の電気用品安全法では，日本の独自規格（一項基準）とともに，国際規格（二項基準）を設け，そのどちらかに適合すれば使用できることとして，TBT 協定に対応している．

しかし，ビジネス上，このような強制規格に引用される標準は多くない．そして，任意規格を国際標準に適合させることを求められたのは，標準化団体であり，その製品を扱う事業者には何の義務もかかっていないことに注意する必要がある．

つまり，任意規格を作成する団体，例えば日本産業標準調査会（JISC）は，その規格を国際標準に適合させなければならない．JISCでは，TBT協定の発効と前後してJIS規格の大幅な改正に着手し，TBT協定の履行に努めている．

しかし，JIS規格は任意規格である以上，事業者はJIS規格に従った製品でなくとも製造・販売することは可能である．あえて国際規格と異なる独自製品を販売することも重要なビジネス戦略である．企業はビジネス展開において，WTO/TBT協定の影響を過大評価してはならない．多くの場合，製品開発における任意標準の扱いは，"その標準を採用するかしないか"を判断することが重要な第一歩である．

2.2.3 マルチスタンダード化によるTBT協定の形骸化

さらに昨今では，もう一つの動きがTBT協定の形骸化を進めている．マルチスタンダードの動きである．

元来，標準は一つの技術領域において一つであることが望ましい．しかし，様々な理由で，一つの標準に収斂することができず，複数の標準が並列して存在する例は多い．古くはレコードのLPとEP，文字コードのASCIIとEBCDIC，家庭用ビデオのβとVHSなどである．

市場が選択できず，双方の規格がデファクトスタンダードとして市場に残ることはやむを得ないことではあるが，国際標準化機関において標準を検討する場合，一つの目的の中で複数の規格を作成するときには，少なくとも異なった用途においてそれぞれの技術的差異が有効であることが大前提であり，それぞれの技術が領域をすみわけることを前提として認められるべきものであった．しかし，このような手順で決めた規格であっても，実際には技術的すみわけが行われず，複数の規格が市場で競争することが多く見られるようになっ

てきた.

　昨今では，ITなどの先端分野において，すみわけを前提としないマルチスタンダードも認められるようになってきている．これは，技術開発スピードが速く，標準作成が間に合わないため，標準決定時には既に複数の方式が並存する環境が成立しており，この環境を無視して標準を一つに定めることが困難となってきているからである．さらに大きな問題は，それぞれの規格中に特許が存在し，この特許のライセンス権を用いた規格獲得競争が起こっているということである．一時期は，このような特許を使った規格作成の阻害が多く見られたが，昨今では，このような場合，特許が存在する複数の規格を全て国際標準として認めてしまう傾向が強い．この詳細については第4章で述べるが，これもマルチスタンダードを止めることができない要因の一つといえよう.

　ISO，IECで検討が進められているGlobal Relevance（国際市場性）の動きも，この傾向に拍車をかけている．Global Relevanceとは，世界中のどこの市場・地域でも受け入れられる規格とするために，一つの規格にある程度の多様性を認めようとする動きであり，現在そのルール整備が進められている．このような動きは，ISO，IEC規格の世界市場への普及率を高めることには貢献するが，今後ますます，様々なマルチスタンダードを容認させる理由となることも想定しておくことが必要であろう.

　このようにマルチスタンダードが広がっている重要な背景にWTO/TBT協定の存在を上げることができる．前に述べたように，任意規格の世界では自社製品を国際標準に適合させることは義務付けられてはいないが，TBT協定の存在がある以上，自社の技術が国際標準となっているほうがビジネス上有利であることが多いのも事実である．そうなると，各社とも自社技術を国際標準とすべく，様々な方法で国際標準化機関に働きかけることとなる．国際標準化機関も，ある程度の市場規模を持つグループが，その技術を国際標準にしたいと提案した場合，それを拒否するメリットはない．その結果が，マルチスタンダードの容認につながっているのである.

　この環境を最も有効に活用しているのが中国である．中国は13億以上とい

2.2 WTO/TBT 協定のビジネスへの影響　　　　53

う，世界の2割近い人口を持つ大市場である．この大市場が利用する規格は，国際標準化団体も無視することができない．このため，中国が提案する中国国内規格が，国際規格の一つとして認められるケースが急激に拡大している．WTO/TBT 協定は，中国の参加により中国市場を国際貿易市場に開放させる効果が期待されていたが，結果的には中国規格の国際規格化が一般化することで，TBT 協定の価値は失われているのである．

2.2.4　WTO 政府調達協定とビジネス

　WTO には，標準化の分野において TBT 協定とよく似た効果を持つ協定として政府調達協定が存在する．この政府調達協定は複数国間貿易協定（プルリ協定）と呼ばれる種類のもので，WTO/TBT 協定のように，WTO 全加盟国に強制的に適用される多角的貿易協定（マルチ協定）と異なり，個々に受諾した加盟国のみが拘束される協定であるが，我が国はこの協定に署名しており，政府や政府関係機関が調達を行う場合，国際標準に適合した製品を調達することが義務付けられている．

　この協定の標準化関連部分を表 2.4 に示す．これを見るとわかるとおり，政府調達協定では，調達する品目の技術仕様を定める際に，国際規格が存在するときは当該国際規格に基づいて定めることとなっている．

　この政府調達協定の影響を受けた代表的な例がソニーの開発した非接触型 IC カード FeliCa（フェリカ）である．非接触型 IC カードには，"密着型" "近接型" "近傍型" "遠隔型" の4種があり，Felica など近接型の IC カードは世界から 6,7 種類の標準化が提案され，順番に標準化が進められることになり，Felica は蘭 Philips 社の "Mifare"（Type-A），米 Motorola 社の開発した CPU 搭載型カード（Type-B）に続き，Type-C として標準化が進められていた．この標準化活動と並行して，JR 東日本が Felica を導入しようとしたとき，政府調達協定の問題が発生した．

　JR 東日本は，当時はまだ政府が株の大半を保有していたため，政府調達協定の対象組織であり，Felica を採用しようとした JR 東日本に対し，Motorola

表 2.4 政府調達協定（抜粋）

第6条　技術仕様

1. 機関の定める技術仕様であって，品質，性能，安全，寸法等の調達される産品若しくはサービスの特性，記号，専門用語，包装，証票及びラベル等又は生産工程及び生産方法について規定したもの並びに機関の定める適合性評価手続に係る要件は，国際貿易に対する不必要な障害をもたらすことを目的として又はこれをもたらす効果を有するものとして，立案され，制定され又は適用されてはならない．

2. 機関は，技術仕様については，適当な場合には，(a) デザイン又は記述的に示された特性よりも性能に着目して，また，(b) 国際規格が存在するときは当該国際規格，国際規格が存在しないときは国内強制規格（注1），認められた国内任意規格（注2）又は建築規準に基づいて定める．（注は省略）

4. 機関は，特定の調達のための仕様の準備に利用し得る助言を，競争を妨げる効果を有する方法により，当該調達に商業上の利害関係を有する可能性のある企業に対し求め又は当該企業から受けてはならない．

社が自社カードを採用させることを狙いとして WTO に政府調達協定違反を申し立てたのである．しかし，ここで政府調達協定と TBT 協定との違いが生きることとなった．TBT 協定では，"国際規格が存在するとき又はその仕上がりが目前であるとき"は国際規格を基としなければならないが，政府調達協定では，"国際規格が存在するとき"に採用することとなっており，Motorola 社の Type-B 規格が国際標準化することがほぼ決まっていても，発行される前に調達を決定してしまうことで，政府調達協定違反を回避したのである．

その後，Type-A と Type-B は国際標準化され，Felica の Type-C は国際標準とならなかった．このため，住民基本台帳に利用される非接触型 IC カードには，日本においてほとんど実績のない Motorola 社の IC カード（ISO/IEC 14443-2 Type-B）が採用されている．

このように，政府調達協定は，実際の調達行為において国際標準への適合を求めているため，TBT 協定よりはビジネスへの影響があるといえるだろう．とはいえ，中国など多くの途上国はこの協定に加盟しておらず，また日本でも

JR 主要三社が政府調達の対象から外れることが決まるなど，その影響は大きくない．

2.3 デジュール標準の価値と活用

2.3.1 企業におけるデジュール標準の価値

さて，本章の最後にデジュール標準の企業から見た価値について整理してみよう．第1章でも整理したように，デジュール標準とは，ISO などの国際標準化機関や ANSI, JISC などの国家標準化機関において，ルールで定められた手順を踏んで作成された標準のことである．

このデジュール標準の最大の価値は，規格の信頼性の高さである．その規格が利用される市場全体の参加者が話し合いによって作成し，合意ルールによって採択した規格であるため，技術的完成度が高く，普及が早いことも期待できる．また規格のメンテナンスシステムが確立しているため，技術の陳腐化が起こらず定期的に利用価値の高い規格に改訂されることが保証されている．さらに，特許との関係や著作権問題などもクリアされていることが普通であり，利用における安心感も高い．前にも説明したように，ISO などの国際規格であれば WTO/TBT 協定などによって各国の国家規格に反映され，市場がグローバルに展開することが期待できる．

しかし，当然ながらデジュール標準にもデメリットがある．その代表的なものが，作成に時間がかかることである．ISO 規格などの作成には，3 年程度の期間が必要となるのが普通であり，改訂にも同じような期間が必要となるため，最新技術の規格化を行うのには向いていない．

2.3.2 デジュール標準獲得のための活動

デジュール標準の最大の問題は，規格作成への参加者が多いため，自ら提案した規格原案がそのまま規格になることは少なく，多くの修正意見により，当初目的としていた規格と異なったものが標準化されてしまう可能性があること

である．つまりデジュール標準では，規格原案のコントロールが極めて困難になるのである．

　この解決策として，第一は，完成度の高い規格原案を作成することである．完成度が高く，利用しやすい原案を作れば，標準化活動に参加したメンバーからの合意も得やすく，修正意見を出されることも少なくなる．この原案作成に大きな役割を果たすのがフォーラムである．前節で述べたフォーラム標準化活動は，それで終わるのではなく，その規格をデジュール標準に持ち込むことを常に検討すべきであろう．

　第二に，その原案に賛成してくれる仲間を集めることである．例えば ISO の場合，5 か国のメンバーが集まらなければ，標準化活動を開始することができない．また，規格の修正意見が出た場合も，それに反対する仲間が沢山いれば，阻止することが可能である．この標準化活動の仲間作りは，標準化を自らにとって価値ある方向に導く上で必須の活動であり，そのためにこれらの仲間で共有できる標準化の価値を見いだしていくことも重要な課題である．

　第三に重要なのは，議論をリードできる幹事や議長，そして主査（convener：コンビナー）のポストを積極的に確保することである．標準化活動に参加するメンバーは，当然公平な票を持っているが，やはり議論を先導する幹事や議論を裁く議長，その両方の権限を持つコンビナーのポストを得ることは，規格を自らに有利な方向にまとめる上で大きな力となる．これらのポストの獲得には，日頃からの広い交友と高い教養，そして人としての魅力が必要である．

　最後に，ファーストトラックや PAS など，迅速法と呼ばれる方法を活用して規格を作成することも検討する価値がある．このような方法を活用すれば，準備した原案を一切の変更なしにデジュール標準化することが可能となる．

　以上のような様々な手法をうまく組み合わせて，自らにとって望ましい規格をデジュール標準化していくことが，企業にとって重要な標準化戦略であろう．

2.3.3　コンセンサス標準活用の基本的考え方

　ここまで見てきたように，デジュール標準もフォーラム標準も，どちらも

2.3 デジュール標準の価値と活用

"話し合いによって標準を決定する"標準化活動であることがわかる．このような標準を"コンセンサス標準"と呼ぶが，2.1.4項で議論した標準化のメリット・デメリットも，基本的にはこのコンセンサス標準に関することであった．コンセンサス標準とデファクト標準との最大の違いは，標準の知的財産としての価値である．

デファクト標準では，その標準中に包含された特許などの知的財産は，デファクトを獲得した社が占有できる．このため，デファクト活動により獲得した市場を，特許を利用して占有し，その市場からの利益を独占することも可能である．だからこそ，各社は社運をかけてデファクトの獲得競争を繰り広げてきたのである．

しかし，コンセンサス標準の場合，基本的にその標準化された技術は，誰でも自由に無料で利用できるのが基本である．つまり，その技術に知的財産としての価値は全くなく，開発した社にもメリットがないのが標準の原則である．もちろん，コンセンサス標準であっても，その中に有償の特許を含む形で規格が作成されることもあり，そのルール等については第4章で詳細に解説するが，基本的にはこのような特許は市場を拡大するために組み込まれるものであり，資産価値として考えるべきではない．

このため，コンセンサス標準は，2.1.4項で述べたようなメリットとデメリットを包含するものとなり，使い方次第で，企業にとって利益を生む源泉となる場合と，利益を失わせる原因となる場合がある．このメリット・デメリットを十分に把握し，コンセンサス標準化活動と，その周辺における特許化・差別化活動を組み合わせることで，コンセンサス標準の市場拡大・コストダウン効果を最大限に享受し，利益を上げる仕組みを構築することが重要である．

つまり，コンセンサス標準の活用で最も重要な第一歩は，何を標準化することが最も自社にとってメリットがあるかを知ることである．それがなければ，いかに標準獲得のテクニックや組織を準備しても意味がない．何を標準化するかを決定し，その規格に多くの社の賛成を得てコンセンサス標準化を達成すること．この一連の活動を計画的にかつ迅速に行うことが企業活動に標準化を活

用する上で，最も基本的なことである．

以上述べてきたように，企業から見た場合のコンセンサス標準化の役割は，市場拡大とコストダウンであり，言い換えれば"非競争領域の創出"である．標準化した部分は，他社との競争を回避することが可能となり，競争領域に資源の集中投入をすることが可能になるのである．つまり標準化とは，企業にとって，最も競争したい領域の周辺，競争領域にはしたくない領域において実施すると効果的な活動である．企業にとって，本当に重要な収益源，得意技術で他社製品との違いを生み出す部分は絶対に標準化してはいけない．それは，自らの利益を失うことにつながるからである．

3. 公共財としての標準化

3.1 公共財としての標準化

3.1.1 古典的な意味での公共財としての標準化

第1章で述べたように，標準とは何かと何かをつなぐインタフェースであるとすると，標準化は本質的に公共財としての性質を持っていることになる．製品の互換性の確保，製品とサービスの選択肢の充実，透明性のある製品とサービスの情報，品質と信頼性の確保，安全性の確保，ユーザビリティの向上，世界共通の図記号・絵表示など，標準化の目指すものはいずれも公共財である．規格が，生産者，供給者，使用者，消費者等の全ての利害関係者の意見を反映し，それが考慮される機会が与えられるプロセスの中で開発されていることによって，標準化が公共財として機能するための実効性が確保されている．

3.1.2 公共政策のツールとしての標準化

他方で，政府が公共政策実現のための政策的意図をもって，標準化を積極的に活用するというケースも増えている．その典型は，古典的な意味での標準化において利害関係を有していた消費者の権利や利益を保護するという政策においてである．このような傾向が，環境や高齢者・障害者，更に後述のISO 26000（社会的責任に関する手引）で見られるように，人権，労働，貧困，腐敗防止などの多様な分野にも広がってきている．

政府の政策は，法律の形で実施されることが多いが，規格が法律の基礎を与えたり，法律のすき間を埋めたり，法律を具体化するものとして活用されたり，法律に基づく認証の仕組みの基礎を与えたり，法律が規格を引用したりするな

ど，標準化という手法がいろいろな形で法律と結び付くようになってきている．

3.1.3 ソフトローとしての標準化

ハードローとソフトローという用語が対比的に使われる場合がある．ハードローとは，それを遵守しないと刑罰を科されたり行政処分をされるような法律のことであり，国家によって強制されるルールである．この典型が，刑法や私的独占の禁止及び公正取引の確保に関する法律（独占禁止法），種々の経済関係行政法などである．他方，ソフトローとは，ローとは呼ばれても法律ではない．国家によってバックアップされた強制力はなく，自主的に遵守することによって実現されるルールのことである．とはいえ，完全に企業や個人の恣意に委ねられたものではなく，それを遵守することによって利益を得たり，遵守しないと経済的不利益を受けたり，社会的批判を被る類のルールであり，標準化や行動規範，自主規制の仕組みなどがこれに含まれる．

ISOやJISのような任意規格自体は法律ではなく，事業者を直接規制する力はない．しかし，事業者や消費者を含む利害関係者のコンセンサスに基づいて制定された任意規格は，多くの事業者に事実上の影響力を与えることになることから，標準化は21世紀の社会において公共政策のための有力なツールである．

表 3.1　強制規格と任意規格の対比

規格の性質	表現形態	性　質	実施手法	紛争処理の場
強制規格	法律	ハードロー	国家による強制	裁判
任意規格	標準化	ソフトロー	市場メカニズム	裁判外紛争解決

3.2　消費者と標準化

3.2.1　日本の消費者政策の展開と標準化

日本において消費者政策が政府によって意識的に行われるようになったのは

1960年代，端的にいって東京での最初のオリンピック開催の前後からである．とはいえ，それより前において，消費者保護に役立つ施策がまったく行われていなかったわけではない．他の目的のために制定された法規の執行において，結果的に，あるいはついでに消費者保護もある程度実現されていた．

意識的な消費者政策のためのツールとしては，表3.2に示すように，採用された年代順に三つの波に整理して考えるとわかりやすい．

(1) 行政的手法

まず，最初に採用されたのが，行政的手法である．1960年代からかなりの期間にわたって，政府の審議会や公文書では，"消費者政策"ではなく，"消費者行政"という用語が用いられてきた．これは，初期の消費者政策は，行政中心のものであり，行政が事業者を規制，とりわけ事前規制（参入規制）をして，消費者に被害が及ばないようにするとともに（規制行政），問題が起こった後は，地方公共団体の機関である消費生活センターや特殊法人であった国民生活センターが消費者からの相談に応じる（支援行政）という手法であったからである．そして，規制行政の部分は，業の育成を主要な任務とする縦割りの主務官庁が消費者保護についても担当し，公正取引委員会が公正な競争の維持の観点から横断的に関与したにとどまる．

(2) 民事ルール

表3.2 消費者政策の三つの波

	時期	舞台	消費者保護の手法	特徴
前史	1950年代以前	なし	他の目的の法規の執行による結果	ついでの消費者保護の時代
第一の波	1960年代	行政	行政規制＋行政による被害相談・斡旋	ハードローの時代
第二の波	1990年代	司法	裁判所等での権利の行使	民事ルールの時代
第三の波	2000年代以降	市場	市場を利用した消費者利益の実現	ソフトローの活用の時代

行政中心の第一の波に次いで，1990年代には，消費者トラブルの解決のために消費者が訴訟上又は訴訟外で自ら行使することのできる民事上の権利を与えるという手法が注目された．これが，消費者政策の第二の波である．消費者に有利な民事ルールの嚆矢となったのが，1994年に制定された製造物責任法（PL法）であり，2000年に制定された消費者契約法と金融商品販売法であった．

(3) 市場の重視

消費者政策のための三つ目の手法が意識されるようになったのは，21世紀に入ってからである．第一の手法である行政規制にせよ，第二の手法である消費者に有利な民事ルールにせよ，いずれも利益の相反する事業者と消費者という対立型の構図，ゼロサムの世界を措定している．

他方で，多数のプレーヤーが存在する市場という大きな視野で見ると，悪質事業者や悪意のある消費者は少数であって，まっとうな事業者とまっとうな消費者が大多数を占めている．まっとうな消費者の利益が守られ，まっとうな事業者が収益を上げられるように，Win-Win（双方勝ち）の状況を作り上げるために，市場をうまく活用しようというのが三つ目の手法の発想である．そして，これが現在まで続く消費者政策の第三の波ということができる．

様々な分野や事項を対象とした標準化は，この第三の波の重要なツールである．第三の波は，ソフトローを活用して事業者の自主的取り組みを促すことによって消費者の利益を確保しようとするものであるが，この手法が成功するためには，消費者が事業者の取り組みを評価して，その事業者を選択することが前提になる．そして，そのための消費者の意識改革や啓発も必要となる．

3.2.2 マーケティングと契約

(1) 広告・表示・情報提供

消費者が取引を行うきっかけとなるのは，事業者の提供する製品やサービスについての広告や表示，個別の勧誘による場合が多い．したがって，この段階で，事業者から虚偽，不正確，誤認を与える情報が提供されたり，あるいは判断に必要な重要な情報が提供されないと，消費者の誤った期待の下に契約が締

結されることになって,その後のトラブル惹起につながる.

このような消費者被害を防止するために,事業者が消費者に提供する表示・情報に関して多くの法律が制定されている.行政による規制は,大別すると,一定の事項の表示や情報提供を義務付ける場合,それらを可能とする場合,それらを禁止する場合とがある.

このうち,一定の事項の表示や情報提供の義務付けは,金融商品取引法,保険業法,特定商取引に関する法律,宅地建物取引業法,旅行業法,食品表示法等の多数の法律で行われている.

次に,2015年4月から解禁された食品の機能性表示のように,一般には禁止されている事項について,一定の要件を満たした場合にそれを可能とする場合もある.

さらに,不当,誇大,著しく事実に反する,あるいは誤認させる表示や広告を禁止するタイプの規制がある.その典型は,不当景品類及び不当表示防止法(景品表示法)に基づいて消費者庁が行っている不当表示の規制である.ただし,何をもって"不当"と評価されるかは法律の文言から一義的に明確になるわけではない.そのため,景品表示法に基づいて多数の規則が制定され,またガイドラインが公表されている.

この種の規制の場合に,事業者,消費者,行政が共同で何を不当と評価するかの基準を作ることがある.例えば,景品表示法に基づく公正競争規約(景品類又は表示に関するものに限られる.)は,事業者団体が策定するものであるが,消費者や学識経験者の意見を聞いた上で,公正取引委員会及び消費者庁の認定がされると,当該規約に盛り込まれたルールに準拠している限りは,不当表示とされない.これは行政機関も加わった標準化作業の一種といえよう.

また,何か問題が生じた際に,監督官庁の指導の下に,既存の事業者団体が,あるいはそのために事業者団体を新たに組織して,自主的なガイドラインを定めるなどの自主規制的対応がなされることがある.とりわけ,既存の業法が存在しないことが多い新種のサービスの場合がそうである.

(2) サービス取引の特徴と問題点

サービスに関する取引には次のような特徴があり，サービス市場の健全な拡大とサービス産業の活性化を考える際に考慮する必要がある．

① 視認困難性

モノのように目に見えるものではないことから，内容が特定困難であったり，適切な品質表示が困難であったり，消費者から見て事前の評価が困難であったりする．実際にサービスを受けてみるまでよくわからないことが多い．

② 品質の客観的評価の困難性

品質の客観的評価が困難なため，料金の決定基準が不明確で，かつ，サービスの不完全性・不十分性の事後的な判断も困難である．

③ 復元返還の困難性

契約が無効であったり，取り消されたり，解除された場合に，既に受けてしまっているサービスを返還することが困難である．

④ 貯蔵不可能性

生産と消費が同時に行われ，貯蔵がきかないことから，市場が小さく，競争原理が働きにくい．

⑤ 提供態様の多様性

アイデア次第では，少ない資金で新たなサービス事業を開始したり，新規に参入することが容易である．

⑥ 信用供与的性格

多くの場合に，サービスの提供と代金の支払いを同時交換に行うことが困難であり，どちらかを先に履行せざるを得ず，その分相手方に信用を供与していることになる．

これらの諸特徴のうち，⑤は，新たなサービスを起業し，活性化するという点ではプラスであるが，悪質業者でも参入が容易であるというマイナス面にも通じる．

現在，消費生活センターでの消費者からの苦情相談の多くは，サービス及びその契約に関するものとなっている（表3.3参照）．これは，①及び②から生

じる問題を根底に，⑤のマイナス面が結び付き，更に，⑥との関係でクレジット会社の不十分な加盟店管理が拍車をかけていることによる．

表3.3 2014年度の上位商品・役務等別相談件数

順位	商品・役務等	件　数	割合(%)
	全　体	954 591	100
1	アダルト情報サイト	111 420	11.7
2	デジタルコンテンツその他	57 894	6.1
3	商品一般健康食品	49 790	5.2
4	サラ金・フリーローン	35 901	3.8
5	インターネット接続回線	34 272	3.6
6	賃貸アパート・マンション	33 193	3.5
7	移動通信サービス	21 190	2.2
8	相談その他	18 024	1.9
9	健康食品	17 955	1.9
10	他の役務サービス	13 641	1.4

（出典：国民生活センター "2014年度のPIO-NETにみる消費生活相談の概要"）

(3) サービスにおける標準化

ISOには，サービスの標準化に関するTC（専門委員会）も多数存在し，またISO/IEC Guide 14（消費者向け商品及びサービスに関する購入情報），ISO/IEC Guide 76（サービス規格の開発−消費者問題への取組みに関する勧告）が発行されるなど，サービスの分野でも積極的な取り組みが行われている．

日本では，JISの根拠となる2018年改正前の工業標準化法ではサービスを対象としていなかったが，2019年7月1日から施行された産業標準化法では，役務（日本農林規格の対象となっている農林物資の販売その他の取扱いに係る役務を除く）の種類・内容・品質・等級，役務の内容・品質に関する調査・評価の方法，役務に関する用語・略語・記号・符号・単位，役務の提供に必要な能力など多くの事項が標準化の対象として加えられた（同法第2条）．今後，JISによるサービスの標準化が積極的に進められていくものと期待される．

目に見えないサービスのマーケティングにおいては，まず，その内容や品質

をいかに言葉で表すかという表示の問題がとりわけ重要となる．したがって，事後的な紛争を回避し，事業者の提供するサービスの比較可能性を実現するためには，サービスに関する用語の標準化が必要となる．もっとも，この面での標準化をあまり追求しすぎると，前述のサービス取引の特徴⑤との関係で，競争が制限されかねないというデメリットもある．

　次に，悪質業者とまっとうな事業者との識別が困難な未成熟のサービス業界については，最低限の信頼性確保のための基準を策定して，それに基づく認証制度やマーク制度を実施することが考えられる．そして，この認証の前提となる基準の中に，消費者とのトラブルが生じた場合に，認証機関あるいはその他の第三者機関において無料又は安価で紛争解決を行い，事業者はその判断に従うことを約束しておくことが，認証を受けていない事業者との差別化にとって有益である．

　他方，成熟したサービス業界に対しては，より高品質なサービスが適正に評価されるようなサービスの品質の評価方法の標準化が必要である．それに基づいて，サービスを格付けするということも考えられる．

（4）　契約条項の適正化

　サービス取引に限らず，事業者と消費者との契約では，事業者の側があらかじめ準備した契約条項が使われることが多い．契約条項は，書面に記載されて消費者に渡される場合もあれば，物理的などこかに，あるいはWebサイトに掲示してあるだけの場合や要求しないと見せてもらえないような場合もある．事業者が準備するものであるために，事業者に一方的に有利な，あるいは消費者に一方的に不利な条項が含まれている場合も多い．通常の消費者は，詳細な契約条件をあらかじめ検討した上で契約するかどうかを決定するというプロセスを踏まないことから，契約の途中あるいは終了時点でトラブルになることがある．

　この点で，消費者契約法第10条は，消費者の利益を一方的に害する条項の無効を宣言しているが，どのような契約条項が無効となるかについては，"民法，商法その他の法律の公の秩序に関しない規定の適用による場合に比し，消

費者の権利を制限し，又は消費者の義務を加重する消費者契約の条項であって，民法第1条第2項に規定する基本原則（＝信義誠実の原則）に反して消費者の利益を一方的に害するもの"という漠然とした基準を置いているにすぎない．そのため，裁判をやってみるまではどういう判断が下されるかわからないという予見可能性の低い状態である．

　他方で，消費者契約法には，このような一般的規定の他に，事業者の損害賠償の責任を免除する条項（第8条），消費者が支払う損害賠償の額を予定する条項等（第9条）をそれぞれ無効とする具体的な規定も置かれている．今後，無効とされる具体的な不当条項のリストを整備していくことが予見可能性の向上に資する．その条項に合理性のあることを事業者側で立証できない限り，無効とされるというタイプのものを別にリストアップすることも考えられる．そして，このような不当条項リストを法律に基づいて政府が指定するという手法もあれば，事業者，消費者，行政の協議によって，民間ベースで整備していくことも考えられる．

3.2.3　製品とサービスの安全
(1)　安全と安心の関係

　"安全・安心"とひとくくりで表現されることが多いが，安全は客観的なものであり，安心は主観的なものである．日常生活では，実際には安全ではないのに，安全だと思い込んで，あるいは思わされて，安心している場合があるし，逆に，実際には安全なのに安全ではないと思い込んで不安を抱えていることもある．

　たとえ客観的に安全であっても，安全だと言っている人や組織を信頼できない場合には，安心できない．安心とは安全への信頼と言い換えてもよい．何かの事故や報道をきっかけに，客観的状態に変化はないのに，根拠のない安心感から過度の不安感に大きく世論が変わることもある．

　その意味で，製品やサービスの標準化に際して安全の視点を持ち込むことや安全確保のための製品・サービスの標準化を進めることとあわせて，安全であ

ることを主張し，あるいは認証する組織の信頼性を高めるための標準化も進める必要がある．後述（3.4 節）の組織の社会的責任に関する ISO 26000 は，このようなタイプの規格であるといってもよい．

(2) 安全と標準化

製品やサービスの安全確保のために，様々な技術基準や規格，資格が法律に基づいて定められている．これらは，強制規格であり，それを遵守していないと製造や出荷，サービスの提供ができない．違反に対しては，国によって制裁が加えられる．この種の法律は，建築基準法，医薬品，医療機器等の品質，有効性及び安全性の確保等に関する法律（医薬品医療機器等法），食品衛生法，消費生活用製品安全法，電気用品安全法，電気事業法，ガス事業法など無数にある．製品事故が起こってしまってからでは遅いことから，製品の安全は事前に確保しておくことが必須なので，行政による事前規制が中心になる．3.2.1 項で見た消費者政策の第一の波の手法の典型的パターンである．

ただし，この分野でも規制緩和の影響が様々に現れている．強制規格自体を仕様（スペック）の形ではなく，性能（パフォーマンス）の形で示すことによって，技術の競争を阻害しないように配慮する例が増えてきた．例えば，電気用品安全法の技術基準は，2014 年 1 月から，性能基準化されている．企業の自主性を尊重し，求められる性能を満たす新たな技術の開発を阻害しないためであるが，企業側から見ると，法律の求める安全性についての自らの判断や，性能規定を満たしていることの説明責任を問われることとなる．

多くの分野で，規格を満たしていることを政府が自ら認証するのではなく，一定の要件を満たした民間第三者機関が認証するという制度に移行している．比較的安全性に問題のない種類の製品については，製造業者が自ら確認しさえすればよいという自己認証制度も採用されている．

1994 年に制定された製造物責任法は，消費者政策の第二の波の最初の立法である．製品事故の被害者の救済を容易にするために，この法律によって，被害者は製造業者の過失ではなく，製品の客観的欠陥を立証すればよいことになったが，産業界の一部で危惧されていたような，裁判が頻発するとか，製造

物責任保険料が高騰するといった弊害はまったく生じていない．この法律は，直接的には欠陥製品事故の被害者の救済を図るものであるが，製品安全意識を経営トップに植え付け，製品の設計や取扱説明書，警告表示の見直しの効果をもたらした面が大きい．警告表示においては，図記号やマークの標準化が課題となっている．

さらに，消費者政策の第三の波の手法としては，食品安全に関して，従来からHACCP（危害分析重要管理点）があったが，HACCPと品質管理に関するISO 9001を合体させたものといわれているISO 22000（食品安全マネジメントシステム－フードチェーンのあらゆる組織に対する要求事項）が2005年に発行されている．これは，食品の製造工程で安全な品質確保のために企業が必要な取り組みをしていることを第三者が認証し，そのような評価を社会に公表できるようにするものである．

(3) 安全関係のISO/IEC Guide

ISOには，規格開発者に対して，規格開発に際してある事項を考慮するように求めるガイドが多数存在するが，製品安全に関するガイドは，基本的に，ISOとIECの共同ガイドとなっている．

製品安全に関する主要なガイドとして，ISO/IEC Guide 51（安全側面－規格への導入指針）及びISO/IEC Guide 50（安全側面－規格及びその他の仕様書における子どもの安全の指針）（ともに2014年改訂）などがあり，定期的に見直しがされている．

ISO/IEC Guide 37（消費者による製品の使用のための説明），いわゆる取扱説明書情報についてのガイドも，製品の安全な使用のために不可欠であり，2012年に改訂された．この分野では，電気用品などについては，従来からIEC 62079（取扱説明の作成－構成，内容及び表示方法）があったが，ISOと共同で改訂を行うこととなり，電気用品のみならず，消費生活用製品からプラントなどの大規模施設なども対象としたIEC 82079-1（取扱説明の作成－構成，内容及び表示方法－第1部：一般原則及び詳細要求事項）が2012年に発行された．しかしながら，製品の組立方法，メンテナンスの方法については，

消費者的な目線からは，必ずしも十分なものとはいえないとの指摘があり，そのような留意点等の詳細を盛り込んだ別のPartを，引き続き開発する方向にある．消費者の観点からどのようなことをそこに盛り込むかが，今後の課題であるとされている．

(4) 製品安全ガイドラインとリコールガイドライン

ISO 10377（消費者製品安全－供給者のためのガイドライン）及びISO 10393（消費者製品リコール－供給者のためのガイドライン）が，2013年に発行された．これらは，いずれもISOの消費者政策委員会（COPOLCO）からその開発の必要性が理事会に勧告され，そのために設置されたPC（Project Committee）によって開発されたものである．

ISO 10377は，消費者向け製品のサプライチェーンの各当事者（設計者，製造業者，輸入業者，供給業者，小売業者等）に対して，リスク分析の見地から，どのようにして製品に関連する消費者へのリスクを特定し，評価し，取り除き，ないし減少させるかについての実際的なガイダンスを与えるものである．とりわけ，中小企業にとっての使いやすさが重視されている．

ISO 10393は，製品のリコールやその他の是正措置の実施について模範的な基準についてのガイダンスを与えるものである．危険性が明らかになった製品の回収・リコールも，事業者による自主的取り組みとして極めて重要であり，リコール隠しやリコール遅れによって社会から厳しい批判を受けた企業は多い．場合によっては，業務上過失致死傷による刑事処分を経営陣が受けることもある．リコールの実施方法については，一般財団法人製品安全協会が作成した"消費生活用製品のリコールハンドブック"（現在は2010年版）が公表されており，リコールのための6つアクションや3つのフォローアップなどが示されている．このハンドブックは，ISO 10393の開発に当たっても参考にされた．

経済産業省は2013年に，"製品安全に関する流通事業者向けガイド"を公表しているが，これは，上記のISO 10377及びISO 10393に準じた内容となっている．

(5) 事故情報収集システム

OECD（経済協力開発機構）では，グローバルなリコールのデータベースが既に稼働しており，誰でもアクセスすることができる（http://globalrecalls.oecd.org/）．2015 年 3 月には，日本からも消費生活用製品安全法上のリコール情報が英語で提供されるようになった．また，消費者庁のリコール情報サイトへもリンクしている（http://www.recall.go.jp/）．

OECD では，更に事故情報を加盟国間で共有するシステムについても検討がされているが，事故情報の信頼性をいかに確保するかが課題である．ちなみに，OECD は上記リコールデータベースの内容の正確性を保証しない旨を宣言している．

APEC（アジア太平洋経済協力）でも，食品，医薬品，医療機器を除く製品事故の情報を共有するシステムの構築を目指す動きが出ている．

COPOLCO においては，OECD，APEC，ICPHSO（国際消費者製品健康安全機構）との連携を強めて，標準化の観点から事故情報データベースのためのガイダンス文書の開発を将来提案することも検討されている．

この取り組みが進めば，各省庁の事故情報データベースを結合して消費者庁が運用している事故情報データバンクの在り方にも影響を与えるものと思われる．

(6) 事故原因調査

消費者安全法が 2012 年に改正され，運輸安全委員会の所管する事故を除く消費者事故の原因究明のための消費者安全調査委員会が消費者庁に設置された．消費者安全調査委員会の消費者代表委員からは，"事故原因調査の在り方"について，国際標準化への要望が出されている．

(7) 商品テスト

独立行政法人国民生活センターでは，全国の消費生活センターにおける苦情解決に資するために，消費生活センターからの依頼に基づいて，製品の安全性や性能についてのテストを年間 200 件以上実施している．このような商品テストにおいては，事故が発生した使用方法を重視しつつも，テスト結果の信頼性を確保するために，JIS や ISO その他の試験方法についての規格が存在す

る場合には，その規格に準拠して，直接適用可能な規格が存在しなくても，類似の局面で適用可能な規格が存在する場合はその規格を参考にしてテストを行っている．

例えば，2015年3月18日に消費者庁と共同で注意喚起を行った"洗濯用パック型液体洗剤に気を付けて！　特に3歳以下の乳幼児に事故が集中しています"では，ISO/IEC Guide 50において，身の周りにある物を口に入れて調べようとすることが特に3歳までの子供の行動特性の一つにとされていることから，一般社団法人日本玩具協会の玩具安全基準書（ST-2012）（この基準書は改訂され，現在はST-2016）の"嚙む試験器"を用いて，乳幼児が口に入れて嚙んだことを想定したテストを行っている．

3.2.4　苦情処理・紛争解決
(1) ISO 10002（品質マネジメント－顧客満足－組織における苦情対応のための指針）

初期の行政規制を中心とした消費者政策の時代においては，裁判で消費者が自己に有利に使える法律はそもそも少なかった．そのため，地方公共団体の消費生活センターにおいて消費者からの相談に基づいて実施される事業者との間での苦情解決の斡旋が重要な役割を果たしてきた．斡旋は，必ずしも法律論だけから行われるわけではなかった．

消費者が裁判で使える民事ルールが増えてきても，裁判そのものは，時間も費用も大いにかかるものであるために，誰でもが裁判を利用できるわけではない．また，民事ルールは，明確なものもあるが，"公序良俗に反した契約は無効"，"他人の利益を違法に侵害した場合は損害賠償"といった漠然とした規定も多い．したがって，予測可能性が必ずしも高いわけではないので，時間と費用をかけてやっても，消費者敗訴に終わることもある．

そこで，期待されるのが，裁判を使わない紛争解決の方法である．消費者は，まず取引相手の企業に苦情に持ち込むことが多い．企業の消費者対応部門が適切な対応をしないと，問題がこじれ企業への不信が高まる．JIS Z 9920（苦

情対応マネジメントシステムの指針）は，企業の適切な苦情対応のために，2000 年に制定されたものである．

　ISO においても，2004 年に ISO 10002 が発行された．これは，組織がどのようにすれば自らの製品・サービスに関する苦情に公正かつ効果的に対処できるかについての指針を示すものであり，言い換えれば，お客様相談窓口，苦情対応窓口についての指針である．これに合わせて，上記の JIS Z 9920 は廃止され，代わって，JIS Q 10002 が 2005 年に制定された．

(2) ISO 10003（品質マネジメント－顧客満足－組織の外部における紛争解決のための指針）

　裁判外の第三者機関による紛争解決（ADR：Alternative Dispute Resolution）の活用は，司法改革の議論の焦点の一つであったが，消費者政策の観点からは，とりわけ事業者団体主体の ADR の役割が重要である．事業者団体が，会員事業者の個別の利害とは離れて，安価，公平でかつ専門的な立場から紛争の解決を図ることが期待されている．

　しかし，事業者団体がやっているというだけで，消費者からは事業者側に偏したものと色眼鏡で見られがちであり，1995 年の製造物責任法の施行に合わせて発足した業界単位の紛争解決機関である PL センターも当初期待された役割を果たしていない．そこで，2004 年には，司法改革の一環として，民間 ADR 機関の信頼性を高めるために，"裁判外紛争解決手続の利用の促進に関する法律" が成立し，法務大臣の認証を受けた裁判外紛争機関において手続きを行っている間は，時効の中断の効力が認められることとなった．

　この点で，ISO 10003 は，組織が内部の苦情対応の仕組みで解決できなかった場合における紛争解決のための指針である．この規格は，外部の紛争解決機関を利用する組織の立場から記述されているが，間接的に組織の外に設置された紛争解決機関，とりわけ事業者団体によって設置された紛争解決機関についての指針を示している．この規格は，JIS Q 10003 としても制定されている．

　ISO 10002 及び ISO 10003 は，いずれも COPOLCO（消費者政策委員会）からの新規作業項目提案（NWIP）に基づいて ISO/TC 176/SC 3 において開

発されたものである.

3.2.5 個人情報保護
(1) OECDプライバシー保護ガイドライン

クラウド・コンピューティング,SNS,IoT(Internet of Things)やビッグデータなど情報通信に関する新たな技術やサービスの進展により,個人情報やプライバシーの保護の問題が多様化し,ますます大きな課題となっている.2014年には,大手通信教育会社からの3 000万件に上る顧客情報の漏洩事件が大きな問題となり,また,2015年には,日本年金機構が外部からのサイバー攻撃を受けて約125万件の個人情報が流出した.

1980年に採択された"プライバシー保護と個人データの国際流通についてのガイドラインに関するOECD理事会勧告"は,その後の各国の個人情報保護のベースとなったものであり,以下の8つの基本原則を宣言した.

①	収集制限の原則	⑤	安全保護の原則
②	データ内容の原則	⑥	公開の原則
③	目的明確化の原則	⑦	個人参加の原則
④	利用制限の原則	⑧	責任の原則

理事会勧告は,加盟国に対して,適当な国内法を制定することや,行動綱領その他の形式による自主的な規定の制定を奨励し,支持することなどによるガイドラインの国内実施を求めている.なお,このOECDプライバシー保護ガイドラインは2013年に改正されている.

(2) 個人情報保護法

日本では,OECDガイドラインを取り込んだ"個人情報の保護に関する法律"(個人情報保護法)が2003年に制定され,2005年から施行された.同時に,行政機関や独立行政法人の保有する個人情報の保護を図るための法律も別途制定された.

個人情報保護法の制定前は,行政機関の保有する個人情報でコンピュータ処理されているものについて,1988年に制定された"行政機関の保有する電子

計算機処理に係る個人情報の保護に関する法律"によって一定の保護が図られていたが，民間部門の保有している個人情報については，一部の業法に守秘義務の規定が存在する他は，拘束力のないガイドラインがあるのみであった．

個人情報保護法の制定の直接のきっかけとなったのは，1999年の通常国会に住民基本台帳ネットワークシステム（住基ネット）の実現に向けた住民基本台帳法改正案が提出された際に，住民基本台帳データの民間への漏洩や民間での不正使用を危惧する反対論に対処するために，民間部門を対象とした個人情報保護法の制定を政府とした約束したことにあった．

なお，住基ネットにおいて国民一人ひとりに割り当てられた住民基本台帳コードの二次サービスとして，住民基本台帳カード（住基カード）が希望者に提供され，それが写真入りの場合は身分証明書機能も兼ねたものであったが，あまり普及しなかった．

そのような状況で，"行政手続における特定の個人を識別するための番号の利用等に関する法律"（マイナンバー法）が2013年に成立した．これは，主として税と社会保障の確保と行政運営の効率化を図るために，国民に個人番号を付与し，希望者には個人番号カードを発行（住基カードの発行は終了）するものであり，2016年1月から運用が開始されている．

個人情報保護法は，従来は，事業を所管する主務大臣が業種別の詳細なガイドラインを示して監督を行うという仕組みであったが，マイナンバー制度の運用開始に合わせて2015年に改正され，第三者機関である個人情報保護委員会が内閣府に設置され，一元的な監督を行うこととなった．

(3) **JIS Q 15001とプライバシーマーク**

自己の個人情報を提供する本人や，個人情報の処理について外部委託をしようとする事業者にとって，相手方事業者が個人情報の安全管理に関して適切な措置を講じているのかどうか，容易にはわからない．安全管理以外の点で，個人情報を適切に取り扱っているかどうかについても同様である．

そこで，消費者の個人情報保護のための独自の取り組みとして，個人情報保護法が制定される前の1998年から，一般財団法人日本情報経済社会推進協会

(JIPDEC）によりプライバシーマーク制度が開始されていた．

当初は，1999年に制定されたJIS Q 15001（個人情報保護に関するコンプライアンス・プログラムの要求事項）が認証基準として利用されていたが，個人情報保護法の制定に伴って同JISがJIS Q 15001：2006（個人情報保護マネジメントシステム－要求事項）に改正されて以降は，JIS Q 15001：2006が認証基準となっている．

国際規格としては，個人情報保護に特化したものはないが，より広い観点からの情報セキュリティに関する規格として，2005年にISO/IEC 27001（情報技術－セキュリティ技術－情報セキュリティマネジメントシステム－要求事項）が発行され，2006年にはJIS Q 27001としても制定された．なお，2013年には，ISO/IEC 27001：2005が改訂されて，ISO/IEC 27001：2013が発行され，それに伴い，2014年には，JIS Q 27001：2006の改正版として，JIS Q 27001：2014が発行されている．

現在，公共調達をはじめ，情報システムの調達の場合に，プライバシーマークを取得していること，あるいはISO/IEC 27001の第三者認証を受けていることが応募資格とされていることが多い．

3.2.6 標準化への消費者参加

標準化は，消費者が購入する製品やサービスの品質，安全性，使いやすさ等について消費者に信頼をもたらす．標準化作業に消費者が参加することによって，消費者の信頼のレベルは一層高まる．消費者は，安全性の問題に事業者が適切に対処できるように安全面に関するデータを提供したり，製品やサービスが実際にどのように使用あるいは誤使用されているかの実例を提供したり，性能の要求事項と試験方法が製品やサービスが実際に使用される方法をきちんと反映しているかどうかを確認するといった，様々なやり方で貢献することができる．

規格の開発段階からの消費者の参加が求められる一方で，消費者にとっての標準化の重要性を理解させるための標準化教育も不可欠である．標準化教育や

標準化についての消費者啓発がされることによって，消費者が直面する様々な現実の問題を解決するために標準化が有効ではないかという提案を消費者自らが行うことも可能となる．

COPOLCO（消費者政策委員会）は，ISO 理事会の下に設けられている三つの政策委員会のうちの一つであり，ISO の今後の標準化作業に関して消費者の見解を ISO 理事会に助言することや，国内及び国際標準化への消費者の参加を促進させる方法を検討することを主たる任務としている（第 6 章参照）．

COPOLCO には，議長諮問グループの他，消費者にとっての優先課題 WG（Working Group：作業部会），消費者参加及びトレーニング WG，製品安全 WG，グローバル市場における消費者保護 WG 等が設置されている．消費者保護は，取引における消費者利益の保護と供給される製品やサービスの安全性という二つの問題に大きく分けられるが，グローバル市場における消費者保護 WG が前者を，製品安全 WG が後者を担当して，新たな標準化の課題を随時理事会に対して勧告している．優先課題 WG は，ISO の TC や PC の諸活動のうち，消費者にとって優先的に注視しておくべき課題をリストアップしてキーパーソンを指名し，審議状況のフィードバックをしている．

COPOLCO は消費者の名のみを冠しているが，実際は，消費者の利益以外の社会の利益や公益の立場からの提言も行っている．後述の ISO 26000（社会的責任に関する手引）も，その開発の必要性は最初に COPOLCO から提起されたものであった．

日本産業標準調査会（JISC）においても，消費者の視点から標準化や適合性評価制度について検討を行ったり，提言をとりまとめて総会に報告するために，消費者政策専門委員会が設置されている．

3.3 高齢者・障害者と標準化

3.3.1 アクセシブルデザイン

多くの国において，高齢者人口の増加や高齢者の割合の増加が著しい．それ

に伴って，肉体面・精神面で衰えのある高齢者も増加の一方である．また，2006年には，"障害者の権利及び尊厳を保護・促進するための包括的総合的な国際条約"が国連において採択された．

消費者団体の国際的な連合体である国際消費者機構（CI：Consumers International）は，COPOLCOのメンバーでもあり，消費者には次の8つの権利があるとしている．

> ① 消費生活における基本的な需要が満たされる権利
> ② 健全な生活環境が確保される権利
> ③ 安全が確保される権利
> ④ 選択の機会が確保される権利
> ⑤ 必要な情報が提供される権利
> ⑥ 消費者教育の機会が提供される権利
> ⑦ 消費者の意見が消費者政策に反映される権利
> ⑧ 被害者が適切かつ迅速に救済される権利

これら8つの権利は，2004年に改正された消費者基本法にも取り入れられている．

このうち，①の"基本的な需要が満たされる権利"は，国際的な消費者運動の枠組みでは，生活に不可欠のもの，例えば途上国においては安全な水すら飲めないということが背景にあって，生存権的な権利として挙げられている．しかし，物があふれている先進国においては，もう少し違った見方でこの権利を捉える必要がある．高齢化の進む社会において高齢者や障害者にとって基本的な需要が満たされることとは，高齢者にも障害者にも健常者にも共に使いやすい製品やサービスが提供され，街づくりがなされることであろう．

ユニバーサルデザインやアクセシブルデザイン，デザインフォーオール，共用品，バリアフリーといった用語で表される製品やサービスの開発と提供が求められている．

3.3.2 ISO/IEC Guide 71

2000年に，ISO/IEC 政策宣言"標準化業務における高齢者・障害者のニー

ズの考慮"が発表され，人間の能力又は限界の範囲をより広くカバーするアクセシブルデザインを標準に導入することが勧奨された．そして，2001年には，ISO/IEC Guide 71（規格作成における高齢者・障害者のニーズへの配慮ガイドライン）が発行された．Guide 71は，世界のトップレベルで高齢化が進む日本からの提案に基づき，日本が議長国となって開発が行われたものである．2003年には，JIS Z 8071（高齢者及び障害のある人々のニーズに対応した規格作成配慮指針）としても制定されている．

そして，この基本的な指針に基づいて，JIS S 0011（高齢者・障害者配慮設計指針－消費生活用製品の凸点及び凸バー），JIS S 0013（高齢者・障害者配慮設計指針－消費生活製品の報知音），JIS S 0021（包装－アクセシブルデザイン－一般要求事項），JIS T 9251（高齢者・障害者配慮設計指針－視覚障害者誘導用ブロック等の突起の形状・寸法及びその配列），JIS X 8341-1（高齢者・障害者等配慮設計指針－情報通信における機器，ソフトウェア及びサービス－第1部：共通指針）など30件以上のJISが制定されている．そのうち11件には，ISO又はISO/IECの国際規格が存在するが（2015年3月現在），これらは，日本からの大きな貢献に基づき開発されたものである．

ISO/IEC Guide 71は2014年に改訂されて，ISO/IEC Guide 71（規格におけるアクセシビリティ配慮のためのガイド）となった．改訂に当たってはアクセシビリティと安全性の関係についても記載すべきことを日本として指摘し，とりわけ，"障害を持つ子どもの安全性"について考慮することが改訂Guide 71で確認されている．

3.3.3 福祉用具の標準化

高齢者や障害者の自立した生活を支援するための各種の福祉用具についての標準化が，国際的には，ISO/TC 168（義肢装具）やISO/TC 173（福祉用具）において進められている．体形や体力の違い，生活様式の違いから，ISOの場で開発される国際規格は，日本人には適合しにくい場合があることから，国際規格の開発段階から積極的に参加し，提案していくことが必要である．

3.4 社会的責任と標準化

3.4.1 ISO 26000 の開発と発行の意義

2010 年，社会的責任の国際規格である ISO 26000 [Guidance on social responsbility（社会的責任に関する手引）] が発行された．この規格は，2012 年 3 月には，そのままの内容で JIS Z 26000 としても制定された．ISO による国際標準化は，第 1 世代である製品規格，第 2 世代であるマネジメントシステム規格（ISO 9001 や ISO 14001 など）を経て，人権や貧困などをもその内容とする ISO 26000 によって第 3 世代に入ったと評されることもある．

ISO でこの問題が最初に取り上げられたのは，2001 年にノルウェーのオスロで開催された COPOLCO の年次総会であり，社会的責任に関する WG を設立して実際の作業が始まったのが 2005 年である．足掛け 10 年，規格の開発作業だけで 5 年をかけるという異例のものであった．

異例なのは期間だけではなく，WG の構成自体にも見られる．すなわち，ISO 加盟国は，WG に産業界，労働，消費者，政府，NGO，サービス・支援・研究その他という合計 6 つのステークホルダーから各 1 人のエキスパートを派遣することができることとされた．エキスパートは各国の代表ではあるが，同時に国際的ステークホルダーグループのメンバーとなり，普段はインターネットを通じて意見交換し，総会開催中は毎日集まって意見の集約にも当たった．その結果，2010 年にデンマークの首都コペンハーゲンで開催された最後の総会である第 8 回 WG 総会には，世界 99 か国及び 42 の協力国際組織から 450 名のエキスパート及び 250 名のオブザーバーが参加するという大規模なものとなった．

また，社会的責任は，先進国，途上国を含めた地球全体の問題であることから，WG の議長や事務局，各分科会の座長等も全て先進国と途上国がペアになって運営するツイニング・システムが採用された．

このように，ISO 26000 の開発プロセスそのものがマルチステークホルダー・プロセスという社会的責任を実践するものとなっていた点にも大きな特

徴が見られる．

3.4.2 ISO 26000における社会的責任の定義

"企業の社会的責任"という言葉が我が国で最初に注目されたのは，高度成長の副産物として公害（環境被害）が大きな問題となった1960年代においてであった．公害排出企業は必ずしも当時の法律に違反していたわけではなかったし，民法の不法行為法による被害救済も，過失や因果関係の立証上の困難があったが，それでもなお，公害被害者を救済する社会的責任があるのではないかという論調で，"社会的責任"という言葉が使われた．また，1970年代には，二度の石油ショックにおける企業の便乗値上げや買い占め・売り惜しみに対して，同様の指摘がされた．すなわち，初期の社会的責任論は，"法的責任"と対比された意味での"社会的責任"であった．

ところが，21世紀に入ってCSR（Corporate Social Responsibility）という英語の略称でいわれることの多くなった社会的責任は，むしろ"社会に対する責任"という意味に変わってきている．これは，株主（シェアホルダー）を中心とした企業観ではなく，企業の利害関係者（ステークホルダー）を中心とした企業観を強調する動きと社会的責任論が連動していることを反映している．そして，ステークホルダーの範囲自体が，まだ誕生していない次世代の人々や国境を越えたサプライチェーンの先にある国の人々などへも広がっていることにある．このように企業を取り巻くステークホルダーを広く捉えると，ステークホルダーとは，結局，社会のことだからである．

ISO 26000では，後者のようなステークホルダー重視の立場から，"社会的責任"を次のように定義している．

2.18 社会的責任（social responsibility）
組織の決定及び活動が社会及び環境に及ぼす影響に対して，次のような透明かつ倫理的な行動を通じて組織が担う責任．
－ 健康及び社会の繁栄を含む持続可能な発展に貢献する．
－ ステークホルダーの期待に配慮する．
－ 関連法令を順守し，国際行動規範と整合している．

> ― その組織全体に統合され,その組織の関係の中で実践される.
> **注記1** 活動は,製品,サービス及びプロセスを含む.
> **注記2** 関係とは,組織の影響力の範囲内の活動を指す.

ここでは,環境問題のみに限定されない意味での持続的発展,ステークホルダーの期待への配慮,コンプライアンス(compliance),組織全体への統合と組織の関係の中での実践の四つがキーワードとなっている.コンプライアンスはそれだけでは社会的責任として十分ではないが,必須のものとして位置付けられている.4点目のキーワードの前半の"組織全体への統合"とは,トップのコミットメントが重要で,かつ日々の本業の中で実践することが必要という意味である.そして,後半の"組織の関係の中での実践"とは,サプライチェーンにある取引先に対しても影響力が及ぶ場合は社会的責任を果たすように求めることが必要という意味である.

また,ISO 26000 の箇条4では,社会的責任の原則として,次の7つを列挙している.

> ① 説明責任　　　　　　　　　⑤ 法の支配の尊重
> ② 透明性　　　　　　　　　　⑥ 国際行動規範の尊重
> ③ 倫理的な行動　　　　　　　⑦ 人権の尊重
> ④ ステークホルダーの利害の尊重

これらの原則は社会的責任の定義のファクターとほぼ重なっている.⑦の人権の尊重自体は定義に含まれていないが,人権の尊重を謳う国際人権規約等も重要な国際行動規範である.

3.4.3 社会的責任とコンプライアンス

(1) 社会的責任とコンプライアンスの関係

コンプライアンスの英語の語義は,"(何かの)要望に応えること"であるが,何からの要望であるかによって,狭義,広義,最広義に分けて考えることができる.狭義では,行政的取締法規や刑罰法規といったハードローの要求に応えること,すなわち,法令遵守を意味する.これは,消費者政策の第一の波の手

法を事業者の側から表現したにすぎない．

　もう少し広げて，企業倫理や社会の倫理に応えること，すなわち，法令違反ではないが不当と考えられることをしないこともコンプライアンスである．ここには，形式的には違法ではないが，法律の背景にある考え方に反した脱法行為を行わないことも含まれる．

　さらに，組織が自らが決めたこと，すなわち，特別に法律が義務付けているわけではなく，また，倫理的に問題があるわけではないが，組織が積極的に行うと決めて対外的に宣言したことを実行することも，最広義の意味でコンプライアンスという言葉で表現される場合もある．この最広義の意味のコンプライアンスは，社会的責任とも重なってくる．

　2002年に，国民生活審議会自主行動基準検討委員会から，"消費者に信頼される事業者となるために－自主行動基準の指針"という報告書が出された．そこでは，"法令，社内規範等の遵守や，そのための組織体制の整備を包含して'コンプライアンス'といい，経営トップが関与した上でのコンプライアンス重視の企業経営を'コンプライアンス経営'という．"と定義しており，狭義の法令遵守に限定されないコンプライアンスが強調されている．

　次に，誰の要望に応じることかという観点も重要である．というのも，消費者関係法令は消費者の利益の保護が目的であり，労働関係法令は労働者の利益の保護が目的であるというように，法令の前提には法令が保護しようとする者の利益が存在するからである．社会的責任の核心の一つは，ステークホルダーエンゲージメントを通じてのステークホルダーの要望・期待への配慮である．ステークホルダーの要望・期待のうち最低限を定めたものが法令であり，法令遵守もまた社会的責任の核心の一つである．当該法令が何のために定められているのかという背景にまでさかのぼったコンプライアンスが要請される．

(2) コンプライアンス経営促進型立法

　上記のような意味で事業者の自主的取り組みを促進する効果をねらった法律が，2000年ころから相次いで制定されている．ただし，一定の行為を行政規制により直接に義務付ける場合に比べると，この手法の効果は間接的である．

金融商品の販売等に関する法律（金融商品販売法）(2000年) は，勧誘方針の策定・公表を事業者に義務付けており，同様に，個人情報保護法 (2003年) に基づく閣議決定"個人情報の保護に関する基本方針"(2004年) は，プライバシーポリシーの策定・公表を求めている．

2004年に改正された消費者基本法は，事業者の責務として"事業者は，…（中略)…，その事業活動に関し自らが遵守すべき基準を作成すること等により消費者の信頼を確保するよう努めなければならない．"（同法第5条第2項) と定めている．

会社法 (2005年) や金融商品取引法 (2006年) は企業の内部統制システムの充実を求めている．

そして，2014年の法改正によって，景品表示法にも，"事業者は，自己の供給する商品又は役務の取引について，景品類の提供又は表示により不当に顧客を誘引し，一般消費者による自主的かつ合理的な選択を阻害することのないよう，景品類の価額の最高額，総額その他の景品類の提供に関する事項及び商品又は役務の品質，規格その他の内容に係る表示に関する事項を適正に管理するために必要な体制の整備その他の必要な措置を講じなければならない．"（同法第26条第1項）との規定が新設され，適正管理体制整備義務が事業者に課されることとなった．

(3) ISO 10001（組織における行動規範のための指針）

自主行動基準あるいは行動規範（code of conduct）と呼ばれるものが企業において定められる場合としては，法令上の義務の履行のために定められる場合，法令上の義務が原則提示型（principle-based approach）であるときにそれを具体化するために定められる場合，更には，法令上の義務とはされていない事項について事業者がステークホルダーの利益を積極的に配慮して定められる場合がある．

ISO/TC 176/SC 3 が COPOLCO からの新規作業項目提案に基づいて開発し，2007年に発行された ISO 10001（品質マネジメント－顧客満足－組織における行動規範のための指針）は，組織が効果的で公正かつ正確な行動規範を策定

し，実施するための指針を示すものである．この規格は，JIS Q 10001：2010 としても制定されている．

(4) コンプライアンス経営のためのマネジメントシステム規格

コンプライアンス経営のためには，トップの意識改革をはじめ，組織を動かしていく経営の仕組みの中にコンプライアンスが組み込まれていなければならない．すなわち，マネジメントシステムとしてのコンプライアンスが重要である．この点では，例えば，オーストラリアには，国家規格としてのAS 3806：2006（Compliance programs）が存在する．

日本で開発されたコンプライアンスのマネジメントシステム規格として，麗澤大学企業倫理研究センター（R-BEC）による"倫理法令遵守マネジメント・システム（ECS 2000 v1.2）"がある．この規格は，ISO 26000の附属書Aにおいても社会的責任に関する自主的イニシアチブ及びツールの一つとして紹介されている．同センターは，更に，R-BEC 001（社会責任投資基準）やR-BEC 0013（外国公務員贈賄防止に係わる内部統制ガイダンス）などを精力的に開発し，公表している．

3.4.4 ISO 26000の構成と性質

ISO 26000の構成は次のようになっている．

```
序文
1  適用範囲
2  用語及び定義
3  社会的責任の理解
4  社会的責任の原則
5  社会的責任の認識及びステークホルダーエンゲージメント
6  社会的責任の中核主題に関する手引
7  組織全体に社会的責任を統合するための手引
附属書A（参考）  社会的責任に関する自主的なイニシアチブ及びツールの例
附属書B（参考）  略語
参考文献
```

このうち，比喩的にいえば，箇条3は，なぜ社会的責任が求められてい

かという why，箇条 6 は，どのような行動を行うと社会的責任を果たしていることになるのかという what，箇条 5 は，組織が社会的責任に取り組むためにはどのようにすべきかという how についての基盤的部分，箇条 7 は，how の各論である．すなわち，箇条 7 は，組織全体に社会的責任を統合するための実践の手法，社会的責任に関するコミュニケーションの手法，社会的責任に関する信頼性の向上の手法，社会的責任に関する組織の活動及び実践の確認及び改善の手法等について記述している．

とりわけ箇条 5 及び 7 はマネジメントシステム規格的に記述することも可能であったが，あえてそのようにされていない．この規格の性質は，ガイダンス規格であり，ISO 9001 や ISO 14001 のように認証のために使うことはできない．文章は全て should で記載されており，要求事項は含まれていない．

"この規格は，利用者に手引を示すものであり，認証を目的としたものではなく，認証のために使用することは適切ではない．この規格の認証を授けるといういかなる申し出も，又はこの規格の認証を取得したという主張も，この規格の意図及び目的を正確に表していない．"と，ISO 26000 の序文において宣言されている．この点は，第三者認証型のマネジメントシステム規格についての一定の必要性は評価しつつも，ISO 26000 のように広範な主題を対象とする規格の場合は適切ではないとする産業界によって，規格の開発の準備段階から強く主張されてきたことである．

もっとも，ISO 26000 の附属書 A に列挙されている社会的責任に関する自主的イニシアチブ及びツールの中には，要求事項を含み，中立の第三者による認証の可能性が含まれているものもある．その場合でも，附属書 A に列挙されたツール又はイニシアチブの実施を ISO 26000 への適合を主張するために，あるいは ISO 26000 の採用や実施を示すために使用することはできないとされている（ISO 26000 ボックス 16 －認証可能なイニシアチブ，及び商業的又は経済的利害に関するイニシアチブ）．

3.4.5 7つの中核主題と36の課題

ISO 26000 の箇条 6 は，社会的責任の 7 つの中核主題ごとに，その主題に含まれる課題の意義，原則，考慮点，推奨行動例を掲げている．7 つの中核主題を次に示す．

> ① 組織統治
> ② 人権
> ③ 労働慣行
> ④ 環境
> ⑤ 公正な事業慣行
> ⑥ 消費者課題
> ⑦ コミュニティへの参画及びコミュニティの発展

これらのうち，"組織統治"は，独特の位置付けにある．すなわち，組織のガバナンスがしっかりしていること自体が社会的責任を果たしていることであるとともに，他の中核主題に取り組むための基盤でもあるという二重の意味を持っている（図 3.1 参照）．

組織統治以外の他の 6 つの中核主題において掲げられている個別課題を表 3.4 に示す．これらを見ると，ISO 26000 の扱う問題の広さがわかる．

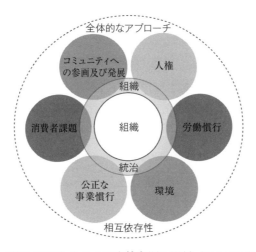

図 3.1 ISO 26000 の 7 つの中核主題の関係（ISO 26000 図 3）

表 3.4 社会的責任の中核主題及び課題（ISO 26000）

人権
課題 1　デューディリジェンス
課題 2　人権が脅かされる状況
課題 3　加担の回避
課題 4　苦情解決
課題 5　差別及び社会的弱者
課題 6　市民的及び政治的権利
課題 7　経済的，社会的及び文化的権利
課題 8　労働における基本的原則及び権利
労働慣行
課題 1　雇用及び雇用関係
課題 2　労働条件及び社会的保護
課題 3　社会対話
課題 4　労働における安全衛生
課題 5　職場における人材育成及び訓練
環境
課題 1　汚染の予防
課題 2　持続可能な資源の利用
課題 3　気候変動の緩和及び気候変動への適応
課題 4　環境保護，生物多様性，及び自然生息地の回復
公正な事業慣行
課題 1　汚職防止
課題 2　責任ある政治的関与
課題 3　公正な競争
課題 4　バリューチェーンにおける社会的責任の推進
課題 5　財産権の尊重
消費者課題
課題 1　公正なマーケティング，事業に即した偏りのない情報，及び公正な契約慣行
課題 2　消費者の安全衛生の保護
課題 3　持続可能な消費
課題 4　消費者に対するサービス，支援，並びに苦情及び紛争の解決
課題 5　消費者データ保護及びプライバシー
課題 6　必要不可欠なサービスへのアクセス
課題 7　教育及び意識向上
コミュニティへの参画及びコミュニティの発展
課題 1　コミュニティへの参画
課題 2　教育及び文化
課題 3　雇用創出及び技能開発
課題 4　技術の開発及び技術へのアクセス
課題 5　富及び所得の創出
課題 6　健康
課題 7　社会的投資

3.4.6 ISO 26000 の展開

ISO 26000 の開発に当たっては，その規格のグローバルな性格から，多数の国際文書が参照された．とりわけ，人権に関する項においては，2005 年に人権並びに多国籍企業及びその他の企業の問題に関する国連事務総長特別代表に就任した J. ラギー教授の下でまとめられた報告"保護・尊重・救済：ビジネスと人権の枠組み"(2008 年）が，ISO 26000 起草の最終段階で大幅に参照された．ラギー教授によるその後の報告"ビジネスと人権に関する指導原則"も，2011 年の国連人権理事会において承認されている．また，労働慣行に関する項では，ILO（国際労働機関）の国際文書が多数参照されている．

逆に，OECD 多国籍企業ガイドラインの 2011 年の改訂においては，ISO 26000 の内容が大幅に取り入れられている．

ISO 26000 の発行を受けて，各国の標準化機関の多くは，JIS Z 26000 のように，国際一致規格を発行しているが，ISO 26000 を各国のニーズに合わせて適合化した規格の発行を行っている例（デンマーク，ブラジルなど）や，ISO 26000 の導入をより具体的に行うためのガイダンス的な規格を発行する例（フランス，スペインなど）もある．さらに，自己適合宣言や認証等，組織の社会的責任の信頼性の向上を目的とした別の規格を開発している例（オランダ，デンマークなど）もある．これらの関連規格には，国内規格にとどまらず，他国でも利用されたり，新たな国際規格提案への検討が進んでいるものも存在する．

ISO 26000 の発行 3 年後の定期見直し（systematic review）においては，"確認"とされたが，次の定期見直しに向けて，ISO/TMB の下に設けられている ISO/SR/PPO (Post Publication Organization) において，将来の改訂が考えられる領域についての意見交換が行われている．

2014 年には，ISO Guide 82 ［Guideline for addressing sustainability in standards（規格の持続可能性に対処するための指針）］が発行された．さらに，ISO 20400 ［Sustainable procurement（持続可能な調達）］についての開発作業が ISO/PC 277 において進められており，2016 年 6 月現在で DIS 段階にある．

4. 特許と標準化

4.1 イノベーションにおける特許と標準化

4.1.1 発明と標準化の関係

　前にも述べたように，標準化とは"単純化"の作業である．放置しておくと徐々に複雑化していくものに対し，何らかのエネルギーを投入して，その複雑さを減少させるのが"標準化"活動である．では，なぜ"放置しておくと徐々に複雑化する"のだろうか．それは，人間が様々な創意工夫を行うからである．

　人間が技術開発を行う原動力の基本は，"もっと楽になりたい"という普遍的要求にある．例えば，人類初期の技術開発といえば，狩猟技術だろう．もっと楽に，もっと簡単に食料を手に入れるために，人間は槍や弓を開発し，共同作業のために言葉を開発した．美味しく食べるために火の利用を学び，農耕時代には成功例の記録を翌年まで残して再利用することで楽をするために文字を開発した．こうして，様々な技術を開発して，少しずつ進歩し，楽に暮らせるようにしてきたのが人類の歴史である．

　しかし，技術開発は一人だけが行うわけではない．一つの問題解決のために，多くの人が，同時並行的に，お互いの情報交換なしに様々な技術を開発する．開発された技術には通常優劣があるので，その中から最も良い技術が引き継がれ，その技術を基にして次の技術が開発される．しかし，常に人類全体が最もよい技術を即座に採用し，それ以外の技術を捨てるとは限らない．当然，技術の習得には訓練が必要であり，慣れが生まれるからである．その結果，多くの新しい技術が並行して生き残り，社会が複雑化していくのである．

　こうして生き残った幾つかの技術は，その効用により評価され，選択され，

利用の集中が起こる．これが標準化の過程である．そして，主流となった技術からは，また新しい技術が数多く生み出されることになる．これがイノベーションサイクルである．

4.1.2 特許制度の出現

前項で見たように，技術開発と標準化はイノベーションの両輪である．では，特許制度とはなぜ生まれたのだろうか．特許制度は，当然ながら，技術開発そのものではない．特許制度がなくても"もっと楽になりたい"ための技術開発は起こる．支配階級が技術開発の結果を利用する全権を握っていた時代には，支配階級から技術の独占権を与えられる事例はあっても，それを一般化した特許法は必要とされていない．

特許法の走りは1474年のベネチアの特許法といわれているが，これも，支配者層が独占権を与えるルールを公式化したものに近く，技術開発者の名誉を讃える制度といえるだろう．現代の特許法の起源といわれる英国の専売条例が制定されたのは1623年で，生産性の向上により奴隷制が封建制度に徐々に遷移し，支配されていた側の自主的な技術開発が活発化するとともに，民主化の流れの中で個人の財産権が芽生え，支配階級の独占が困難になりつつあった時代である．そして，実際にこの専売条例が活発に使われたのは，いわゆる産業革命の時代であった．

この時期になると，技術は"自分が楽をする"ことよりも"他人を楽にすることで対価を得る"ことが強いインセンティブになった．技術で対価を得るためには，その技術を独占することが重要である．この時代は，まだまだ技術がプリミティブな時代であり，技術のブラックボックス化などはほとんど不可能で，何らかの独占権がなければ，技術開発のインセンティブが大きく削がれることは間違いなかった．このため，技術を占有することを法的に認める専売条例が重要な意味を持つこととなった．ただし，この専売条例が近代的特許法の始まりといわれるのには，もう一つの重要なポイントがある．それは，専売条例によって与えられた占有期間終了後の技術の開放が公益目的にかなうがため

に，その前の独占を許すという整理がなされたことだ．つまり，特許法は当初から，発明者の権利を守るとともに，その技術を公開し普及することを目的としていたといえよう．

現代では，特許法が発明者の権利を守るだけでなく，発明の公開による新しい技術開発の促進を目的としていることは広く理解されている．もし特許制度がなければ，現代のように技術が微細化し複雑化している状況の中では，技術の非公開を選択する発明者が増えるのは間違いない．つまり，特許とは，技術を普及させるための制度といえるのである．

このように考えれば，特許制度と標準化制度は非常に近い制度ということができる．特許は，新しい技術について，発明者の権利を守ることで，その技術を普及させる制度であり，標準化は，様々な技術を整理し，単純化することで，その技術を普及させようとする制度である．だからこそ，特許制度も，標準化制度も，イノベーションを進める上で重要な制度として位置付けられているのである．

4.1.3 特許法と標準化に三つ巴となる独占禁止法の存在

特許と標準の相互関係を理解する上では，もう一つの経済ルールである"競争法"を一緒に考えることが重要である[1]．

競争法は，日本では独占禁止法（私的独占の禁止及び公正取引の確保に関する法律），不正競争防止法，景品表示法（不当景品類及び不当表示防止法），下請法（下請代金支払遅延等防止法）などの法律がこれに当たる．競争法の起源でもある米国ではアンチトラスト法と呼ばれ，1890年制定のシャーマン法，1914年制定のクレイトン法，1914年制定の連邦取引委員会法の3法と，その修正法からなる．欧州では競争法の整備は遅れたが，現在ではEU競争法と呼ばれる欧州委員会のルールが大きな力を発揮している．

いずれのルールも，市場競争を正常な状態に維持するために整備されているものであるが，その内容は微妙に異なっており，特許や標準化をビジネスで扱う者は，それぞれの競争法についてもある程度理解しておくことが必要である．

競争法の起源である米国において，競争法がアンチトラスト法と呼ばれるのは，最初に制定されたシャーマン法の目的が，トラスト（信託制度）の利用による独占の禁止であったためである．この法律によって1911年に解散させられたロックフェラー家のスタンダード・オイル社は設立から約10年後の1882年にトラストを設立，1899年に持ち株会社を設立し，そのシェアは，最も高い時期には90％に達していたといわれている．このロックフェラー家の寄付で設立されたシカゴ大学に反トラスト法に懐疑的なシカゴ学派が生まれたのも，この経緯と無縁ではないだろう．

競争法と特許との関係では，エジソンの映画会社が有名である．エジソンは1886年にトーキー映画の特許を獲得し，1894年にはキネトスコープという映画方式を特許申請，この技術の発明者といわれるディクスンと10年に渡る特許訴訟に勝利した後，特許保有持株会社MPPCを作り映画界の支配を目指した．これを嫌って多くの映画関係者が西海岸に逃げ出したのが現在のハリウッドの始まりだが，政治的背景もあって連邦通商委員会がエジソンの映画特許会社MPPCを競争法違反で起訴し，1914～1915年にかけてMPPCの敗訴が決定，ついにエジソンは1918年に映画産業から撤退している．ただし，この訴訟で問題となったのは，特許を持株会社に所有させることでトラストによる支配を目指したことであり，特許の占有自体が問題になったわけではない．

日本の独占禁止法第21条には，"この法律の規定は，著作権法，特許法，実用新案法，意匠法又は商標法による権利の行使と認められる行為にはこれを適用しない．"と明示されている．このような明示規定は米国や欧州の競争法には見られないが，知的財産に対する独占禁止の範囲を特に変更しているものではなく，日本においても，独占禁止法が"独占"を規制する法律である以上，たとえ特許等の知的財産であっても，その権利の行使がそれぞれの法の範囲を超えれば当然規制の対象となり得ると理解されている．この問題を整理するため，公正取引委員会では，1999年11月に"特許・ノウハウライセンス契約に関する独占禁止法上の指針"を公表，更に2007年には"知的財産の利用に関する独占禁止法上の指針"として再整理を行い公表した．

4.1 イノベーションにおける特許と標準化

　標準化と独占禁止法の関係も深い．それは，標準化活動が，競争法が禁止している企業間の共同活動に非常に近い形態だからである．標準化活動や，その結果としてのパテントプールの設立などは，企業間で話し合いを行ったり，商品（特許）をパッケージ化して販売（抱き合わせ）したりするため，独占禁止法の禁じる排他的行為や協調的行為に近く，常に競争法違反でないかどうかを確認しつつ活動を進める必要がある．

　標準化活動と特許との関係で有名な事件であるラムバス社の事例やデル社の事例に関しては多くの文献が残されているが，これらの事件でも結果的に競争法を用いて企業の行為を違法とする争いであった．標準化活動自体を律する法律は通常存在しないので，標準化活動の違法性を問う場合，この競争法を活用することが多い．標準を決める際に，参加メンバー間でその利用料金を決めたり，利用者を不必要に制限したりすると，競争法違反となる可能性が高い．

　このため，日本では公正取引委員会が，特許法との関係と同様に，2005年6月に"標準化に伴うパテントプールの形成等に関する独占禁止法上の考え方"を公表し，独占禁止法違反に問われることのない標準化活動やパテントプールに関する指針を明らかにしている．さらに，2016年には，前述の"知的財産の利用に関する独占禁止法上の指針"を改正し，標準に内包された特許の取り

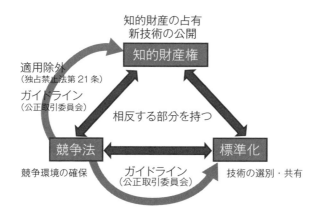

図 4.1　特許，標準化と競争法の関係

扱いに関する注意喚起も行っている．

4.1.4 特許と標準化の関係深化

　特許が新しい技術創造の産物で，標準化がその技術を単純化する行為である以上，この両者には当然深い関係がある．しかし，1990年代までは，この関係が大きな問題となることはほとんどなかった．それは，デジュール標準化といわれる公的な場での標準化が，市場が様々な技術の中から一つの技術を選んだり，選ばれた後にその技術を公的標準としてオーソライズする，いわゆる事後標準であったためである．つまり，この時代には，まさに市場による技術の"自然淘汰"が行われており，この淘汰に長い時間が必要であるため，標準化されたときには特許法の認める占有期間を過ぎていたり，残り期間が短かったりで，大きな問題にならなかったのである．

　また，特許による利益確保を目指す社は，自らの技術を公的標準に持ち込むのではなく，市場でシェアを獲得して事実上の標準として扱われることを目指す"デファクト標準化"を主要なビジネスモデルとしていたことも，標準化活動と特許との関係があまり問題にならなかった大きな理由である．歴史的に見ても，レコードやコンパクトカセットのように，昔は特許を無償許諾したり，プール化したりして自由に使えるようにすることがデファクト標準獲得の重要なファクターだった．

　CDやビデオカセットの時代になり，製品技術が複雑化し，多くの特許が製品に包含されるようになると，特許権を維持したままのビジネスも当然となり，デファクト標準技術に特許が内包される事例が増加した．それでも，デジュール標準の場では，できるだけ特許を内包しない技術標準化が志向された．しかし，技術開発から標準化までのタイムラグが短くなるとともに，デジュール標準においても，特許の関係を整理することが必須となってきた．

　その動きは，公的な標準化がビジネス上必須で，技術進歩も早い通信の分野から始まり，通信分野の国際標準化を担うITU-Tでは1990年代に入ると，標準の中に自社の特許が含まれていることを宣言する"特許声明書"の提出数

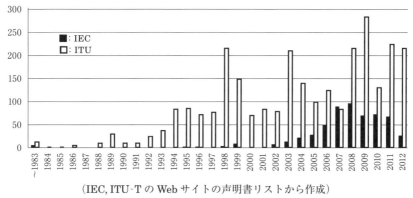

(IEC, ITU-T の Web サイトの声明書リストから作成)
図 4.2　IEC, ITU-T の特許声明書数

が急増している．その後を追うのが電気・電子製品の国際標準化を担う IEC で，21 世紀に入って"特許声明書"の提出が急増している．しかし，その他の分野の標準化を行う ISO では，今でも特許との関係は薄い技術分野が多く残っている．

　なお，標準化と特許といった場合には，どうしても標準技術中に含まれ，その標準を利用するためには使うことが避けられない特許，いわゆる必須特許に目が行きがちだが，標準と特許の関係においてビジネス上本当に重要なのは，標準技術の周辺に配置した特許であり，標準技術にそのまま含まれる特許だけを見ていると危険である．さらに，この両者はビジネスにおける効果も全く異なってくるので，明確に区別して考えることが重要といえる．

　本章では，"標準技術にそのまま含まれる特許"についての議論を整理するが，標準技術の周辺特許についても，その重要性を忘れてはならないだろう．

4.2　標準技術に包含される特許の問題

　標準化しようとする技術の中に特許が存在する場合，できあがった標準だけでなく，標準化活動自体にも様々な影響を与える．これは逆に，そういった特許を持っていれば，標準化活動の主導権をとることが可能になることも意味す

る．以下では，標準化する技術の中に特許が存在した場合に問題となる様々な影響を，標準化過程と標準化後の二つに分けて整理する．

4.2.1 標準化過程における特許の影響

特許権は排他独占権を認めているのに対し，標準は基本的に誰でも利用することのできる公共財でなければならない．このため，この両者が両立することは，本来ならあり得ないはずである．しかし，欧州における携帯電話規格である GSM の例などで，標準化作業に参加したライセンサーがお互いにクロスライセンスを結び，それ以外のアウトサイダーへの特許ライセンスを遅らせた事例などが存在する．とはいえ，そういう活動を許しておけば，標準技術への信頼性が下がることとなるため，多くの標準化団体では"パテントポリシー"という規則を制定し，標準に特許を組み込む場合のルールを定めている．

このパテントポリシーの基本は，標準技術中に特許が存在する場合は，その事実と，その特許を安価で非排他的[これを RAND(Reasonable and Non-Discriminatory) 条件という．通信関係の標準化団体では，冒頭に Fair を加え，FRAND 条件という．] にライセンスすることを宣言することである．これが前述の図 4.2 のもととなった"特許声明書"である．このルールは多くの標準化団体で定められており，団体によって内容は異なるものの，標準に特許を組み込む場合は，何らかの手続きを踏むべきであるということは標準化団体における基本常識となっている．

ただし，このパテントポリシーのルールは，団体における標準化活動の手順を定めたもので，善意のルールであるため，標準化活動への参加者は，自らの特許を標準原案に取り込み，他社の特許を入れないようにするため，様々な活動を試みることとなる．

(a) 特許を規格原案から排除する

標準化原案に特許が存在する場合，まず最もよく発生するのが，規格原案から特許を排除しようとする動きである．標準のユーザーにとって，標準が無料で使えることが一番望ましい．たとえ特許権者が安価なライセンスを約束して

いたとしても，特許はないほうが望ましいのである．

(b) 特許の無償提供を求める

しかし，多くの場合，特許技術を避けていては良い技術を使った標準を作ることができない．このために次に起こることは，特許の無償提供圧力である．もちろん，実際にはユーザーからの依頼という形でライセンサーに対して特許無償化のお願いがされるわけだが，もし拒否すれば，別の技術を採用するように規格原案が変更されたり，標準化を取りやめたりされる可能性もあるので，ライセンサー側にとっては圧力と感じる場合もあるだろう．ライセンサーとして，特許収入よりも標準化することによる市場拡大のほうが重要であれば，この特許無償化を飲まざるを得ない場合も多い．

(c) 標準化活動を止める，左右する

ただし，これを逆手にとって，標準化活動を停滞させることも可能である．特に保有する技術がその標準にとって必須と思われるような特許であれば，それをライセンスしないことで，標準化を止めさせることも可能である．このように標準技術中に特許を有することは，標準化を自分に有利に進める上で強い力を持つ．このため昨今では，実際には特許を持っていないにもかかわらず，特許を保有していると主張して標準化活動を自らに有利な方向に左右しようとする動きもあるようである．

標準化技術に係わる特許を実際に持っているかどうかを，特許権者以外の標準化参加者が調べることは非常に困難である．仮にある程度特許が特定できたとしても，他社の特許に対し100%の自信を持って，それが標準化技術に抵触しないと判断するには大きなリスクが伴う．このため，実際には特許を持っていなくとも，特許を保有していると宣言して標準化活動を阻害する行為が行われることになるのである．

(d) マルチスタンダードを促進する

しかし最近では，このような特許をちらつかせた標準化活動は減少している．それは，ITUやIECなど多くの標準化団体で，マルチスタンダードが一般化してきたためである．

マルチスタンダード化とは，簡単にいえば，一つの技術に対して複数の規格が"標準"として設定される事例が増えてきたということである．例えば第三世代携帯では五つの規格が国際標準となっている．このような複数の規格を国際機関が認めるのは，表向きは，地域や市場の特殊性を鑑み，国際標準にも複数の規格があることを容認するという動きが一般化したためだが，現実的には地域や市場の違いよりも提案企業の違いによってマルチ化することが増えている．

過去には，自社の保有する特許のライセンス権を武器に，標準を自社に有利な形にしようとする動きが見られたが，最近では，特許権を有する規格提案者はそれぞれの技術を統合して一つの技術に標準化するのではなく，お互いに相手の技術も標準になることを前提として，自社の技術も並列に標準化する動きに出ているのである．下手に標準化の場で技術の優劣を戦わせるのではなく，両社が共に標準になって，あとは市場でデファクト標準獲得の戦いをすればよいという考え方である．もちろん，この環境を実現する上で特許を広く持っておくことは有効である．相手が標準化したい技術にも特許を有していれば，その特許のライセンスをする代わりに，自分たちの技術の標準化も認めさせることが可能となるからである．

結果的にマルチスタンダードが進むと，これまで述べてきたような，特許回避の動きや特許無償化の動きは起こらず，それぞれの社が自社の特許で固めた技術を複数標準として認めることになる．ここ数年，IECやITUにおいて特許声明書の提出が急増しているのは，このマルチスタンダードの一般化が最も大きな理由かもしれない．

なお，ここまで述べてきたような議論の過程で，他社との交渉と並行して社内においても様々な交渉が必要となることを忘れてはならない．多くの組織において標準化関係者よりも知財関係者のほうが多くの権限やリソースを有しており，標準化に伴う特許の扱いについても知財部門が知財管理の観点から強い決定権を持つ場合が多い．このような環境下で，標準化がビジネスとして価値のある効果を出すために，知財をどのように扱うべきかは，経営層が総合的に

判断すべき重要な戦略だが，日本においてこれを組織的に行っている会社はまだまだ少ないといえるだろう．

4.2.2 標準化後の特許の影響

標準化活動が無事終了し，重要な特許がその技術に包含される状況となった場合，ここでも特許の存在は標準化に大きな影響を与える．これらの影響について見ていこう．

(a) 標準の普及が阻害される

特許が標準に内包されることとなった場合，最大の問題は，その標準が普及する上で，特許の存在がマイナスになることが多いということである．たとえ特許料が小さな額であったとしても，ビジネスのコストとしては重要であり，かつ特許権者の意向に製品開発が左右されたり，次世代バージョンの開発が特許権者の有利な方向に進んだりする可能性も高い．また，特許数が多ければ，それぞれのライセンス料は小さな額でも，積み重なると大きな額になる．そういった面から，特許を包含する標準は，その特許が原因で普及を阻害されることがある．

このような特許料の問題を解決するため，標準化時に参加者が特許の無料化に合意して標準化を行う例も昔は多く見られた．G3FAX や JPEG がその例である．これらの技術は多くの特許が内包されるため，特許処理が困難になることが予想されたことから，標準化のリーダシップをとる企業や団体が，特許の無償化を提案して受け入れられたものである．しかし，このような提案は，標準化活動に参加した者にしか効果を及ぼさないため，ホールドアップ問題が起こることになる．

(b) ホールドアップ

ホールドアップとは，標準が普及し，多くのユーザーがその標準を使ったビジネスを行う段階になって，それまで未知であった特許権者が現れ，特許の利用を差し止めたり，多額の特許料を請求したりする行為である．ラムバス社の事例，デル社の事例，JPEG の事例などがよく知られている．最近はビジネス

モデルの変化により製造業でない特許権者がホールドアップを行う事例もあり，これまでのクロスライセンス方式による対応が困難で大きな問題となっている．

この動きに対して米国を中心に様々な訴訟が提起され，標準必須特許に関する判例が積み重なりつつある．その動きに対応したのが，前述の公正取引委員会による"知的財産の利用に関する独占禁止法上の指針"の改正であったが，当初の提案はあまりにライセンシー寄りで，多くの議論を呼ぶこととなった[2]．

(c) RAND 違反

前述のホールドアップと似ているが，未知ではなく，既知の特許権者が，事前に約束したはずの安価なライセンス料を実施しないことなども発生することがある．こうした事例はパテントポリシー違反として，RAND 問題（又は FRAND 問題）といわれることが多い．これは，パテントポリシーが，その性格上 RAND 以上の詳細な条件を設定しないため，最終的に RAND 条件の運用が特許権者に一任されていることに由来する．しかし，RAND 条件を一任していることが，パテントポリシーによる特許取り扱いルールの運用を現実化しているのも事実であり，安易に RAND 条件の内容を事前に決めれば解決するというものでもない[3]．

4.2.3 今後のパテントポリシー

これまで見てきたように，パテントポリシーによる特許の管理は様々な課題を残している．そして，ここ数年，このパテントポリシーは大きな転機を迎えている．米国で次々に起こった，標準必須特許（SEP：Standard-Essential Patent）に関する訴訟の動きである．

これらの訴訟は現在も続いているため確定的なことはまだ言えないが，大きな方向として，標準必須特許のライセンス料は低額に押さえ，標準を利用する側の利便性を重視する方向に大きく流れているようである．これまでのような，標準の中に埋め込んだ特許のライセンス料で大きな利益を得るビジネスモデルは，実現不可能になりつつあるといえるだろう[4]．

こうした訴訟を背景に，ITU におけるパテントポリシーの見直し議論も進

んでいる．そこでは，ある一定条件の下では，標準に含まれた特許のライセンスを拒否する権利を制限できる形でのルール作りについても議論されている．今後，このような動きの中で，標準化と特許の関係がどのように変化していくか注意が必要である．

4.3 パテントプール

ここまで述べた標準必須特許に関するパテントポリシーのルールとともに，標準化活動上必ず知っておくべき仕組みがパテントプールである[5]．

もともとパテントプールは標準化活動のための仕組みではない．パテントプールとは，技術や製品ごとに関係する特許を集めて一括管理する方法である．様々な技術や製品で，その中に多くの特許が存在し，その特許の利用を望む多くのユーザーが存在する場合，パテントプールには大きな効用がある．この仕組みが標準化活動の中で重要になったのは，MPEG-2 パテントプール以降といってもよいだろう．

パテントプールの歴史を簡単にまとめれば，
① 20世紀初めに反競争規制を回避するために適用除外としてのパテントプールが乱立した時代
② 反競争規制として，パテントプールが厳しく取り締まられた1990年代まで
③ 特許の洪水，特許の藪回避のためにパテントプールの効用が見直された時代

の三つの時代に分けることができる．そして，③の時代に生まれたのが，MPEG-2 パテントプールである[6]．

4.3.1 MPEG-2 パテントプール

ここまで述べてきたように，パテントプールは独占のためのツールとして使われることで競争当局の規制を招き絶滅したが，プロパテントの流れの中で，

特許の藪を解決する経済的ツールとして復活を認められた．このパテントプール復活時代の先駆けとして設立されたのが，MPEG-LA 社による MPEG-2 パテントプール（1997 年設立）である．

MPEG-2 パテントプールは，それまでの競争法当局の厳しい取り締まりから解放されるため，自らに様々な規制をかけ，競争法上の問題が生じないように工夫されたパテントプールである．そこには，競争法当局の支援を得る様々な競走促進のための仕掛けが組み込まれた．

第一に，MPEG-2 パテントプールは，過去に多く見られた製品ベースのパテントプールではなく，MPEG-2 と呼ばれる動画圧縮技術のパテントプールとなっている．このため，そこに含まれるべき特許の選別が容易であり，MPEG-2 を利用するために，必ず使わなければならない特許，いわゆる必須特許だけを集積することを可能とした．これによって，競争当局が懸念する"抱き合わせ販売"の疑いを払拭したのである．それぞれの特許が MPEG-2 の利用に必須であるかどうかを誰が決定するのかは大きな問題であったが，これを解決したことも，MPEG-2 パテントプールの大成功に結び付いたといわれている．

MPEG-2 のパテントプールを作り上げた MPEG-LA 社は，その設立に当たって，非営利ケーブルテレビ事業者であった CableLabs 副社長の B. Futa 氏と，コロンビア大が推薦したニューヨークの Baker & Botts 法律事務所に所属する H. Tang 弁護士の二人の中立な人物が主導した．また，必須特許の抽出は，B. Futa 氏に任命された米国特許弁護士である K. Rubenstein 氏が当たっていた．こういった中立さが参加企業の信頼感を得ることに成功し，必須特許を持つ者全体を集結することに成功，必須特許の判定をスムーズに進めることができたといわれている．必須特許を持つライセンサーも，AT&T 以外の大半を参加させることに成功し，パテントプールとしての完成度は非常に高いものとなった．また同時に，パテントプールを経由せず，個別の特許権者がライセンシーとの間でそれぞれ契約を締結することも可能とし，一部の特許を必要とするライセンシーに対する抱き合わせ販売も回避した．

第二に，競争法当局との関係で排他的共同活動と見られるのを防ぐため，非排他的なライセンスを必須とした．ライセンス価格は全世界共通で，製品一つ当たりの価格として設定した．ちなみに，パテントプールでは，多くの場合ライセンス価格は売り上げに対するロイヤリティ率ではなく，製品一つ当たりの価格で設定されている．これは，世界中に広がるライセンシーが，それぞれどのような売り上げを上げているかを正確に把握することが困難であるため，売上額よりも把握が容易な"販売数"を根拠とした料金体系とするためである．

第三の特徴として，非排他的なグラントバックを要件としている．これによって，ライセンシーが改良技術を開発した場合，そのライセンシーだけでなく，本パテントプールに特許を登録しているMPEG-2特許ライセンサーも，本パテントプールからライセンスを受ける他のライセンシーも，その改良技術を利用できることが保証されているため，独占を排除することが可能となるのである．1975年，米国司法省による"Nine No-No's（ナイン・ノー・ノーズ）"では，アサインバックの要求は独占的行為として厳しく禁じられたが，非排他的なグラントバックについては，公正な競争を阻害するものではないと認められている．

このように厳しい自己規制を行った上で，MPEG-LA社は，MPEG-2パテントプールが反トラスト法に違反していないことを確実にするために，米国司法省に確認を求め，司法省からのビジネス・レビュー・レターを得ている．この政府の"お墨付き"をもらったことが，MPEG-2が長期的な成功につながった大きな要因の一つといえるが，ビジネス・レビュー・レターを得るという行為は，個別許可を得る行為に近く，MPEG-2パテントプールが，その後のパテントプールの一般形態として確立したことにはならなかった．このため，この後のパテントプールは，このMPEG-2パテントプールの基本原則を利用しつつ，各々が米国司法省のビジネス・レビュー・レターを獲得し，個別了解を得ることが一般的となってしまった．

MPEG-2パテントプールがライセンスを開始したのは1997年であり，設立時のライセンサーはコロンビア大学，ソニー，富士通，松下電器，三菱電機，

ルーセント，ジェネラル・インスツルメント，サイエンティフィック・アトランタ，フィリップスの9社であった．

なお，MPEG-2 パテントプールでは，過去のパテントプールに多く見られるように，その収益の配分を単純にライセンサーごとの特許数比にしている．もともとプールの収益配分は難しく，特許の価値評価ができない限り，それぞれの特許を同価値と見て，特許数で収益を配分するしかない．

このため，特許数が多ければ多いほど，多くのライセンス収入を得ることができることになり，MPEG-2 パテントプールでは，特許分割競争を引き起こす結果となった．1994年に K. Rubenstein 氏が選択した必須特許は9社27件であったが，その後の特許付与，カバー国数の増加，技術の発展に上記の特許分割などもあり，2005年12月時点では24ライセンサーが792特許をプールしている．

2010年頃から，特許権が満了する特許が急速に増え始め，現在では先進国の特許は大半が期間満了となっている．これに合わせ MPEG-LA もライセンス条件を変更し，ライセンス価格を変更した．このプールの収入額は公表されていないが，最盛期には特許1件当たり数億円といったレベルでの収入があったといわれており，標準に特許を入れることで高い収益を得られるビジネスモデルとして多くの企業が憧れる仕組みとなった．

MPEG-LA 社は，この MPEG-2 パテントプールに続き，MPEG-4 ビデオ，AVC/H.264，DRM 著作権保護技術などのパテントプールを設立し，パテントプール運営会社として大きく拡大している．MPEG-4 ビデオのライセンスに当たっては，2002年の開始時に，当該技術を利用して圧縮ビデオを配信した者から，1時間当たり2セントを徴収するというユーザー課金を提案して大きな問題となった．この動きに対して，Apple 社が，MPEG-4 技術を搭載した同社のビデオ再生ソフトの配信を中止するなど，大きな反響を引き起こした．結局，MPEG-LA はライセンス条件を大幅に変更せざるを得なくなり，パテントプールのライセンスによる課金開始は2005年にずれ込むことになった．

4.3.2 DVD-6Cパテントプール

DVD-6C (DVD 6 C LICENSING AGENCY) もパテントプールの成功例として知られている．この社はDVD関連技術をライセンスするパテントプール会社であり，東芝の資本で1998年に設立された，日本に設立された数少ないパテントプール運営会社である．設立時のライセンサーはWarner Home Video，日立製作所，松下電器産業，三菱電機，東芝，ビクターの6社であったが，2002年6月にIBMが，2005年4月にサンヨーとシャープがライセンサーとして加入．その後IBMは2005年8月，同社の250件のDVD関連特許を三菱電機に譲り，DVD-6Cから脱退したが，2006年11月にSamsung Electronics社が加入したため，現在のライセンサー数は9社となっている．

この社も株式会社形態でDVD関係のパテントをプールし，米国司法省の確認を求め，司法省からビジネス・レビュー・レターを得るなど，前述のMPEG-LA同様の手順を踏み設立されたが，この9社以外にDVDの特許を有するソニー，フィリップス，パイオニアの3Cグループとフランスのトムソンが加入しておらず，本プールとの契約だけではDVDは生産・販売できないという大きな問題を有している．

これは，ソニー，フィリップスという，CD時代から光ディスクの技術を先導し，数々の特許を有している2社が，他社より有利なライセンス契約を主張しDVDフォーラム中で合意することができなかったためである．ソニー，フィリップス両社は，パイオニアを加えた3社で，DVD-3Cと呼ばれるパテントプールを組織し，フィリップス社が契約を担当している．また，トムソン社は，どちらのパテントプールにも加入せず，独自にライセンスを行っている．

2005年末ころのDVD-6CとDVD-3Cとの特許数を比べると，DVD-6Cが約850件，現在は韓国LG電子社を加えて4社となったDVD-3Cが約1120件となっており，仮に特許数で配分するとしても，ソニー・フィリップス側は十分な特許数を持っており，一見，両社が不利になるようには見えない．

しかし，この特許数は，記録型DVDなどの特許が加わることによって拡大したもので，DVDプールが検討された当初，ソニーとフィリップス社の特許は，

わずか100件程度であったといわれている．また，DVDパテントプールは，MPEG-2パテントプールと異なり，ライセンサーの大半が製造業者であるため，相互にクロスライセンスを交わしており，メンバー間ではライセンス料の移動が起こらないことも，光ディスクの先駆者であるソニー・フィリップス両者には不利であったといえるだろう．

DVD-6Cの最大の課題は中国からのロイヤリティ獲得であった．DVDハードウェア産業は，中国企業等の新興国企業がライセンス料を支払わずに大量参入したため，価格破壊が発生し，国内メーカーは機器製造からの退却を余儀なくされた．もちろん，設立当初から，DVD-6Cは中国のDVDプレーヤー製造機器メーカーとの交渉を続けていたが，ライセンス料の徴収は困難を極めていた．一応2002年5月に，中国のDVD製造企業30社が同時にDVD-6Cに加入し，ライセンス料の支払いを開始した．その後も中国企業の契約が増加しているが，その支払額と製造台数には乖離があるといわれており，2005年7月には中国の2社，CIS Technology Inc. と Kent World Co., Ltd. が適切なロイヤリティ支払いを怠ったとの理由で契約を解除されている．

DVD-R等のメディアライセンスは更に深刻であり，多くの中国製メディアが市場に流通しているにもかかわらず，ライセンス契約が行われていない状況が長く続いた．とはいえ，こういったライセンス料不払い問題に積極的に対応できるのがパテントプール専業会社の強みでもあり，パテントプールを設立する理由の一つでもある．

4.3.3 W-CDMAパテントプラットホーム

MPEGやDVDのようなパテントプール会社方式とは少し異なり，第三世代携帯のW-CDMA方式グループに関する特許ライセンスのために設立された相互ライセンス方式のパテントプールもあり，これはパテントプラットホームと呼ばれている．

相互ライセンス方式のパテントプラットホームは，パテントプール会社で採用される一括サブライセンス方式と比較して柔軟なライセンス契約を可能とす

る仕組みであり，ライセンサーとライセンシーが相互にライセンス契約を行うことができる．

　パテントプラットホームに参加するライセンサーとライセンシーは，必須特許について，低い標準ロイヤリティ率でライセンス契約を行うと同時に，最大累積ロイヤリティ率（例えば5％）を設定し，特許が使用される製品カテゴリーごとに，支払うロイヤリティは，この率を上限としている．実際には，累積したロイヤリティが最大累積ロイヤリティ率を超過した場合，構成する一つ一つのライセンス契約のロイヤリティ率が比例的に圧縮され，最大累積ロイヤリティ率に抑制される仕組みである．

　この方法は，パテントプールと同様の利便性をライセンシー側に提供するとともに，運営会社等の組織を新たに作る必要がない点でライセンサー側にも利便性がある．しかし，製品製造を行わない技術開発企業から見ると，パテントプール会社がないため，ライセンス料拡大のための活動等，パテントプールにおける多くの魅力が失われており，参加は自らのライセンス料率を低くされてしまうだけでメリットがない．

　さらに，第三世代携帯では五つの通信方式が標準となっており，この五つの特許を一つにまとめてパテントプラットホームを形成することが当初の計画であったが，米国競争法当局の指導により，方式ごとに別々のプラットホームを設立することとなった．このため，W-CDMAパテントプラットホームにはW-CDMAの重要な特許を多く持つクアルコム社やノキア社が参加しておらず，同社は独自のライセンス料率で独自にライセンス契約を行っている．ホールドアップが起きにくい環境を醸成するという意味からも，またライセンサーの契約手続きを軽減するという意味からも，このパテントプラットホーム方式は価値が小さいと言わざるを得ない．

4.4 パテントプールの利点と欠点

4.4.1 ライセンサーにとっての利点と欠点

パテントプールによるライセンスには，当然ながら利点と欠点がある．基本的に利益が大きいのはライセンシー側である．ライセンシーにとってわかりやすい利益は，契約業務が軽減されることと，ライセンス料の大幅な低減が期待できることである．

しかし現在，この環境が大きく変化している．パテントプールの重複問題である．昨今の製品の複雑化と市場による旧型製品のサポート要求を満たすために，一つの製品を製造するためには多くのパテントプールと契約しなければならず，そのロイヤリティが積み重なって大きくなっている．例えば，DVDプレーヤーでは合計11ドル，DVDレコーダーでは合計19ドルほどのライセンス料を10近いパテントプールに別々に払う必要があり，製品価格におけるロイヤリティ料率はボリュームゾーン製品では20％を超えるレベルとなっている．DVDドライブ単体では，ライセンス料が40％に達する事例もあるといわれており，事業として成立し得ないレベルに達している．

この問題は，パテントプールの会計処理上，特許使用料が料率ではなく，一製品当たりの額で決められていることも大きく影響している．多くの製品は市場における価格競争により，発売後しばらく急速に価格が低下するが，ロイヤリティが料率でなく額であるために，製品価格が低下してもロイヤリティの額は低下せず，相対的にロイヤリティ料率が高まってしまうのである．しかし，一旦決定された額を変更することは容易ではない．それは，プールのライセンサーに，製品を製造しない純粋ライセンサーが含まれるケースが増えているためである．製品を製造しない者は，実質的に収入源となるロイヤリティ額の低価格化には容易に合意しないのは当然だろう．

4.4.2 ライセンシーにとってのパテントプール

ライセンシーにとってパテントプールは与えられた環境であり，そこに問題

があるとしても，その特許を利用して製品製造をしたいなら，プールとの契約をせざるを得ない．つまり，ライセンシーにとって選択肢は，プールと契約して製造するか，契約を断念し製造から撤退するかの二つしかない．

しかし，ライセンサーの場合，製造するかしないかの選択肢とともに，パテントプールに入るか入らないか，という選択があり，この組合せを戦略的に検討する必要がある．この区別を簡単に整理すると，図 4.3 のようになり，それを整理したものが表 4.1 である．

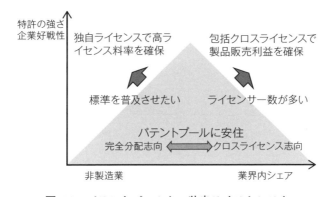

図 4.3 パテントプールか，独自ライスセンスか

表 4.1 パテントプール加入・非加入の検討ポイント

	パテントプールに入る	パテントプールに入らない
製品を製造する	多くのライセンサーが存在する場合，事務量の軽減になり，特許訴訟の面からも安心．自社の製品売上とともに，他社のロイヤリティも期待できる．特許ロイヤリティより製品製造での利益を求めるなら，プール加入が良い選択といえる．	ライセンサーの数が少なく，大量に製品製造する場合，プールに加入するよりも個別クロスライセンスによりパテント料を回避するほうが有効．ただし，標準の普及を大きく阻害する可能性がある．
製品を製造しない	特許が弱い場合や，自社の営業力が弱い場合，プールに加入することで自社の特許収益を確保することが可能．ただし，製品製造の利益はなく，特許数が少なければ特許料の配分割合も小さくなるので，大きな利益は期待できない．	重要な基本特許を少数持つ場合はプールに入らず個別ライセンスのほうが有利だが，特許無効訴訟などの危険がある．製品製造をしていないアウトサイダーはホールドアップ予備軍として警戒され，標準が普及しない可能性が高い．

表 4.1 は，パテントプール会社がライセンス業務を代行し，個別ライセンス契約の事務的コストから開放されるだけでなく，ライセンス料不払い業者への訴訟など，様々な作業をパテントプール会社が代行してくれることを前提としている．言い換えれば，パテントプール会社は，こういった作業により魅力を高めることでアウトサイダーを減らすことが重要である．また，どのようにパテントプール会社が工夫したとしても，経済原則からすると，業界トップの企業は，パテントプールに加入するよりも独自ライセンスで対応したほうが総収入が大きくなるなどの理由で，プールには必ずアウトサイダーが出現するといった研究[7]もある．ただし，主要メンバーのプールへの非加入は，結果的に当該技術の普及を阻害し，結果としてライセンサー全ての収入を過少化してしまう可能性があることにも注意が必要である．

パテントプールを設立したときに，そのプールが多くのユーザーを呼び込めるとは決まっておらず，時間的な成長が加入者の状況によって変化することも考慮しなければならない．

4.4.3 パテントプールの問題点

以上のようにパテントプールには様々な利点と問題点が存在する．しかし，問題点の多くは，解決の方向性があり，それによってパテントプールの魅力はますます高まることが期待できる．パテントプールの魅力が高まり，加入者が増え，アウトサイダーが減ることは，標準化の観点からすれば，ホールドアップの可能性が大きく減ることであり，望ましい方向である．

以下では簡単にパテントプールが抱える問題点を整理しておこう．

(1) パテントプール運営会社の設立が必要

パテントプール最大の問題は，パテントプール運営のための独立組織が必要になるということである．現状では，税法上の問題などもあり，このパテントプール会社の大半は米国に存在しているが，この運営会社は特許権者からは独立していることが望ましいとされており，その準備は容易ではない．WCDMAのプラットホームのように独立組織を必要としない方式もあるが，その場合

プールに参加するメリットの多くも失ってしまうことに注意する必要がある．

(2) 補完特許と必須特許しか含められない

現状では，競争法との関係から，パテントプールには必須特許しか組み込むことができず，必須特許でなくなった場合，プールから外すことが求められている．しかし，必須性のリアルタイム管理は困難で，必須判定を第三者に依頼するコストとその精度もまだまだ課題が多い．また，昨今のマルチスタンダード環境では，補完技術ではなく代替技術を同時に使用する（マルチ対応）製品が多いが，現状ではそのために複数のパテントプールとの契約が必要となっており，無駄が多いといえる．

さらに，昨今の技術の複雑化の中では，必須特許のみならず，その周辺関連特許を同時にライセンス契約することが実態的には必須であり，これらの特許がプールに組み込めないことは，結果的にプールの価値を大きく下げているといえるだろう．

(3) 価格の自由度が低い

前に述べたように，実務上ライセンスは料率ではなく製品当たりの価格で固定されるが，このため実質負担は市場における価格競争とともに重くなる．しかし，製造業者と非製造業者の利益が相反するので価格改定が困難となっている．さらに，現状では世界統一価格となっている場合が多いが，非差別的価格では，途上国ビジネスが困難であり，地域別の価格接待などの自由度も確保していくことが重要だろう．

(4) 利益配分システムの未整備

現状多くのパテントプールが採用している特許数による利益配分は，特許数の多い大企業に有利であり，非製造事業者，小規模事業者には不利で，これがパテントプールへの加入をためらわせる要因になっている．製造業者と非製造業者の利益相反を解決し，双方に魅力ある利益配分ルールの考案と確立が必須であろう．

(5) ライセンサー網羅性の確保

パテントプールを成立させる以上，主要ライセンサーが入らなければ，プー

ルの価値は半減する．このため，ライセンサーとなる可能性のある者の発掘と契約確保システムの確立が必要である．これには，ETSI や ITU-T などで検討が始まっている標準化団体自身による必須特許の調査やプール設立支援を実際に具体化していくことが重要といえるだろう．

さらに，現状パテントプール会社は，非ライセンス事業者の摘発や契約締結は積極的に行っているが，ホールドアップへの積極対応とメンバーへの取り込みを前面に打ち出しているパテントプールは少ない．プール自身がホールドアップ事業者と戦うことは，プールが特許の実施者ではないため，特許法上困難な面は多いが，プールとしてホールドアップと戦える体制が整えば，そのプールと契約するライセンシーの安心感は大きく高まるとともに，ライセンサーとしてもプールに入っておいたほうが安心という認識が普及すると期待できる．

4.4.4　各国競争法当局の動き

ここで，パテントプールを中心に，各国の競争法当局の動きをまとめておこう．競争法当局は最近ではパテントプールのみならず，標準必須特許の問題などにも積極的に関与してきている．今後もこの動きは継続すると考えられるため，各地域での競争法関係報告や判例には継続的に注意を払うことが重要である．

(1)　米　国

1960 年以降，米国では反トラスト法が厳格適用され，多くのパテントプールが解散に追い込まれた．特に 1975 年の "Nine No-No's" の影響は大きく，パテントプールの機能そのものが "当然違法" とみなされる形となり，パテントプール絶滅の時代を招いたのである．

このような状況を劇的に変化させたのが，1995 年 4 月 6 日，司法省が連邦取引委員会と共同で発表した "知的財産権ライセンスに関する反トラスト分析のためのガイドライン（Antitrust guidelines for the licensing of intellectual property）" である．

4.3 パテントプール

　このガイドラインは，1988年及び1989年に公表された国際事業活動ガイドラインの中の知的財産に関する部分を改訂したもので，1988年の国際事業活動ガイドラインの頃から，プロパテント政策を受けてパテントプールの見直しが進みつつあったが，この1995年のガイドラインで正式に知的財産権のライセンス活動で発生する問題に対する競争法当局の基本的審査基準を示したといえる．

　1980年以降，米国では競争力強化が重要な課題となり，特に1985年の"産業競争力に関する大統領諮問委員会"報告，いわゆるヤングレポートは対日本を念頭に置いてまとめられ，知的財産権の保護を強く主張した．1988年の国際事業活動ガイドライン，1995年の反トラスト法運用の見直しも，まさにこの動きを反映したものといえるだろう．

　1930年代以降の反トラスト法優位の時代には，個人や企業の知的財産権独占を認める知的財産権政策と，独占を排除し競争を活性化することが経済発展を促進するという競争法政策は，対立関係として捉えられていた．1995年の"知的財産権ライセンスに関する反トラスト分析のためのガイドライン"，いわゆる95年IPガイドラインは，この両者を補完的関係と捉え直した．そして，パテントプールについては，それまでの"Nine No-No's"を基本とした"当然違法"ではなく，"合理の原則"で判断することを明らかにしたのである．これによって，全てのパテントプールは，合理性を重視して，ケースバイケースで判断されることになった．

　この95年IPガイドラインは，民間事業者の様々なライセンス行為における違法性に関する不確実性を大きく低減したことで高く評価されているが，パテントプールやクロスライセンスなど，集合的ライセンス管理メカニズムに対して前向きな方針を示したことも大きな価値といえるだろう．

　1995年のIPガイドライン発表以降，米国の競争法当局は幾つかの知的財産権報告書を公表し，様々な活動を行っている．

　まず，2003年，FTC（連邦取引委員会）が単独で，"イノベーションを促進するために：競争法と特許法の適切なバランス"という報告書を出している．

この報告書では，競争政策と知的財産権政策の双方がイノベーションに大きな役割を果たすことを認め，双方のバランスの重要性を指摘した．ただし，この報告書の中心的課題は，特許の質の向上であり，パテントプールや標準化に関する言及は小さかった．

2007 年に FTC と DOJ（米国司法省）が発表した "反トラスト政策と知的所有権：イノベーションと教則促進に向けて" という報告書は，95 年 IP ガイドラインを追認したもので，知的財産権の視点からはあまり注目されていないが，標準化の観点から見ると多くの新しい視点が示された重要な報告書であった．

この報告書では，標準が採択される前に標準化参加者が共同でライセンス条件を検討することを談合とは見ず，競争促進的で，当然には競争法上の問題は生じないであろうとしている．また，標準に特許を含める場合は，その特許が RAND 条件下で提供されることを事前に確保することが重要とし，この観点から，事前に企業が共同してライセンス交渉をすることも合理的としている．もちろん，競争法当局が事前の交渉を唯一の方法として指定したわけではないが，標準化団体における活動を拡大し，標準化団体においてパテントプール設立の議論を行うことを明示的に示した重要な報告書といえるだろう．現在でもなお，米国において標準化と独占禁止法の関係を語る上で，この 2007 年の報告書が基本となっているといってもよいだろう．

2010 年 5 月に競争法当局（FTC と DOJ）と特許庁が共同で行ったワークショップでも，特許の審査期間の長さの問題などとともに，標準化に関する問題が議論された．一つは特許の待ち伏せという行為で，標準化活動に参加しつつ，自らの特許を標準技術に一致した形で獲得しつつ，その特許の存在を隠し，標準が成立した後に，その市場において強い力を発揮するケースである．ホールドアップにも結び付くこのような行為は実際には多くの企業が行っており，RAND 条件の厳密な適用が求められるだろう．

標準化活動に参加しない企業（アウトサイダー）が標準技術の中に有する特許も大きな問題として取り上げられた．この問題については標準化団体が定め

たパテントポリシーに，標準化団体に加盟しない者がどの程度影響されるのかが議論のポイントとなった．このパテントポリシーに関連して，企業が競争法当局を恐れるあまりに，特許を必要以上に標準化団体に宣言するという"過度の開示"も問題となった．

こういった議論を受け，2011年3月7日，FTCが発表した報告書では，PAEs（Patent Assertion Entities）と呼ばれる，特許を実施せずに権利だけを主張する会社の問題を取り上げた．それまで，このような会社は，NPEs（Non-Practicing Entities）と呼ばれていたが，ビジネスモデルとして大量の特許を収集してライセンスする事業が普及してきたこともあり，FTCはPAEsという用語を使うこととしたようである．ちなみに，一般的にはこのような事業体をパテントトロールと呼ぶことが多い．しかし，パテントトロールの定義は困難で，FTCは使用していない．パテントトロールを防ぐ唯一の手法として設立されている企業も，PAEsということもでき，こういった用語の使用には様々な困難があることを認識しておくことが重要だろう．

(2) 欧 州

欧州では，もともとは欧州経済共同体設立条約（The Treaty Establishing the European Community：EC条約）第81条，第82条が競争法の根拠となっており，その他複数の理事会規則によって構成されていた．当初，欧州の競争法は，その権限を欧州委員会の競争法総局に集中して処理していたが，各国の競争法当局の成長と，競争阻害や市場活動の複雑化の中で，この集中体制が破綻していることが明らかとなり，2003年に，法令執行の中心部分を各国の競争法当局や裁判所に移管している．

2009年のリスボン条約によって"欧州連合の機能に関する条約"に改称された際に競争法関係の条文も第101条，第102条に変更された．現在の欧州連合競争法では，第101条においてカルテルなどの競争制限的協定を規制し，第102条において市場支配的地位の濫用や，それにつながる合併を規制している．

欧州における競争法と標準化の関係は，詳細なガイドラインにより説明され

ている．2001年に公開された"Guidelines on the applicability of Article 81 to horizontal co-operation agreements（第81条に関する水平的協定ガイドライン）"では，その1章を標準化に割り当て，標準化協定に関する様々な活動と独占禁止法との関係を整理していた．このガイドラインが，2011年1月14日に改正され，"Guidelines on the applicability of Article 101 of the Functioning of the European Union to horizontal co-operation agreements"としてEU官報に掲載された．

この新しい水平協定ガイドラインにおいても，研究開発協定，生産協定，調達協定などと並んで，標準化協定を第7章として取り上げている．このガイドラインでは，旧ガイドラインに増して，標準化活動における独占禁止法の適用について，更に踏み込んだ記述をしており，前述の日本における標準化・パテントプール指針よりも具体性が高い．横断的な判断基準はあまり示さず，個別判断を積み重ねる米国に対し，欧州はガイドラインによる関係の整理を積極的に目指しているといえるだろう．

欧州の水平協定ガイドラインは，欧州連合競争法のうち，主に第101条による談合や寡占の規制について，中心的に取り上げている[8]．構造的には日本の標準化・パテントプールガイドラインに似た部分もあるが，様々な条件を細かく設定し分析している点で，日本のガイドラインより具体性が高いといえるだろう．特に日本のガイドラインと異なり積極的に記述しているのが，標準化協定のセーフハーバー（このようにしておけば違反と見なされないという条件）を明確にしていることである．

その条件の多くは，日本のガイドラインと共通するものだが，標準化団体におけるパテントポリシーの整備と，それによって定められたRAND宣言（ガイドライン中ではFRAND宣言となっている．）の実施がセーフハーバーの条件として示され，RAND宣言を行った特許等のライセンサーに対し，その特許を移転した場合に，譲り受け人もRAND条件での提供を行うように契約することを求めるなど，最近のパテントポリシーに盛り込まれつつある最新の対策を指摘している．

また，セーフハーバーに該当しない標準化協定については，その協定が欧州連合競争法第101条の違反となるかどうかを事業者が自己評価できるように，その視点を具体的に例示している．そこには，標準化の範囲や，標準へのアクセスへの視点，市場占有率などが例示されているが，その中で，"最大ライセンス料率の事前開示"が例示され，これを求める標準化協定は競争を制限するものではないとされている．つまり，標準化団体において，パテントポリシー中に最大ライセンス料率の事前開示を義務付けたとしても，それは競争法上の問題とならない可能性が高く，これがETSI（欧州電気通信標準化機構）などの動きを受けたものであることは明らかだろう．

この新しい水平協定ガイドラインには，以上の他にも様々な事例をあげつつ，詳細な条件設定のもとに競争法との問題を明示している．日本の標準化・パテントプールガイドラインの改定が行われるとすれば，この欧州の水平協定ガイドラインは，重要な前例として検討すべきであろう．

(3) 日 本

日本では，2003年3月に内閣に設置された"知的財産戦略本部"がその後毎年"知的財産の創造，保護及び活用に関する推進計画"を決定してきたが，その中で，総合科学技術会議，公正取引委員会，総務省，経済産業省の共通課題として"パテントプールに参加しない権利者等の取り扱いを検討する"こととし，公正取引委員会はこの問題に対する独占禁止法の適用の可能性について検討を促した．これを受け，数年の検討を経て，2005年6月29日に，"標準化に伴うパテントプールの形成等に関する独占禁止法上の指針"が公表された．その後2007年の"知的財産の利用に関する独占禁止法上の指針"の公表に合わせて一部改正され，現在に至っている．

このガイドラインでは，独占禁止法によって規制できるホールドアップの条件や，独禁法上問題とならないパテントプールの条件などを細かく示している．内容的には，パテントプールが必須特許以外の特許を持つ場合もあり得ることを認めるなど，米国のガイドラインよりも一歩踏み込んだ書きぶりも見られるが，おおむね諸外国の運用と一致するものとなっている．

このガイドラインは，独占禁止法と標準化の関係を明確化する上で大きな役割を果たすものとなったが，独占禁止法上の"指針"の性質上，法律の運用基準であることから，記述の多くで"完全に問題ない条件"を示すことはできても，多くのグレーゾーンについては，個別判断とならざるを得ないことも明確にしている．実際には，完全に問題とならない形でパテントプールを運営することは困難であり，何らかの形で公正取引委員会と相談しつつ，効果的なパテントプールを実現していくことが現実的課題となるだろう．

なお，2016年1月，公正取引委員会が"'知的財産の利用に関する独占禁止法上の指針'の一部改正について"を発表した．このガイドラインは差止請求権の制限に関係するものである．今回の改正では，特定の条件の下で，FRAND宣言をした必須特許を有する社が，FRAND条件でライセンスを受ける意思を有するものに対し差止請求訴訟を提起することは，"他の事業者の事業活動を排除する行為に該当する場合がある．"，"私的独占に該当しない場合であっても公正競争阻害性を有するときには，不公正な取引方法に該当する．"との文言が追加された．

もともと特許法は，知的財産の独占を認めているので，差止請求権の乱用は"他の事業者の事業活動を排除する行為に該当する場合がある．"のは当然であり，"公正競争阻害性を有するときには，不公正な取引方法に該当する．"とは，違反状態を個別に判断するというということなので，結果的にこのガイドラインは標準必須特許を有する事業者に対する注意喚起を行う程度のものに過ぎないが，それでも，パテントトロールなどの差止請求権を武器として戦うビジネスには一定の影響を与えることが期待できるだろう．

4.4.5 パテントプールの新しい動き

パテントプール自体は，技術の複雑化と，一つの製品に関係する特許数の増加の中で，標準化技術にかかわらず特許の藪が拡大しており，その解決策として重要性は高まっている．しかし，同時に，高いライセンス料をパテントプールが維持し，パテントプール自体をその収益で運営する形のパテントプール会

社は，その多くが存続の危機に立たされている．プールが市場から大きな利益を上げることのできる時代は終わったといえるかもしれない．

しかし，前述のように，ユーザーの利便性を考える上でパテントプールのワンストップ機能は貴重である．この機能を実現するため，パテントプールは新しい方向に進んでいくかもしれない．その一つの例が，クロスライセンスを活用したプライベートパテントプールである．

以前は，クロスライセンスといえば，特定製品に関する技術を包括的にライセンスするタイプのものが多かった．しかし，昨今，企業が持つ技術力の差を無視した包括クロスライセンスは，企業会計上も，独占禁止法上も問題視される可能性が出てきた．国際会計基準の変更などで，特許の価値評価が精緻に行われるようになってきたことも，この動きに拍車をかけている．

このような中で，実際にお互いの技術力の差を換算した上で行うクロスライセンスが拡大しており，これがパテントプールの役割を担うようになってきているのである．パテントプールは，そこからライセンス収入を得る場としてではなく，本来の目的である，特許を利用しやすくするための仕組みとして，新たな時代に入りつつあるといえるだろう．

5. 適合性評価

5.1 適合性評価活動とその背景

5.1.1 国際貿易とWTO/TBT協定

21世紀の現在,関税等の貿易障壁が少なからず存在するとはいえ,同一機能かつ類似性能の製品であれば,世界のどこで生産されたものであっても互いに競合関係にあり,既に世界経済は単一の世界市場の上に展開しているといってよい環境となっている.さらに,関税等の障壁については2015年に締結されたTPPにも見られるように,低減・撤廃の方向へ動いており,市場の単一化は進展していくものと考えられる.

この流れ自体は,人類史全体でそのような方向,世界市場を単一化する方向に動いてきた,ともいえるが,産業革命後の数百年ほどで,その流れが顕著になってきた.それでも1970年くらいまでは,原材料と製品の輸出入が国際貿易の主要な形態であったが,この20〜30年ほどの間に部品・加工材料等の中間製品の国際貿易も大きな位置を占めるようになり,相手国・地域によっては,自国内と変わらない緊密さで企業内・企業間の連携がある.

一方で,世界のどの国であっても自国民を保護するために,諸々の物品の安全性(機械的,電気的,化学的,生物学的等)や環境保全,更には情報セキュリティといった側面でも様々な規制を実施しており,これらの規制は,当然ながら国際貿易により輸入される物品にも適用される.したがって,中間製品も含む国際貿易を円滑に進めるには,輸出入される産品の安全性や機能についての信頼性の高い事前の評価が重要となり,規制法規の対象となる場合には,そもそも適合性が証明されないと輸出入それ自体ができなくなる.

その適合性評価における手法や判定基準について輸出入国の間で同等性あるいは整合性を確保するためには，国際的に同一若しくは整合性のある規格が必要となり，そのような規格の作成については ISO（第6章）や IEC（第7章）で，その活動を述べる．しかしながらそれだけでは不十分で，規格への適合性を評価する活動が必要となり，適合性評価を実施する組織，適合性評価機関の能力・信頼性についても国際的に相互に受け入れられる水準にあることが求められる．

そのような国際市場・貿易の状況から1995年に，世界的な貿易促進を図り，その仕組みを調整する場である WTO（World Trade Organization：世界貿易機構）により，TBT 協定（Agreement on Technical Barriers to Trade：貿易の技術的障害に関する協定）が WTO 加盟国政府間で締結された．

この協定では各国が強制法規等で規制を行う際に，技術基準として適用できる国際規格がある場合には，"第2条　強制規格の中央政府機関による立案，制定及び適用"において，以下のように加盟国政府に，国際規格採用義務を課している．とはいえ，条文の"ただし"以下に適用除外の例を述べてあり，多少は融通が利く表現である．

> 2.4条　加盟国は，強制規格を必要とする場合において，関連する国際規格が存在するとき又はその仕上がりが目前であるときは，当該国際規格又はその関連部分を強制規格の基礎として用いる．ただし，……

同時に適合性評価についても言及しており，第5条"中央政府機関による適合性評価手続"中で，

> 5.4条　加盟国は，産品が強制規格又は任意規格に適合していることの明確な保証が必要とされる場合において，国際標準化機関によって発表された関連する指針若しくは勧告が存在するとき又はその仕上がりが目前であるときは，当該指針若しくは勧告又はこれらの関連部分を中央政府機関が適合性評価手続の基礎として用いることを確保する．ただし，……

5.1 適合性評価活動とその背景

とある．2.4 条では一般的に関連国際規格の適用（採用）を各国の強制法規に求めているが，5.4 条ではより具体的に"適合性評価に必要な"技術基準として国際規格を採用するように求めている．いずれの条文も"ただし"以降は止むを得ない場合の例外措置の紹介ではあるが，5.4 条ではその場合の説明責任についても言及した記述となっている．

さらに第 6 条 "適合性評価の中央政府機関による承認" において，"他国の適合性評価が自国の適合性評価と同等" と認められる場合には，他国の評価結果を受け入れることが求められている．

> 6.1 条　加盟国は，他の加盟国の適合性評価手続が自国の適合性評価手続と異なる場合であっても，可能なときは，当該他の加盟国の適合性評価手続の結果を受け入れることを確保する．ただし，適用される強制規格又は任意規格に適合しているかどうかについて当該他の加盟国の適合性評価手続によって与えられる保証が自国の適合性評価手続によるものと同等であると当該加盟国が認めることを条件とする．

既に 5.4 条で適合性評価において国際規格を使うことがほぼ義務付けられていることと考え合わせると，6.1 条で"同等ならば"という場合，"同じ国際規格を同じように使って実施している適合性評価の結果は当然受け入れるべき"ということを意味する．また，6.1 条はこの"同等と認める"際の条件を更に詳しく以下の 6.1.1 条で説明している．

> 6.1.1 条　輸出加盟国の適合性評価の結果が継続的に信頼できるものであることについて確信が得られるような，輸出加盟国における適合性評価を行う関連する機関の十分かつ永続的な技術的能力．この点に関し，資格[*1]認定等により，国際標準化機関によって発表された関連する指針又は勧告の遵守が確認されていることが，十分な技術的能力を示すものとして考慮される．

同じ規格で適合性評価をしているとしても，適合性評価機関（試験所や認証

機関）の技術的能力が十分かどうかの保証は難しい．そのような場合には，適合性評価機関自身が，その機関についての指針や勧告を遵守していることを認定などで確認することを推奨している．なお，この協定ができた当初は"適合性評価機関の能力を示す国際標準化機関の文書"は指針（ガイド）や推奨が中心であったが，この 20 年余りで様変わりし，多くは正規の国際規格となっている．その点では，6.1.1 条の後半は，"認定等により国際標準化機関が定めた当該適合性評価機関の規格に適合していることを確認することが，十分な技術的能力を示すものとして考慮される．"と読み替えることが適切であろう．

　TBT 協定，というよりは TBT 協定を政府間で締結させた世界市場の動向が標準化と適合性評価に与えた影響は極めて大きい．どの国においても国際規格に従って適合性評価を実施する必要が大きくなり，特に，輸出産業にとっては"国際規格適合の証明"抜きでは輸出の継続が困難となった．一方では，自身にとって都合のよい国際規格の開発が産業競争力の確保と直結することとなり，規格の開発競争が激化することとなって現在に至っている．他方では適合性評価活動がより重視されることとなり，適合性評価が一つの産業としても大きく成長する契機ともなった．同時に，その適合性評価を実施する試験所，検査機関等の適合性評価機関は，認定されなければ国際的には認められにくい環境となり，適合性評価機関が従うべき国際規格への適合性について認定機関の評価を受け，認定を取得することが一般的となった．

　現在の適合性評価の国際システムでほぼ確立している，"狭義の適合性評価機関"-"認定機関"という"評価の二層構造"も，この TBT 協定により"政府間協定で推奨された"こととなり，世界的にこの体制ができあがってくる端緒となった．この二層構造を図 5.1 に示す．なお，"狭義の適合性評価機関"とは，

[*1] 原文は単に "accreditation" なので，ここで引用した Web サイト中の和訳にある "資格" は不要で，単に "認定" と訳すべきところであるが，適合性評価分野の用語に不慣れな方の訳であろう．日本語としてはある意味でわかりやすくなってはいるものの，この分野の専門用語として定義された "認定" の意味を薄めてしまう点で "資格" は邪魔である．
　和訳は，http://www.meti.go.jp/policy/trade/wto_agreements/marrakech/html/wto06m.html #00 に掲載．

試験所や認証機関等，"広義の適合性評価機関"のうち認定機関以外のものを指し，単に"適合性評価機関"という場合には狭義のものを指す場合が多い．図5.1 中の適合性評価機関（CAB）も狭義の意味で使っている．

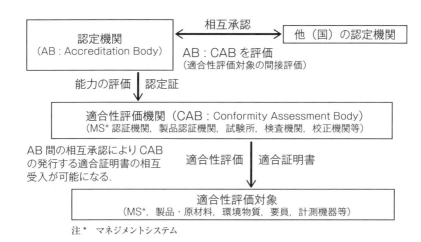

図 5.1 適合性評価の二層構造［適合性評価機関（CAB）とその発行する適合証明書（試験成績書や検査証等）の信頼性を保証するために，認定機関（AB）が CAB を評価し，認定する構造］

5.1.2 適合性評価と国際規格

1990 年代以降の大きな流れとして，適合性評価業機関の能力，信頼性が求められるようになり，従来は指針や勧告といった扱いであったものが，適合性評価業務ごとに基本的，一般的な要求事項を定めた国際規格が作成されるようになった．表 5.1 に適合性評価に関する国際規格を示す．最下段に適合性評価の対象となるモノや組織，その上にこれらの対象を評価するための規格，更にその上に評価を実施する適合性評価機関の規格，その上段に適合性評価機関を評価する認定機関の適合すべき規格を，そして最上段には適合性評価手法の個別名称を記載した．

この表から読み取れることであるが，ISO/IEC 17XXX で示される規格は各種の適合性評価機関の在り方を示した規格であり，17000 シリーズと呼ばれ，

ISO/CASCO（Committee on Conformity Assessment：適合性評価委員会）で作成されている．認定機関は ISO/IEC 17011，検査機関は ISO/IEC 17020，試験所・校正機関は ISO/IEC 17025，マネジメントシステム認証機関は ISO/IEC 17021，要員認証機関は ISO/IEC 17024，技能試験提供機関は ISO/IEC 17043，製品認証機関は ISO/IEC 17065 への適合が求められる．これらの規格は，いずれも 1990 年代末から今日までの 20 年弱で急速に整備が進んだ．

また，この分野で共通的に用いられる用語については，ISO/IEC 17000 にまとめられている．ただし，標準物質生産者は，ISO Guide 34 と Guide のままになっている．これは作成主体が ISO/REMCO（Committee on Reference Materials：標準物質委員会）であり，REMCO が規格作成権限を持っていないことから Guide のまま残されてきた．しかし標準物質生産者が，特に試験所を認定してきた認定機関により適合性評価機関の一つと認識されるようになってきたこともあり，REMCO と CASCO が合同で新規格（多分，ISO/IEC 17034 となる）とするための作業を 2014 年に開始し 2015 年末には DIS（国際規格案）の作成まで進んでいる．

これらの 17000 シリーズ規格は，それぞれの機能を有する適合性評価機関

表 5.1 適合性評価で使用される国際規格

適合性評価手法	試験校正	検査	認証			技能試験	標準物質
			製品	マネジメントシステム	要員		
認定機関規格	ISO/IEC 17011						
適合性評価機関規格	ISO/IEC 17025	ISO/IEC 17020	ISO/IEC 17065	ISO/IEC 17021	ISO/IEC 17024	ISO/IEC 17043	ISO Guide 34
適合性評価規格	試験方法規格	安全基準規制法規	認証規格 ISO/IEC TR 17026 等 製品規格	ISO 9001, ISO 14001, ISO 27001, ISO 22301 等	資格要件		ISO Guide 35 標準物質仕様
適合性評価対象	工業製品環境物質計測機器	工業製品農産物建造物	製品，設計・製造プロセス等	品質，環境，情報セキュリティ等のマネジメントシステム	要員の能力	試験・校正の技能	標準物質

5.1 適合性評価活動とその背景

が適合すべき規格であることから，認定機関が認定のための審査で評価基準とする"認定規格"という側面があり，適合性評価機関と同様に，若しくはそれ以上の水準で認定機関が理解し，活用すべき規格といえる．

適合評価機関は，特に規模が大きい場合は，複数の適合性評価機能を有する機関も少なくない．製品認証機関で自前の試験所や検査部門を有している機関は多いし，生産現場の審査を行う人員を有していることからマネジメントシステム認証機関を兼ねている組織も少なくない．一方，標準物質生産者で化学分析の試験所や，ときには技能試験提供者を兼ねている機関もある．これらの複合 CAB は，複数の 17000 シリーズ規格へ適合することを求められることも多い．

17000 シリーズ規格は，内容に差はあるものの類似性のある業務を実施している適合性評価機関のものであることから，それなりに類似性のある構造をしており，特に 2010 年以降に作成，若しくは改訂されているものは，同一構造となるように CASCO で調整されている．

これに対して適合性評価に用いられる規格，表 5.1 の下から 2 段目の規格群には多様な種類がある．製品そのものに対する製品規格（これも農産物，薬品，工作機械等の多様性がある．），それを製作するプロセスを記述した規格，製品や環境物質を試験・検査するための試験規格や検査規格等，適合性評価対象の多様性に応じて非常に多くの規格があり，国際的に通用するものだけでも数万，国内や特定の企業グループに限定したものを含めれば数十万以上の個別規格が使われているだろう．

国際市場においては，1990 年代以降，国際規格に適合しているという評価結果を示す必要性が急速に増加していることから，自身が有利となるような規格を国際規格としたい動機を多くの企業（あるいは企業群，ときとして国）が有するようになっており，適合性評価に関わる国際規格作成での競合も激しくなっている．

一方，適合性評価規格の中でマネジメントシステム[*2]（MS：Management System）規格は趣が異なっている．これは組織の管理の在り方を示す規格で

あり，それぞれが追求する目的に応じた差異はあるものの試験規格や製品規格ほどの多様性はなく，規格としては一つの小さなグループを形成している．これについては 5.2.2 項で幾分詳しく述べる．

5.2 適合性評価の諸活動

適合性評価は，評価対象が"定められた（合意された）"基準に対して適合しているか（基準を満足しているか）を評価・決定する活動の総称であり，ISO/IEC 17000［JIS Q 17000（適合性評価－用語及び一般原則）］では"製品，プロセス，システム，要員又は機関に関する規定要求事項が満たされていることの実証."と簡潔に定義している．そしてこの定義の備考として，"適合性評価の分野には，この規格の他の項目において定義されている活動，例えば，試験，検査及び認証，並びに適合性評価機関の認定が含まれる."とあり，代表的な適合性評価として試験，検査，認証，認定を例示している．この他にも校正，標準物質生産，技能試験といった適合性評価を含む活動があり，また，特に認証はその対象によりマネジメントシステム認証，要員認証，製品認証といった活動に分類され，それぞれに異なった内容を持っている．以下に，各適合性評価活動の概要を記述する．

5.2.1 試験・検査

試験（testing）と検査（inspection）は，いずれも評価する対象である"モノ"の特性を確認する，かなり似通った内容の活動であるが，試験はどちらかといえば，測定装置によって数値を含むデータを得るような客観性の高い評価手法を指し，一方，検査は"専門家の主観的判断"による評価を含む．むろん，"主観的"といっても，専門家が判断することによる客観性があることが前提

[*2] 政府内部や関係機関では"マネジメントシステム"を，"管理システム"と表記・使用している場合が多い．政府文書における"管理システム規格"は，マネジメントシステム規格であることに注意する必要がある．

5.2 適合性評価の諸活動

となる．ISO/IEC 17000 では，以下のように定義している．

> **試験**（testing） 手順に従った，適合性評価の対象の一つ以上の特性の確定．
> **備考** "試験"の代表的な適用対象は，材料，製品，又はプロセスである．
> **検査**（inspection） 製品設計，製品，プロセス，又は据付けの調査，及びその特定要求事項に対する適合性の確定，又は一般要求事項に対する適合性の専門的判断に基づく確定．
> **備考** プロセスの検査は，人，施設，技術的手法及び方法論の検査を含むことがある．

試験と検査の幾つかの例を表 5.2 に示す．試験・検査の対象によって，極めて多様な手法があり，ここでは，ある程度は代表的なものを選んだが，全体のごく一部を示しているに過ぎない．

表 5.2 試験・検査の例

一般的名称	試験・検査の概要	主要応用分野
化学分析試験	試料に含まれている化学成分の種類や組成比を調べる試験で，質量分析器等の機器を用いることが多い	環境，食品，医薬
(機械)強度試験	金属，コンクリート，プラスチック，複合材等，材料の曲げ，圧縮，引張等に対する強度を測定する試験	機械，金属，建設，土木
電気(安全)試験	(主に電気)機器の抵抗値，インピーダンス等の電気的特性値や，耐電圧，絶縁抵抗といった電気的な限界値を測定する試験	家電，通信，電機部品
EMC 試験	試験対象による電磁波の放射と電磁波によって受ける影響に対する試験で，電磁波干渉による障害の予測と防護に利用	電気，通信，計測制御
非破壊検査	放射線，超音波等を用いて，建造物，構造材や機器の内部にある欠陥，損傷を検知・評価する検査	土木，造船，建造物管理
食品検査	食品の安全性，栄養価，鮮度，有機栽培等の特性についての検査全般で，化学分析試験，微生物(細菌)検査，官能検査等の手法活用	食品加工，農業・漁業

この表の中で，機械強度試験は産業革命の時期には既に存在していた試験で，少なくとも数百年，古代文明でも類似の行為があったことは容易に想像できるので，形態の変化を無視すれば数千年の歴史を持つ試験ともいえる．食品検査も毒見などといった古典的手法を入れればやはり数千年の歴史があるだろう．ただし，今日では化学分析を用いるなど，その手法は多様化して検査機会も極めて多くなっている．また，EMC 試験は電磁波障害が取り沙汰される時期に普及してきた試験であり，その歴史は比較的新しい．せいぜい 30 年くらいのものであり，生活の中に電磁波を発生する機器が多数存在するようになってこのような試験が実施されるようになってきた．情報技術分野でのプログラムセキュリティの評価も，最近のインターネットの普及に伴って必須となってきた試験の一つである．

　近代から現代にかけては，生活の質の向上が求められる中で社会の在り方も使用される道具も複雑で多様になっており，試験や検査の種類も大幅に増加するとともに質の向上も求められている．今後も，新製品が現れれば，あるいは評価すべき環境因子が増えれば，それに対応した試験が求められることが予想され，必ずしもありがたい話ではないのだが，この分野全体での成長はしばらくは続くだろう．

　試験による評価は，例えば，電気製品の耐電圧試験を考えると，"この電化製品の端子間耐電圧は○○ボルト"といった形で，また，食品の成分分析試験では，"この牛乳の乳脂肪含有量は○○ mg / リットル"といった形で，○○の部分を数値で示した結果を与えることが一般的である．測定・分析装置の進歩により操作に熟練を要しない試験も多く，全体として極めて"客観性の高い"適合性評価手法である．

　一方で，その評価している範囲は極めて限定的であり，そのため，合否判定等において，主観的要素を含む検査・製品認証等，他の適合性評価活動の裏付けデータとしても利用される．検査では，エレベータ・橋梁・トンネルといった大型建造物の検査が一つの典型例である．携行する小型の測定器や試験機を用いる試験と似た要素もあるが，ハンマーによる打撃音からの機械的強度の判

断といった検査員の熟練度に依存した評価を含めての"総合的判断"を求められる場合が多い．

現実には，試験と検査が常に定義に沿ってきれいに分かれるというわけではなく，その中間的な評価の場合もある．上述の牛乳の成分試験であるが，個々の成分測定は"試験"と言い切れる内容であっても，その組合せから"合格"等の判断をする場合に，判断に必要な専門性によっては"検査"に近づくであろうし，試験結果の数値を並べるだけで判断できるのであれば試験の範疇で評価を完了できるだろう．実際には，試験と検査の双方の要素を有する適合性評価が存在し，検査として扱うか試験として扱うかはその試験若しくは検査の結果利用をする側に任される．

ただし，そのような場合には，その試験所若しくは検査機関自身の適合性を評価するための国際規格が異なる，という複雑さが発生する．試験所であればISO/IEC 17025が，検査機関であればISO/IEC 17020への適合が求められる．このため，分野によっては同一の"適合性評価"を行う機関に対して，ある国では試験所としてISO/IEC 17025への適合が求められ，他の国では検査機関としてISO/IEC 17020への適合が求められる，といった複雑さが発生することもある．

5.2.2 マネジメントシステム認証と要員認証

1990年代以降，ISOという言葉はISO 9001を指し，ISO認証といえばこの規格による品質マネジメントシステム（QMS）認証を指すようになるほど，広く知られるようになった．ISO 9001は製品やサービス，プロセスの品質を確保・維持・向上させるためのマネジメントシステムを規格化したもので，国内でも三万数千,世界では2009年に認証数が100万件を超え,現在もほぼ110〜120万という数の企業がこの認証を取得しており，1990年から2015年の期間で"最も売れた規格"であろう[*3]．

[*3] http://www.iso.org/iso/home/standards/certification/iso-survey.htm.

この規格による認証は，審査員が審査対象となる組織（一般的には企業であるが，それ以外の組織の場合もある．）のマネジメントシステムについて，その仕組みと運用状況を訪問して審査するというもので，書類（規定文書や記録）を通じて，あるいは担当者に面談して実態を把握し，マネジメントシステム規格への適合性を判断する．ISO 9001 による"品質マネジメントシステム（QMS）"認証がこのタイプの認証の端緒となったが，名称のとおりに，規格は製品・サービスの品質の維持と向上とを達成するためのマネジメントシステムについての要求事項を定めている．さらにこのような審査を行う機関，マネジメントシステム認証機関にも管理運営に対しての要求事項を定めた ISO/IEC 17021 を定め，これを認定機関が審査して認定するという，いわば審査の 2 層構造のスキームが確立している．

この ISO 9001 は 1990 年代には一つのブームを作ったものの，この現象はある意味でバブルであり，日本国内の場合，2004 年に認証数 4 万件を突破した後，2006 年に約 43 000 件となった後減少に転じ，2009 年には 4 万件を下回り，現在は 3 万数千件で落ち着きつつある．これは一部には誤解もあるのだが，"ISO 9001 に適合しても製品の質が良くなるわけではない""不要な書類ばかりが増える"といった不評が影響を与えている．マネジメントシステム認証が流行った大きな理由は，"個々の製品を評価して認証するより，沢山の製品を製造している企業を評価して認証するほうが効率的・経済的である．"といった発想があり，規制法規でも，規制分野の参入企業にこの認証取得を条件として用いている例もある．ただし，この認証そのものは，製造された製品や提供されるサービスを直接ターゲットにして品質向上を図るものではないので，この認証を取得することが，その企業の製造物や提供するサービスの品質向上につながるとは，必ずしもいえないという点は理解しておく必要がある．

その中で，現在は"マネジメントシステム認証"の多様化が進んでいる．一つはシステムの目指す機能をより限定的に絞ったマネジメントシステムで，以下のようなものがある．

・環境マネジメントシステム（EMS：ISO 14001）　環境保全を目的として，

5.2 適合性評価の諸活動

組織として，資源の節約等の目標を掲げて管理するシステムで，ISO 9001に次ぐ30万件弱（2013年）の認証数がある．

- 情報セキュリティマネジメントシステム（ISMS：ISO/IEC 27001） 組織内の情報管理を扱い，個人情報等の流出防護などを管理するシステム．個人情報保護法対応の関係で，当初は日本が突出して認証数が多かったが，中国やインドにも広がり，2万弱の認証数となっている．
- 事業継続マネジメントシステム（BCMS：ISO 22301） 自然災害等の非常時に，事業をどう継続させていくかについてのマネジメントシステムで，国内では特に東日本大震災以降普及しつつある．
- エネルギーマネジメントシステム（EnMS：ISO 50001） 目的としてはEMS同様に環境保全という狙いがあるが，より具体的に組織内のエネルギー消費削減，抑制を行うためのマネジメントシステムで，主に欧州で普及している（認証数の8割が欧州）．
- アセットマネジメントシステム（ISO 55001） もともとは資産管理の意味で投資で使われてきた用語であるが，この規格では資産として，道路，鉄道，上下水道等の公共インフラを指すことが多く，その継続的な維持と発展のためのマネジメントシステムである．特に現在は，公共インフラ輸出において競争力に直結する必須の規格とも捉えられている[*4]．

以上の"機能・目的別マネジメントシステム規格"と併せて，産業分野別のマネジメントシステム規格（セクター規格）も幾つか発行されている．前述のアセットマネジメントシステム（ISO 55001）などは，"公共インフラ産業向けの品質マネジメントシステム"という側面も持つ．この他にも，食品衛生（ISO 22000シリーズ），ITサービス（ISO/IEC 20000），自動車産業（IATF 16949），航空宇宙産業（IAQG 9100 = AS/EN/JIS Q 9100），電気通信機器産業（TL 9000），医療機器製造（ISO 13485）等の分野別マネジメントシステム規格があり，その認証はそれぞれの業界で広く利用されている．自

[*4] https://www.mlit.go.jp/common/001031710.pdf

動車部品業界の IATF 16949 認証はその好例といえる．

　ここまで紹介したマネジメントシステム規格は，組織運営の在り方の参考書としての側面もあるが，いずれも認証のための規格としても開発されている．その一方で，組織のマネジメントシステムを認証対象として扱うことへの批判や疑問もあり，"認証には使わない"前提で発行されたマネジメントシステム規格がある．それが，ISO 31000（リスクマネジメント－原則及び指針）で，2009 年に発行されたこの規格は，認証を意図せず，マネジメントシステムとしての要素を網羅してはいないことを明言している．組織がリスクをどう管理していくかの指針文書と考えてよい．

　むろん，この規格もリスクマネジメントがしっかりしていることの証明として認証に使うようにできないわけではないだろう．特に，90 年代から急成長してきたマネジメントシステム認証のビジネスに携わってきた組織は，前述のように ISO 9001 認証数が頭打ちになっている現状を打破するために，様々なマネジメントシステム認証を提案したいという要求もある．とはいえ，ISO 9001 認証の開始から 20 年以上が経過して，昨今の認証数の推移や，認証対象となっているマネジメントシステムの多様化は，既に，相当程度，実需を反映した落ち着いたものになりつつあり，認証への評価も適切なものになりつつあるのではないかと考えられる．

　このマネジメントシステム認証がブームとなった 90 年代には，ISO 9001 の審査を行う人員が不足するという事態が発生した．マネジメントシステム認証は，そもそも前項の試験とは大きく異なり，審査員の主観が大きく反映されることを免れない適合性評価手法であるため，審査員に対する信頼感がそのままこの認証システムの信頼性に直結する面があり，ISO 9001 審査員の適切な教育・訓練と，その資格承認が重要な課題であった．その中で，人の特定分野の能力を評価承認する組織を適合性評価分野内で位置付ける作業が進み，"要員認証"が制度として，あるいは国際規格として確立した．

　現在では，要員認証機関が ISO/IEC 17024 に適合した運営を行い，認定機関がそれを評価するというスキームが確立している．この認証スキームが確立

した背景のきっかけは ISO 9001 審査員であるが，長い歴史を持つ医療・教育等の国家資格が支配的な分野には入っていないものの，それなりの教育・訓練を受けて能力を持っていることの証明が必要な分野では重宝されることとなった．実際に，この要員認証スキームを活用している代表的な分野が前項で記述した検査で，"専門家の判断による適合性の判断"が求められる点では ISO 9001 審査員に似た面もあり，要員認証スキームとの相性はよい．また，要員認証制度は，政府等が行ってきた伝統的な各種の資格制度の透明性確保と合理化とに寄与できる可能性を持っており，今後の発展が期待できる．

5.2.3 製品・サービス・プロセス認証

ある時期，"組織のアウトプットという点で同じ"といった（屁）理屈により"製品"という言葉に"サービス"まで含めさせるといういささか乱暴な定義が流行ったことがあるが，2012 年に発行された製品認証機関に対する要求事項を定めた ISO/IEC 17065 では，その規格名称が"適合性評価−製品，プロセス及びサービスの認証を行う機関に対する要求事項"とあり，製品とサービスという言葉が指す対象は別物という，健全な常識を取り戻した表現となっている．

"認証"のうち前項で紹介した ISO 9001 のようなマネジメントシステム認証は一部であり，歴史的にも"製品認証"が先行して発達した経緯がある．"認証"の用語としての定義は極めて広く，ISO/IEC 17000（適合性評価−用語及び一般原則）では以下のように定義している．

認証（certification）　製品，プロセス，システム又は要員に関する第三者証明．　　　　　　　　　　　　　　　　　　　　　　　（備考 1. 省略）
　備考 2.　認証は，適合性評価機関自身を除くすべての適合性評価の対象に適用できる．適合性評価機関に対しては認定が適用される．

試験や検査が，評価の具体的な在り方を定義した用語であることに対し，"認証"ではそのような要素は定義せず，"第三者が証明"する適合性評価行為

の全体を包含する表現となっている．この定義自体がマネジメントシステム認証普及後の"認証"の在り方をよく示しており，技術的な内実以前に，評価者・証明者の氏素性を問うものになっている．

この"第三者性の強調"は，同じ認証でも技術的専門性が不可欠な製品認証では，マネジメントシステム認証がもたらした"第三者性の強調"がときとして不都合なものになる可能性がある．端的な例としては"製造者自身が持つ試験設備以外に，経済的な合理的な試験の実施が困難"な場合に，"製造者自身が実施した試験を組み込んだ製品認証をいかに ISO/IEC 17065 適合とするか"というケースがある．第三者性が強調されていない"試験所の適合性規格"である ISO/IEC 17025 での認定を，事前に"製造者の試験部署"に取得してもらう，製品認証機関の審査員が立会い試験をする等の，幾分かの工夫が求められる．

定義に従えば，製品認証は，"この製品は（電気的に，化学的に，あるいは機械的に）安全である"，あるいは"この機能を有している"といった"第三者による証明"ということになるが，その証明の仕方には様々なやり方がある．製品自体を試験（若しくは検査）し，安全性を確認するとした場合，生産した全ての製品を個々に試験するのか，サンプリングして代表的なもののみを試験するのか，更にはそのサンプリングを製造工場で出荷前に行うのか，市場で購入して試験に回すのか，実に様々なやり方が考えられる．ISO/IEC 17065 の規格名称に出てくる"プロセス"の評価を実施する場合もあるだろうし，前項で示したマネジメントシステム認証を取り入れて，試験やプロセス評価，あるいは市場での試買といったやり方と組み合わせる場合もある．

この多様性について説明を行うために作成された規格が ISO/IEC 17067（適合性評価－製品認証の基礎及び製品認証スキームのための指針）であり，製品認証における構成要素とその組合せにより多様性を説明している．そして要素の組合せで"具体的な製品認証のやり方"が決まるが，これを製品認証スキームという．構成要素とその組合せについて表 5.3 に示す．

この表で示された具体的な認証スキームの例を幾つか示す．

5.2 適合性評価の諸活動

タイプ1, 2：ロット生産された製品の認証
- 一時に，一定量を生産し，その一定量の品質等を認証する．カシミア製品，化学薬品純度等の例．農産物にも適用しやすい．
- 1aは認証してマーク使用なし，1bは認証してマーク使用，2は認証した後に市場からの試買試験で信頼性保証を高めるやり方．

タイプ3, 4, 5：継続的生産物の認証を想定
- 電気製品，生活消耗品等，工場で継続的に生産される製品に適用しやすい認証．
- 3は，初期試験・検査等で認証した後，継続性を生産ラインからサンプリングした製品の試験と製造プロセスの評価で確保する方式，4は3に市場からの試買試験を加え，流通経路も含めて品質の信頼性を上げる．更に5は生産企業のマネジメントシステムの評価を加えて信頼性を向上させるスキーム．

表5.3 製品認証の要素とその構成例

製品認証スキームの要素となる活動	製品認証スキームの構成例						
	1a	1b	2	3	4	5	6	N
1) 選択（サンプリング）…該当する場合	✓	✓	✓	✓	✓	✓		
2) 特性の確定…該当する場合 a) 試験, b) 検査, c) 設計評価, d) サービスの評価	✓	✓	✓	✓	✓	✓	✓	
3) レビュー…2)項の活動の評価	✓	✓	✓	✓	✓	✓	✓	
4) 認証に関する決定…授与，維持，拡大，取消	✓	✓	✓	✓	✓	✓	✓	
5) ライセンス（証明書又はマークの使用権）の授与		✓	✓	✓	✓	✓	✓	
6) サーベイランス…適用可能な場合，以下で								
a) 市場からのサンプル試験・検査			✓		✓	✓		
b) 工場からのサンプル試験・検査				✓	✓	✓		
c) 試験・検査と組み合わせた品質システム監査					✓	✓		
d) 生産プロセス又はサービスの評価				✓	✓	✓	✓	

タイプ 6：サービスプロセス認証
・"製品試験・検査"が含まれておらず（含まれてもよいが），認証対象がサービスの質や，製造プロセスの信頼性等の場合に適用．プロセス自体が付加価値を持つ有機栽培や無農薬野菜が典型例．

ところで，タイプ 6 で製品試験や検査がない場合，その認証は形態的には"マネジメントシステム認証"と極めて近いものになる．いずれの場合も，製造現場の観察，管理書類や記録のチェック，担当者へのインタビューといった要素で構成される審査が実施される．その場合，製品認証とマネジメントシステム認証との差は，"何を評価するために審査しているか"という点が大きい．製品認証のうちのプロセス認証の場合は，"最終製品にどういう影響を与えるか？"という観点での審査となり，マネジメントシステム認証では"組織としての管理は上手くいっているか？"という観点になる．

ISO/IEC 17067 の一つの側面は，このような"製品認証とは何か"という解説書であり，製品認証機関への要求事項をまとめた ISO/IEC 17065 を理解する上でも有意義なものである．

もう一つの特徴は，"スキームオーナー"という概念を確立したことで，これは"製品認証のやり方"を定める，ある意味で権威者である．認証機関や，場合によっては試験所やそれらを認定する機関に対しても"こうすべし"と指示する（できる）存在である．例えば，経産省の製品安全四法や JIS マーク制度における認証制度では，経産省がスキームオーナーということになるし，工業会がある基準を設けてそれに適合した製品を認証しているような場合は，工業会がスキームオーナーということになる．

この概念を確立することで，ISO/IEC 17065 は認証機関への要求事項へ焦点を当てた規格として整理ができ，一方で，ISO/IEC 17067 は，スキームオーナーに対しても"利害関係者の意見集約"あるいは"必要な情報の公開"等の推奨事項を定めている．スキームオーナーの多くは現実には規制当局であることを考えると，規格作成団体やこの規格作成に関与した適合性評価分野の専門家が，当局に対して"望ましい規制の在り方"で注文を付けた規格ともいえる．

ただ，この点では幾分かの遠慮もあり，スキームオーナーに対しては推奨事項のみで要求事項はない．

5.2.4 校正・標準物質生産

前項までで，試験・検査・認証と，いわば代表的な"適合性評価"について記述したが，これらの評価を進める上での技術基盤となる活動が，校正と標準物質生産である．校正は試験等で用いられる測定機器の目盛を参照標準に合わせる行為であり，見方によっては"計測器の目盛に対する試験"ともいえる．また，標準物質は主に化学分析で対象となる物質とその濃度の参照として，分析機器の精度確認や校正に使用される．したがって，電気・機械・物理的な試験の基盤となるのが校正で，化学的試験の基盤となるのが標準物質といってよい．これを適合性評価全体の中で表現すると図5.2のようになる．

図5.2では適合性評価全体の中でそれぞれの組織・機関が果たす役割ごとに5つのブロックを示し，各適合性評価機関とスキームオーナーをそれぞれのブ

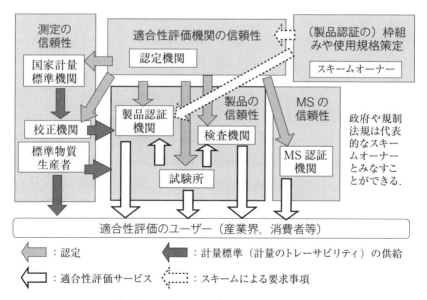

図 5.2　適合性評価制度での各機関の役割と相互の関係

ロック内に記入した．適合性評価全体の果たすべき役割の中心は下段中央のブロックで"製品（＋サービスも）の信頼性"をユーザーに届けるところにある．このブロックの中には試験所，検査機関，製品認証機関という適合性評価の中心を担う組織が並んでいる．また，右側にはマネジメントシステム認証のブロックを記入してあるが，ここは"製品の信頼性"をバックアップする"組織の信頼性"を担っている．

　左側ブロックの校正や標準物質生産はそこから一歩下がって，これら適合性評価機関が評価のために実施する"測定の信頼性"を与えることが責務といってよい．そして校正機関や一般の標準物質生産者（RMP：Reference Material Producer）は，上位の校正機関を通じて国家計量標準機関（NMI：National Metrology Institute）とつながっている．

　長さの場合を例として，このつながりを図5.3に示す．まず，先進国であれば，国内最上位のNMIはレーザ周波数を測定・校正する能力を有している．ここで周波数を測定されたレーザの波長（＝光速度／周波数）を目盛として，

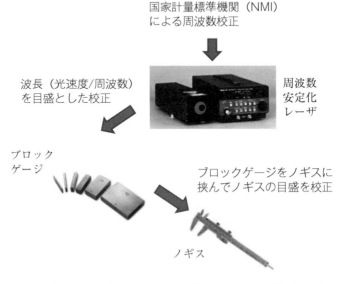

図 **5.3** 校正による測定トレーサビリティ確保の例（長さ測定）

5.2 適合性評価の諸活動

上位の校正機関が機械的な標準となるゲージ類や標準尺を校正する．これらを参照標準として，次段の校正機関が一般的な長さの測定器（マイクロメータやノギス等）を校正し，これらが試験所や検査機関，あるいは製造工場での測定で用いられる．

このようにして，極めて多くの測定行為が，最終的には NMI の有する計量標準に，更には国際的な単一の定義につながっており，これを測定のトレーサビリティと呼ぶ．化学的な測定・分析の場合は，標準物質を媒介としてやはり同様の測定トレーサビリティができている．

適合性評価の分野での基盤整備で多くの費用と時間を要するのが実はこの分野であり，ここがしっかりできていないと他分野の構築がうまくいかないことはよくある．例えば，工業製品の輸出で直接的に必要な適合性評価機関は，多くの場合，その製品の規格適合性を試験する試験所であり，その試験所の能力証明として，認定機関が試験所を認定してあれば更によい．しかしながら，その試験所が使用している試験機器が必要な正確さで校正されていなければ，輸入国側ではその試験結果を信用できないであろうし，認定機関もこの試験所を"ISO/IEC 17025 に適合している"とは判断しがたく，認定はできないであろう．仮に認定すれば，5.3.3 項で述べる認定機関の国際相互承認への参加を自ら危うくすることになる．

実際，2000 年頃から途上国へも広がっていった認定機関の相互承認の過程で，しばしば途上国認定機関の評価において不適合事項や懸念事項として計量標準と測定のトレーサビリティに関する項目が指摘されており，逆に認定機関の相互承認のための評価がきっかけで途上国国内の計量標準整備が進んだ事例もある．日本の場合，1990 年代から現在まで適合性評価分野での体制が国際的な方式からずれているために苦労した経験も多いのであるが，この計量標準と，それを社会に波及させるための校正と標準物質については，明治以来の蓄積により，途上国が直面したような困難にはあわなかったといってよい．

計量標準の体系は，むろん国内だけで完結するものではなく，国際的な同等性が要求される．国際的な同等性は，19 世紀のメートル条約の締結時から当

然のこととして意識され，構築されてはいたが，メートル原器，キログラム原器の配布に始まる古典的なものであり，参加国の主権への遠慮もあってか，それぞれのNMIの校正能力の確認といった作業まではあまり実施されなかった．現在のような，部品レベルでの貿易にも対応して国際的な同等性を確保し，世界中で測定の信頼性が確保できるような体制が確立したのは比較的新しく，20世紀の末である．

　他の適合性評価分野と同様に，1990年頃から，国際貿易の量的・質的拡大を背景に，"本当に測定のトレーサビリティが世界中で確保できているのか？"という疑問があり，国際トレーサビリティの確立とその証明がメートル条約関係者，国際的には国際度量衡委員や度量衡局，更に各国のNMI等の関係者[日本の場合は国立研究開発法人産業技術総合研究所計量標準総合センター（NMIJ）がこれに当たる] に求められた．これに対応して1999年に計量標準に関する国際相互承認が締結され，現在に至っている．

　この相互承認は，単に各国のNMI所長同士が署名をして終わり，というわけではなく，各国NMIが各々有している"国家計量標準"を用いて相互の同等性を確認するための国際比較を実施し，更に各NMIの実施している校正が信頼できるものであるかという相互評価も実施している．

　このNMIの校正についての信頼性確認では，一般の校正機関と同様にISO/IEC 17025への適合が評価されている．この相互承認は透明性が非常に高く，例えばNMI間の国際比較のデータは，参照値から大きく外れた，当事者のNMIにとっては自慢できない結果も含めて公表されている．また，どの国のNMIのどの校正が適格かの評価を相互に進めており，国際的に相互受入の対象となっている校正項目や標準物質をWebサイトで確認できる[*5]．

　なお，この計量標準の世界ではこの数年，2010年代の後半に大きな変化が起きることが予定されている．19世紀にメートル原器とキログラム原器で始まったメートル法であるが，それに対して，現在では物理法則に基づく定義で

[*5] http://kcdb.bipm.org/　日本語の概要紹介は，https://www.nmij.jp/~imco/comp/

5.2 適合性評価の諸活動　　　　　　　　　　　　145

基本的な単位を定め，これを必要な技術力を有する NMI が実現することで国際的な計量標準を確立している．実際には，実用上の混乱を招かないように，複数の NMI が新定義による単位を実現でき，更にその複数の NMI 間の整合性確認を待って単位の定義改訂を行っている．

　図 5.3 の説明で例示した長さは，1983 年に行った定義改訂で，既に"1 m は 299 792 458 分の 1 秒の間に光が真空中を進む長さ"となっており，これに基づいて，レーザ周波数（時間の逆数）の測定で波長（長さ）が光速度/周波数と求められる理屈である．

　これは現在，全ての単位で実現しようとしている"物理学に沿った単位系の体系"の先取りであったが，その他の量でも，同様の作業が進められており，物理定数の完全な定数化により単位間の関係を整理し，人為的に決める単位を最小化した単位系ができつつある．早ければ 2018 年に，かなり大がかりな全面的な単位の改訂があり，最後に残っていた原器であるキログラム原器が廃止されて，単位系が物理学の体系に沿ったものとなる．

　以上は直接的には NMI で単位を実現して国家標準としての計量単位を扱う場合に，その方面の専門家が関われば済む話で，それ以外の一般的な測定に影響を及ぼすことは当面はほとんどない．とはいえ，潜在的に考えられる影響はそれなりにあり，例えば将来的には，微小質量の校正体系がキログラム原器からの分量で作成したミリグラム分銅を使用したものから，電磁石で発生する揚力を電流測定から求めて校正する，といった技術に変わっていくきっかけになり得るだろう．

5.2.5　認定と技能試験

　既に図 5.1 により紹介したように，あるいは 5.2.3 項で紹介した認証の定義の備考（ISO/IEC 17000）にもあるように，認定機関は"広義の適合性評価機関"には含まれているものの，"狭義の適合性評価機関"の評価者として，特別な位置付けが与えられている．認定に関しては ISO/IEC 17000 には定義がなく，認定機関への要求事項を定めた ISO/IEC 17011 において以下の定義が

与えられている.

> **認定**（accreditation）　適合性評価機関に関し，特定の適合性評価業務を行う能力を公式に実証したことを伝える第三者証明.

これにより，試験所，校正機関，検査機関，認証機関（マネジメントシステム，要員，製品・プロセス・サービスのいずれに対する機関も）の全体が，認定機関により認定を受けることで"国際的に受け入れられる水準の適合性評価機関である"という評価を得られる体制ができあがってきている．主要国の大半でこのような認定機関を擁しており，認定された適合性評価機関は各国内，あるいは世界的な需要の多くに対応できる質と量を持つようになっているといってよい．

今日，適合性評価の世界を論じる際には，認定－適合性評価の二層構造を"常識"として心得ておくことが望ましい．ただし，これは国際規格を通じた相当に人為的なものであり，より複雑な実態があるものを，利害衝突等の混乱が起きにくいよう"幾分か強引に"二層構造に整理したものともいえる．

このため，その複雑さを潜在的に持っているケースもあり，この項の見出しで，認定と併記した技能試験はその好例である．技能試験とは，試験所若しくは校正機関，場合によっては検査機関の技術能力を確認する目的で，試験・校正の結果を比較するものである．試験・校正の種類によって幾つかのやり方がある．

主な例として，
① 試料配布型：同じように調整した試料を参加試験所へ配布して各試験所が測定
② 持ち回り型：同一の試験対象を参加試験所間で持ち回って測定
③ 演習型：技能試験提供者が与えた演習課題への回答から技能を評価

といったやり方がある．①は化学分析試験所や建材強度の破壊試験といった測定試料が消耗品となる試験でよく用いられ，②は試験対象物が試験の実施に対する耐久力が高い機器等の場合に行われるやり方で校正はほぼこれに該当する．

③は IT 分野のプログラム評価試験の技能確認が代表的な例である．

　この技能試験は，試験所や校正機関にとっては自らの能力確認をする上でも，あるいは認定等の場面での能力証明として有効なものであり，欧米でも日本でも，同業者の組合などで"手合せ"等の名称で実施されてきたものである．その段階では"善意に基づく品質改善の一環"と考えていれば済んだのであるが，現在は"認定されるための不可欠な要素"となって，試験所にとって特に認定を取得するためには避けられない項目となっている．

　その結果，国際規格の整備も進んで ISO/IEC 17043（適合性評価－技能試験に対する一般要求事項）が成立しており，法人格や第三者性など，技能試験供給者（PTP：Proficiency Testing Provider）に求められる要求事項も確立して認定対象ともなっている．

　そして欧米と日本で大きな差となっているのは，"ビジネスとしての技能試験"の面であり，欧米では PTP 業者が提供する技能試験が珍しくなくなってきている一方で，日本では依然として工業会や同業者の間での"善意の共同作業"の色合いが強く，PTP 業者は育っていない．これは，欧州・米国といった規模ではビジネス化ができるが，日本という規模では幾分小さいという面があるとともに，文化的に"適合性評価がビジネスとして育ちにくい"風土も影響していよう．

　とはいえ，特に輸出向けの試験や評価では認定の取得が必要な場面が増えていることも手伝い，欧米では業者提供の技能試験に参加している試験所が一般的といった分野も増加している．例えば，食品・環境等の化学分析分野や機械・電気系の校正，臨床検査等の分野では PTP がビジネスとして成立している．国内では，認定機関や財団等の適合性評価機関，更には工業会等の業界団体の間で模索が続いているが，技能試験を誰がどのように提供していくのか，国内の適合性評価分野にとって大きな宿題であろう．

　前段で，あるいは表 5.1 に示したように，技能試験が"狭義の適合性評価機関の一つ"として認定の対象となっていることには，違和感を抱く方もいるはずである．というのは，技能試験で評価する対象は試験所や校正機関の測定技

術力，つまり"適合性評価機関の能力"である．そうであれば，これは適合性評価機関の評価であるのだから，二層構造の建前からすれば，認定機関以外が行ってはまずいのではないか？　という疑問が出てくるのがむしろ当然であろう．この点に関しては，"認定機関（のみ）が評価する対象"はあくまで"適合性評価機関という組織そのもの"であり，"適合性評価機関の有している個々の能力"を認定機関以外が評価対象としても問題とはしないことを"幾分か強引に"，暗黙のうちに合意しているといってよい．

　実はこのような"少し無理があるが認定と適合性評価の二層構造に押し込めて"いるものは他にも幾つかある．例えば，"製品認証機関が自らの認証のためにISO/IEC 17025に対する適合性を評価して'承認した'試験所"は世界中に少なからず存在するものの，この"認証機関による試験所の承認行為"は実施している中身が全く同じであっても"認定"とすることはできない．この場合の実態は認定機関－製品認証機関－試験所の三層構造なのであるが，"公的"には認定機関－認証機関の二層構造として，認証機関－試験所の関係を"私的"なものに押し込めるという解釈，"認証機関による試験所の能力評価結果は，この二者間でのみ有効で第三者への証明には使えない"という解釈になっている．

　このように，認定と（狭義の）適合性評価の二層構造は，ある程度強引な解釈で確立している面はあるものの，そうすることで適合性評価制度全体についての信頼性を確立し，更には維持することが定着してきており，当面はこの構造が大きく変化することは考えにくい．輸出の場面で試験・検査・認証等の適合性評価が必要な場合には，"実態はもう少し複雑でも，建前としての二層構造に合わせて運用しないと国際規格との相性が悪い"くらいの観点を持って対処していくことは必要だろう．

5.3 国際的な動向と適合性評価の相互受入

5.3.1 欧州統合と適合性評価

5.1.1項で述べたWTO/TBT協定は，欧州が欧州統合の過程で行ってきた"異なる規制法規を持つ国の間で適合性評価を相互に受け入れるためのやり方"を世界規模に広げたものといってもよい．むろん，このやり方を世界に広げるに当たっては，欧州ルールを世界に採用させることで欧州自身にとってやりやすくなるという動機は大きかったであろうが，技術的・経済的，あるいは道義的な合理性があったから世界ルールに採用されたことは間違いない．以下で欧州のやってきた方式について述べる．

欧州内で貿易の技術的障害（TBT）撤廃を目指して行われてきたやり方は，ニューアプローチ（New Approach）と呼ばれ，二つの欧州指令"技術的調和と基準に関するニューアプローチ"(1985)，"認証と試験に関するグローバル・アプローチ"(1989)によりその体系が示された．

具体的には以下に示すような特徴を持つ．

① 製品を規制する加盟国の法規では基本要求事項のみを定め，技術基準は"欧州規格"に依存
② 加盟国は欧州規格を技術基準として各種規制（安全法規等）に適用
③ 規制における適合性評価の在り方をモジュール化し，その組合せで各国間の整合化
④ 加盟国規制法規での基本要求事項の在り方，適合性評価で用いる適切なモジュールの組合せ，適用されるべき欧州規格等の技術的側面を各分野ごとの"欧州指令"として発行
⑤ 消費者にわかりやすい統一適合マーク：CEマーキング制度

WTO/TBT協定における"規制での国際規格（技術基準）使用要求"や"適合性評価活動の整合化・定式化"という考え方と同一の方向がここから始まったといえる．そして各国の規制の技術基準を欧州地域の専門家集団が作成する欧州規格（EN）とすることで欧州域内で国を超えての整合性を確保するとと

もに，規制法規自身が技術基準を整備する場合に比べて新技術や新製品へ対応する柔軟性が増すという，別の観点からも大きなメリットのあるやり方といえる．

　これまでにこのやり方が適用されてきた分野は，④で述べた"欧州指令"のうち"ニューアプローチ指令"と総称される22の指令が示している．その一覧を表5.4に示す．欧州連合（EU）が結成される以前の，欧州経済協力体（EEC）の時代から欧州統合に向けて規制の整合化を図ってきたことがうかがえる．現在はEUの政策執行機能を担う欧州理事会（EC）がこの種の指令を作成している．

　この22の欧州指令により規制対象となる製品は，規制当局側が個別に決めているわけではない．基本的にはEU域内で製造された製品及び域外から輸入された新製品若しくは中古品が対象——要するに，欧州市場に出回る全ての製品を対象としている．さらに個々の製品について，どのニューアプローチ指令

表5.4　ニューアプローチのやり方で規制を実施している22の欧州指令

ニューアプローチ指令（発行年/No./発行機関）	
低電圧電気機器（'73/23/EEC）	簡易圧力容器（'87/404/EEC）
玩具安全（'88/378/EEC）	建設資材（'89/106/EEC）
身体保護用具（'89/686/EEC）	非自動秤（'90/384/EEC）
埋込式能動医療機器（'90/385/EEC）	熱水ボイラ（'90/396/EEC）
民生用爆薬（'93/15/EEC）	医療機器（'93/42/EEC）
防爆機器（'94/9/EC）	レジャー用船舶（'94/25/EC）
昇降機（'95/16/EC）	圧力設備（'97/23/EC）
機械（'98/37/EC）	体外診断用医療機器（'98/79/EC）
ラジオ・通信端末設備（'99/5/EC）	旅客用ロープウェー設備（'00/9/EC）
測定（計量）機器（'04/22/EC）	電磁環境両立性（'04/108/EC）
花火（'07/23/EC）	ガス燃焼機器（'09/142/EC）

備考　以上22指令（建設資材 のみにCEマーキングが規定されていない．）

5.3 国際的な動向と適合性評価の相互受入

に該当するかを確認し，必要に応じて適合させる責任は製造業者（若しくは欧州域内の代理人，輸入業者）にある．

製品によっては，複数の指令に関わる場合もあり，例えば，家電製品であれば低電圧電気機器指令と電磁環境両立性指令への適合が求められ，携帯電話であればこれにラジオ・通信端末設備指令が加わる．また，電気メータ，水道メータ，ガスメータ，ガソリンメータ等であれば測定（計量）機器指令が，更に電磁干渉の可能性があれば電磁環境両立性指令に適合させる必要がある．

適合性評価と規制のやり方については，これらの指令の間でもいろいろと差があり，前述の③で紹介したモジュールを指令ごとに組み合わせている．モジュールの種類を表5.5に，指令との対応例を表5.6に示す．モジュールの内容は，組合せ方に差異があるとはいえ，基本的に表5.3の製品認証の要素と類似している．

A以外は，何らかの形で第三者適合性評価を実施することが求められ，Aの

表5.5 欧州"ニューアプローチ"指令に基づく適合性評価法モジュールの一覧

モジュール		適合性評価法
A	自己宣言	自身の責任で適合性証明の技術記録を準備して宣言．場合により当局監査あり．市場監視の結果等で，不適合な場合には，市場からの排除．CEマーク対象製品全体の8割以上．
B	型式検査	プロトタイプの第三者適合性証明必要．C～Fとの組合せ．監査に備えた技術書類の保存はAと同様の義務．
C	型式宣言	製品がBで適合性証明されたプロトタイプと同一であることの自己宣言．
D	製造品質保証	Bに加えて，製造工程と最終製品検査について品質マネジメントシステムの適合性についての評価を受ける．（EN 9002）
E	製品品質保証	Bに加えて，最終製品検査のみの品質マネジメントシステムの適合性についての評価を受ける．（EN 9003）
F	製品検定	Bに加えて，製造工程においてBで確認された適合性を満たすことが確実であることの認証を受ける．
G	ユニット検証	製品の種類ごとに，設計・製造プロセスの認証を受ける．
H	完全品質保証	設計・製造・最終検査の全プロセスについての品質マネジメントシステムについて認証機関の評価を受ける．

表5.6 各指令に基づく適合性評価で適用されるモジュールの例

欧州指令名	適用製品例	適用されるモジュール
低電圧電気機器	家電製品，電動工具	A
簡易圧力容器	小型ガスボンベ	B＋C 又は B＋F
玩具安全	玩具，子供用品	A 又は B＋C
建設資材	構造材，外・内装材	A，B＋C 又は B＋D
機械	工具，製造機械	A 又は B＋C
電磁環境両立性	家電製品，計量機器	A 又は B＋C
ガス燃焼機器	コンロ，湯沸かし器	B＋CDEF のいずれか
熱水ボイラ	熱水ボイラ	B＋CDE のいずれか

場合も自ら試験・検査してその記録を残しておくことが義務付けられている．そして対象製品は A，G，H のいずれか，若しくは B と C，D，E，F のいずれかの組合せにより適合性表明を行う．

　各指令に対して適用するモジュールは，想定されるリスクとコストのバランスで決められ，適合性評価にどの程度第三者機関の関与を要求するかが異なっている．例えば，不適合品による事故が死亡事故に直結する場合，簡易圧力容器やガス燃焼機器，熱水ボイラでは厳しめの要求となっていることがこの表からも見て取れる．

　以上のやり方は，一般原則さえ押さえておけば，個別の新製品が出てきても多くの場合は対応可能である．例えば低電圧電気機器指令であれば交流 50〜1 000 V（直流の場合は 75〜1 500 V）の電圧範囲で使用される電気機器全てに適用されるので，乾電池類のみを電源とする場合を除いてほぼ全ての家電機器に適用できる．

　これに対して，例えば，日本の電気用品安全法は，2015 年 3 月 5 日の時点で特定電気用品（116 品目）及び特定電気用品以外の電気用品（341 品目）の計 457 品目を対象にするとあり，品目を個々に指定して規制対象としている．

このような規制では"新製品"が出たときにしばらくの間規制の対象外になって消費者に被害が発生する恐れがある，あるいはその逆に，品目の種別が決まらないとどのような基準で評価すればよいのか不明確で製造者側も対応に困る，という事態が発生する．むろん，そのような事態に陥らないために頻繁に品目追加を行っているのであり，3月5日に確認した457品目のうち6品目は3月4日に追加されたばかりのもので，品目のリストの維持に相当の労力を払っていることがわかる[*6]．しかし欧州の手法と比べてみると，新製品が次々と市場に投入される環境では，欧州の柔軟性に富んだやり方のほうがより合理的といえよう．

また，このニューアプローチ方式にはもう一つ大きなメリット，前述⑤で示したCEマーキング制度がある．これは22指令のうち建築業者が主要な購入者である建設資材を除いた21指令に対応した規格適合品に同一のCEマーク表示を行うもので，消費者にとっては非常にわかりやすいものとなっている．実際には製品の品目ごとに異なった適合性評価が行われ，例えばある家電製品は製造企業内の試験と検査だけ（モジュールA）でマークが付けられ，ガス湯沸かし器は型式検査（モジュールB）と製造工程での製品検定（モジュールF）を第三者検査機関が実施している，という差があっても，同一のマークを使用する．これによって"適合性評価の仕方はいろいろあるものの，欧州指令が定めたやり方で欧州規格に適合している製品"という信頼性を示すものとして，広く認識されている．

この体系で重要な役割を果たしている欧州の共通的規制法規が欧州指令（Directive）で，これはEU加盟各国が"同等の内容の国内法規"を持つことが要求される．技術規制の現場に影響を与える法規に関しては，既に各国ごとに異なったインフラが整備されていることも多いので，ある程度は国ごとの裁量余地がある"指令"が活用されている．これ以外に欧州規則（Regulation）という名称の欧州法があり，こちらは全ての加盟国に全く同じ法律が適用され，

[*6] http://www.meti.go.jp/policy/consumer/seian/denan/kaishaku/taishou_hitaishou/

国ごとの裁量権はない．

　欧州の適合性評価に大きな影響を与える欧州規則（Regulation）としては 2008 年の EC 規則第 765 号 "製品の市場出荷に関する認定及び市場監視の要求事項を定める欧州議会及び理事会規則" がある．内容はおよそ以下のようなものである．

- 欧州指令に基づく適合性評価を実施する第三者機関を "公示機関" Notified Body（NB）として登録（2014 年初めで 2500 機関程度）し，全ての NB に認定取得を義務付け．
- 欧州内での越境認定禁止
- 政府には，市場監視認定機関は 1 か国 1 機関（政府指定）で，EA（欧州認定協力機構）相互承認参加を義務付け．
- 原則として予算の確保義務，市場情報の共有体制
- 例外分野はあるが，以上の規則を広範に適用（例外分野として，医薬品，血液製剤，タバコ，自動車，航空機等を例示）

　この規則は，22 のニューアプローチ指令をはじめ，多くの欧州指令で分野ごとに "基本的にほぼ同じ内容" の各国法規を作成させることで整合化を図ってきた欧州適合性評価体制の仕上げとして，いわば上部構造について各国ごとに均一化を図るものとなっている．

　以上，欧州の適合性評価体制をやや詳しく述べたが，現在，適合性評価における世界の大勢は欧州に先導されており，適合性評価の世界体制を理解する際の小型合理化モデルが欧州方式といってよい．

5.3.2　適合性評価ビジネスの拡大

　1990 年代以降は，5.1.1 項で述べた WTO/TBT 協定の影響もあり，適合性評価がビジネスとして急拡大した時期でもある．世界の主要認証機関の Web サイト等に掲載されている人員数と売上高及び売上高伸び率を表 5.7 に示す．一部過去のデータが取得困難なものもあったが，適合性評価を主要な業務とする組織の多くは，人員や売上等の情報を公開して透明性の高い運営をしている

表 5.7 世界の主要適合性評価機関の人員規模，売上高及び売上高伸び率

適合性評価機関（国）	人員（年）	売上高/億円（年）	売上高伸び率（年）
SGS（スイス）	80 510（2013）	6 400（2013）	310％（2000〜2013）
Bureau-Veritas（フランス）	61 600（2013）	5 100（2014）	610％（2000〜2014）
InterTech（英国）	36 000（2012）	3 600（2014）	450％（2000〜2014）
TÜV-SÜD（ドイツ）	18 756（2012）	2 100（2012）	210％（2003〜2012）
TÜV-Rheinland（ドイツ）	17 747（2013）	2 000（2013）	270％（2003〜2013）
UL（米国）	10 715（2013）	1 800（2012）	………………

備考　この表では，一応その年の平均的な円と当該国通貨との為替レートにより売上高の円換算値を求めたが，計算の精度は低いので有効数字 2 桁で表現した．さらに詳細な情報が必要であれば，Web サイトから検索できる．

ケースが多い．

　これらの組織はいずれも 5.2 節で記述した適合性評価業務を多岐にわたって実施しており，対応できる分野も機械・電気から食品まで幅広い．また，いずれも日本国内に拠点を確立している．そして 2000 年以降に極めて急速に売上高を伸ばしていることがわかる．10 年ほどの期間で 2〜3 倍は当たり前で，多いところは 4〜6 倍という伸び方となっており，適合性評価分野全体が相当に高い成長率で伸びていることを示している．

　一方で，これらの巨大適合性評価機関による寡占化が進んでいる．この背景には 5.1.1 項で述べた WTO/TBT 協定があることはもちろんであるが，同時に，これらの世界規模で業務を展開している巨大認証機関の多くが欧州を母国としていることには注意を払っておく必要がある．

　前項で幾分詳しく述べたように，今日の "適合性評価の世界体制" は欧州統合に向けて欧州で実施したことの世界拡大版といってよい．このため欧州の認証機関は 1980 年代から 90 年代にかけて確立してきた "多国間認証ビジネスモデル" を世界規模で展開することによりこのような急速な発展ができたという面がある．

　これに対して，日本の適合性評価機関は大きなところでも 1 000 名程度の規模であり，世界展開している認証機関の 1/10 から 1/100 の規模であると同時に，広範な分野に対応できるところはまれであり，多くは極めて狭い分野の技術に

特化している．これらの国内適合性評価機関の多くは，そもそもの設立が特定の規制法規で発生する実務をこなすために設立された財団等であり，その範囲での安定的な数の認証や試験を行うことが代表的なビジネスモデルであったため，海外進出を含めて事業の拡大を図るという発想がそもそもなかったかもしれない．

現時点での規模においてこれだけの差があると，例えば新規事業を始めるにしても投入できる資金や人材に大きな差があり，追いついていくことは非常に難しい．現在は，適合性評価に関しても世界単一市場での自由競争に近い環境ができつつあるが，日本国内で試験・認証を担ってきた機関にとっては厳しい環境といえよう．この状況は政府も認識しており，認証機関の育成を意識した国策プロジェクトも実施されており，幾つかの指定した重点分野で国内の"適合性評価能力"を高めるための施策を始めている．

一般の製造業やサービス業と比較しての特色として，適合性評価分野で活動している企業は，規制法規の実施においては政府の手足ともなる機関であるという点があげられる．このため，その多くが外資系に占められることには根強い不安もあり，また，特に先進技術分野の適合性評価において，外資系認証機関の活用で技術情報の流出を懸念する声もある．しかしながら，この分野だけを世界市場の単一化から外して保護政策を行うことも考えにくく，規制法規での外資系適合性評価機関のシェアをにらみながら，当分は，前述のような育成事業を行うなどの調整が続くことになろう．

5.3.3　国際相互承認による相互受入
(1)　認定の世界的増大と国内の問題点

前項で述べた巨大適合性評価機関の躍進は，これらの機関にとって実質的な障害としての国境がなくなってきたことを意味する．そのような変化を生んだものは，直接的には適合性評価結果の相互受入であり，それを後押ししたのは世界市場の単一化への流れであることは先に述べてきたとおりであろう．このような巨大適合性評価機関の成長と同時に，認定機関の認定数が増加し，同時

に認定機関同士の国際相互承認が発展してきた．

既に図5.1の右上に，認定機関による"他（国）の認定機関"との相互承認を記入してあるが，認定機関の場合は，国際相互承認がなければその存在意義はかなり小さなものになり，せいぜい国内の特定の規制法規が活用する程度の存在であっただろう．国際的に，"この認定機関は国際規格に適合した体制できちんと仕事ができている"と認知されている認定機関によって認定されることで，適合性評価機関の信頼性も国際的に保証されることになり，その評価機関が発行する証明書（認証書，試験成績書，検査証等）も国際的に受け入れられるものとなる．認定機関には数十から百を超える認証機関や数千の試験所を認定している組織もあるので，その国際相互承認参加は影響が大きい．

表5.8に主要国認定機関の概要を，表5.9に国内の主要認定機関（及び認定とみなせる政府機関の活動）について認定数（政府系機関の法律上の表現は登録数）を認定分野別に示す．

世界的には認定が相当程度浸透し，1 000を超える認定数の認定機関もごく普通の存在となってきた．その割に日本の認定数は少ないことが読み取れるが，表5.10と図5.4で認定数とGDPとの関係を11か国について示す．

表5.10の下欄に示したように，おおむね10億米ドル当たり5～15程度の認定数の国が多いことがわかる．一つの認定でも数百人の試験員や検査員を有する試験所や検査機関もあれば，一人で仕事をしている機関もあり，認定数のみで適合性評価全体の活力を正確に評価できているわけではないが，およその傾向は見て取れる．また，平均的な対GDP認定数から大きく外れている場合にはそれなりの理由がある．例えば，スウェーデンは日本でいう車検を，認定された検査機関に任せており，狭い地域や町ごとに，トレーラーのコンテナ一つが検査装置という零細な検査機関が多いことから突出して大きな数になっている．一方で，日本が突出して認定数が少ないこともこの表から見てとれる．

認定された適合性評価の活力がGDPに見合ったものであるためには，個々の認定された機関が大規模である必要があるのだが，実際には小規模な試験所も多く，日本は世界的な平均に比べて，GDP当たりの"認定を受けた適合性

評価能力"はかなり小さいといってよい．その理由として推測されるのは規制法規での活用が少ないことで，日本は規制に利用する試験所や検査機関に対して，これらの機関に適用される国際規格への適合，若しくはその証明としての認定を求めることが極めて少ない国とはいえるだろう．国内的には，その規制がうまく回っていればよいのであるが，結果として，海外に受け入れられる適

表5.8 主要国の認定状況

国	認定機関組織の状況	認定数等
米国	A2LA, NVLAP, IAS, ANAB, LAB, PJLA, AIHA等多数の認定機関が経営的にも競合状態．国際組織参加は8機関だが全体数は数十以上．NVLAPのみが政府機関．	A2LAの2 000強を始め国際組織加盟認定機関のWebサイトで確認できる数のみで7 000あり，全体は1万以上の可能性もあり．
ドイツ	かつてはDAP, DATech, DKD, DACH等10機関ほどが存在し，DARという連合組織を構成していた．2009年末に欧州規則によりDakksに統合．	全体で約4 000．規制当局での活用も進んでおり，全体では最大規模認定機関の一つ．
英国	UKASが国内単一認定機関として認証機関の認定も含めて実施．欧州法による認定の地位確定（2008年）後に体制強化し，職員は200名ほど．	政府とは単一認定機関として契約関係にあり，政府が規制法規ごとに，また，欧州対応として，適合性評価機関の認定取得を進めている．2 000を超える認定数．
中国	政府系法人であるCNASが単一認定機関として認証機関の認定も含めて実施．	5 850試験所，392検査機関，約200の認証機関を認定する世界最大の認定機関
豪州	NATAが試験所・検査機関，JASANZが認証機関認定と完全分業．JASANZはニュージーランドとの合同認定機関	試験所認定発祥の国で，試験所組合から発展したNATAの権威は高い．3 000弱の認定数．
ロシア	AAC-Analytica（化学分析）のみが国際機関加盟，100〜200の分野別等の認定機関が存在	認定数も含めて状況がほとんどわかっていない．国際規格に適合した認定自体が少ないものと思われる．
日本	国際機関参加は4機関（IAJapan, JAB, VLAC, JIPDEC）で，ある程度分業が成立しているが一面では競合．4機関中，IAJapanのみが政府機関だが，政府内に認定と類似の活動は多数あり．	経済規模との関係では最も認定が普及していない国の一つで，試験所が1 100で，認証機関は300程度の認証数．国際規格に合致しているのはその70%程度．

合性評価機関が少ない，若しくはその評価能力が低い，という状況となっており，貿易で不利な材料の一つになることは警戒する必要がある．

表 5.9 国内の認定状況

認定機関	試験所	校正機関	RMP	検査機関	認証機関							国際機関参加状況	データ確認日
					製品	ISMS	QMS	EMS	要員	他		
IA Japan	428	268	8	—	3	—	—	—	—	—	ILAC/ APLAC-MRA IAF/ PAC-MLA	2013.4.10
JAB	282+74 (臨床)	27	2	9	6	1	42	41	4	28	ILAC/ APLAC-MRA IAF/ PAC-MLA	2014.6.30
VLAC	38	—	—	—	—	—	—	—	—	—	ILAC/ APLAC-MRA	2014.4.20
JASC (JIS)	—	—	—	—	24	—	—	—	—	—	IAF/PAC	2014.6.30
JAS	—	—	—	—	128	—	—	—	—	—		2014.4.20
JIPDEC	—	—	—	—	—	26	—	—	—	15	IAF/PAC	2014.6.30
合計	822	295	10	9	161	27	42	41	4	43		

表 5.10 各国の認定数（国際相互承認対象のみ）と国内総生産 GDP （単位 10 億米ドル）の関係

国	米国	中国	日本	ドイツ	フランス	英国	カナダ	インド	韓国	スウェーデン	シンガポール
認定数	7 342	6 224	945	3 717	2 697	2 153	862	2 073	750	1 697	435
GDP	1 568	823	596	340	261	244	182	182	116	53	28
認定数/GDP (10億米ドル)	4.7	7.6	1.6	10.9	10.3	8.8	4.7	11.4	6.5	32.3	15.7

(2) 認定機関の国際相互承認

認定機関の国際相互承認も 1990 年代に進んだが，幾分かややこしいことに，認定機関の国際機関としては 2 系統に分かれ，認証機関を認定する認定機関の国際組織である国際認定フォーラム（IAF：International Accreditation Forum）と試験所・検査機関認定を行う認定機関の国際組織である国際試験

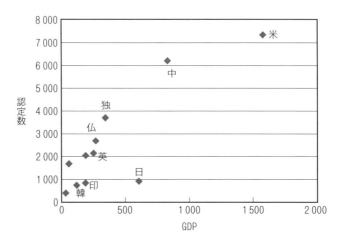

図 5.4　認定数と年間 GDP の相関

所認定協力機構（ILAC：International Laboratory Accreditation Cooperation）がある．そもそもは全く異なる対象，マネジメントシステム認証と試験所の認定から活動が始まっており，それぞれの組織が使用する規格も異なっていたものを，図 5.1 や 5.2.5 項で述べたような"二層構造"確立と併せて"認定機関"として統合してきた経緯がある．このため，国内的には試験所認定機関と認証認定機関の統合はしたものの，内部では二つの組織が持株会社の下で活動しているような形態の認定機関も珍しくはないし，国際機関も，必然的にその国際相互承認も 2 系統のまま残されている．認定機関の国際相互承認は，欧州，アジア太平洋，といった地域ごとの相互承認を行い，その地域機関同士が互いに地域相互承認を認め合うことで世界レベルの相互承認を確立している．認定分野ごとの相互承認を実施している国際組織を表 5.11 に示す．

　この表からわかるとおり，世界レベルとアジア太平洋地域のみで認定の国際機関が分離しており，他の地域では統合されている．アジア太平洋地域では，試験所認定制度発祥国である豪州の存在もあり，試験所認定機関の影響力が強く，マネジメントシステム認証機関を認定する組織との統合を良しとはしない機関が少なくなかったことがこれに反映している．しかしながら，欧州が規制

表 5.11 認定対象分野とその分野の認定の相互承認を行っている国際組織

地理的な対象	試験・校正	検査	認証	標準物質生産者
世界	ILAC	ILAC	IAF	ILAC（予定）
アジア太平洋	APLAC	APLAC	PAC	APLAC
欧州	EA	EA	EA	—
米州	IAAC	IAAC	IAAC	—
アフリカ	AFRAC	AFRAC	AFRAC	—

備考　この表で略記した認定の相互承認を進めている国際機関名は以下のとおりである．
　　　ILAC：国際試験所認定協力機構　　　　　IAAC：米州認定協力機構
　　　IAF：国際認定フォーラム　　　　　　　　AFRAC：アフリカ認定協力機構
　　　APLAC：アジア太平洋試験所認定協力機構　PAC：太平洋認定協力機構
　　　EA：欧州認定協力機構

法規での認定の全面活用と併せて1か国1認定機関を求めた結果，国際機関の統合は世界的な潮流として確立しつつある．これに対応するために，現在は世界レベルではILACとIAFが，アジア太平洋地域ではAPLACとPACが合同で会議を開催するなどの努力を行っている．

このように，出発点の相違から認定には二つの流れがあるが，相互承認の目的は基本的に同じで，

① 各国認定機関自身の適格性，認定における能力及び適合性評価機関認定基準の整合性確保

② 認定された適合性評価機関の信頼性確保，認証証，試験成績書・校正証明書等の相互受け入れ……One Stop Testing, Certification

③ 以上により，国際貿易の活性化に資する．

という三段の形にまとめられる．そしていずれの相互承認も順調に拡大しており，2015年5月の段階で，ILAC-MRAは2001年発効，74か国/経済圏の89認定機関が署名し，IAF-MLAは1997年開始，55か国/経済圏の60認定機関が署名しており，主要な国はほぼ網羅しているといえる．なお，MRAとMLAはいずれも相互承認取り決め（Mutual Recognition Arrangement）の略であるが，IAFではそのMRAが多国間（Multi-Lateral）であることを強調して伝統的にMLAを用いている．

この相互承認参加の資格判定基準は，

① 認定機関自身が ISO/IEC 17011 に適合して認定を実施しており，

② 認定した適合性評価機関をそれぞれへの要求事項を記述した国際規格に適合させているか，

という 2 点が基本である．この認定機関の適合性に関しては，国際規格上は認定機関を評価する組織は想定しておらず，認定機関相互で評価することになる．

具体的には，各認定機関が推薦する候補者（経験のある認定審査員や認定機関幹部）が認定の国際機関（ILAC, IAF というよりは地域機関である APLAC や EA）が主催する研修を受講して有資格評価員となり，相互に訪問して活動を評価する．評価チームは認定機関のサイズにより 2〜10 名位の評価員で編成され，それぞれが評価対象とする認定分野や規格要求事項の分担を行う．そして 2, 3 か月事前に送付されてくる認定機関の情報や認定基準等の文書を読み込み，現地で 1 週間ほど認定機関事務所と認定審査の現場で評価を行う．認定の国際機関は，このような評価活動を組織することで，認定とその国際相互承認の信頼性維持を図っている．

(3) 適合性評価機関による国際相互承認

認定機関が国際相互承認する大きな理由は，適合性評価機関レベルでは数が多すぎて"相互に承認するには手間がかかりすぎる"ことによる．認定された試験所の数を見てもそれは明白である．しかし，特定の分野に限定すれば，適合性評価機関自身による相互承認は，直接的であるだけに高い信頼を得ることも可能である．実際に，認定やその国際相互承認が広がる以前に，試験所と認証機関の相互評価と承認を組織した活動が IEC の CB スキームであり，これは 7.5 節で詳述する．

この他の例としては，IT で使用されるソフトウェアのセキュリティを評価，認証する機関の相互承認がある．

ソフトウェア製品の情報セキュリティレベル（EAL）を 1〜7 で評価（7 が最も厳格）して認証するスキームを国際的に同等の信頼性を持つものとして相互承認している．その際には承認のための機能要件として，FAU（セキュリ

ティ監査),FCO(通信),FCS(暗号サポート),FDP(利用者データ保護),FIA(識別と認証),FMT(セキュリティ管理),FPR(プライバシー),FPT(TOEセキュリティ機能の保護),FRU(資源利用),FTA(TOEアクセス),及びFTP(高信頼パス/チャネル)等といった項目について評価する.

そして,認証における共通評価基準(CC:Common Criteria)を規定したISO/IEC 15408(情報技術-セキュリティ技術-ITセキュリティの評価基準)と,共通評価方法(CEM:Common Evaluation Method)を規定したISO/IEC 18045(情報技術-セキュリティ技術-ITセキュリティ評価の方法論)が国際規格として発行されており,ソフトウェア製品認証に使用される.

日本ではIPA(独立行政法人情報処理推進機構)が認証を実施し,この相互承認に加盟している.なお,その際の評価機関の認定はIAJapan(独立行政法人製品評価技術基盤機構認定センター)が実施しており,これもILACによる認定機関相互承認の枠内であるが,これ自体は認証機関国際相互承認の資格要件とはなっていない.

既に認証機関の間で国際相互承認(CCRA:Common Criteria Recognition Arrangement)が成立しており,参加国は,EAL 1〜4で認証可能国が日本も含めて16か国,その他の受入国が10である.なお,EAL 5以上は,国内認証例はあるものの2014年時点では国際相互承認対象となっていない.

この情報セキュリティ製品認証は,そもそも各国ごとに認証機関が単一,若しくはごく少数であることから認証機関レベルでの相互承認が可能となった.また,国防上の重要案件となっている側面があることから,日本を除く参加国では軍の関与が強く,認証機関自身に国を代表する側面があったことからこのような相互承認が成立した.どの分野でもこのような環境が整うわけではもちろんないが,可能な場合は,同一分野の専門家同士であるだけに,相互承認の技術的信頼性は高い.この事情は計量標準の国際相互承認とも類似である.

むろん,広範な分野の適合性評価を相互に受け入れるためには認定機関の国際相互承認は欠かせず,スポーツ界になぞらえて,分野別認証機関の相互承認はサッカーのワールドカップや野球のWBC(World Baseball Classic)で,

認定機関の国際相互承認がオリンピックと考えればわかりやすい．

5.3.4 各国規制法規による適合性評価，認定及びその相互承認の受入

この章の始めにWTO/TBT協定を紹介し，輸入国が輸出国の適合性評価結果を受け入れる際の条件について述べた．実際には，各国とも規制において適合性評価を実施しており，その各国ごとの在り方が相互受入のしやすさに直結する．

適合性評価において，評価実施機関に求める資格で分類すると，

① 政府（規制法規）自身による適合性評価（明治時代は政府以外にできない分野も多かった）
② 政府が指定した機関による適合性評価
③ 政府が認定した機関による適合性評価
④ 政府以外が（国際規格で）認定した適合性評価機関の受入

の4段階が想定できる．当然ながら，①から④に向かって海外の適合性評価の結果を"国際相互承認に参加している認定機関が認定している"ことを条件に受け入れるといったこともやりやすくなるだろう．そして5.3.1項で紹介した欧州の場合は，②の条件として認定を義務付けることで，実態としては④の環境をほぼ実現しているといえ，少なくとも欧州内の認定については一部の例外分野を除いて全面受入といってよく，欧州外の認定受入も大きなトラブルなく進めている国が多い．

一方，米国も，この10年ほどで，認定の受入，更には認定の国際相互承認の受入と進んできている．米国は，国自体が適合性評価をする場合と民間を活用する場合と形態は様々で法規ごとに異なり，重複やすき間もあって，全体としての整理はあまりよくないものの，対応は迅速という特徴がある．各種規制法規は必要な適合性評価制度を確立することを個々の規制当局に義務付けており，認定の受入も原則は規制法規ごとばらばらであるが，以下のように受入の拡大が進んでいる．

・FDA（食品医薬品局：食品と医薬品の一部）とCPSC（消費者製品安全

委員会：玩具等）……ILAC-MRA メンバーが認定した試験所の結果受入，試験報告書付きの申請を基に自ら認証．
・FAA（連邦航空局：航空機）……整備工場を自ら訪問して審査．その際に計測機器では JCSS 等，海外の認定された校正機関を受入
・EPA（環境保護庁）……Energy Star マークの認証を付与するためのデータとして ILAC 相互承認参加機関が認定した試験所の結果を受入．ただし認証は北米に拠点がある製品認証機関のみで実施（日本は UL 日本支社が実施）．
・2012 年 3 月 13 日，WTO から Circular が回付……米国で受入を拡大した機関：FHWA（連邦道路庁）／試験結果，USCG（米国沿岸警備隊）／救命・火災安全関連試験，GSA（米連邦一般調達局）／救急関連試験，FDA（食品医薬品局）／食品試験，EPA（環境保護庁）／エナジースターの他，水資源有効利用にも試験所の認定受入拡大

そして 2010 年あたりからは，適合性評価機関の国際規格（ISO/CASCO 17000 シリーズ）導入を NIST（米国国立標準技術研究所）が推進しており，これは政府全体の方針となっている．同時に，国内外ともに，適合性評価機関の該当する ISO/CASCO 17000 シリーズ規格への適合を求めている．その結果，海外での適合性評価結果についても，急速に受入を拡大した．ただし，試験結果については ILAC 相互承認の受入を拡大しているものの，製品認証については政府機関自身，あるいは特定の認証機関に行わせる事例が多い．

この試験所と製品認証機関の相互承認受入の差は，米国に限った話ではなく，そうならざるを得ない事情がある．その背景には，5.2.3 項で述べたように，製品認証では様々なスキームがあり得るという点で，ある規制対象の製品について，輸入国が輸出国の製品認証を受け入れられない端的な例としては以下のようなことが考えられる．

輸入国は製品試験と製造工場のプロセス審査の組合せにより，その規制対象製品の認証を行っているとしよう．そこで輸出国の認証スキームを見たときに，製品試験は同一であるものの，製造プロセスに関する審査や評価は行わず，市

場からサンプリングした製品の試買試験で品質確認をしているとする．この場合，輸入品が輸入国の既存の認証と同じ品質を期待できるとは言い難いことは容易に想像がつく．

このような不整合を回避するには，製品認証機関の能力を評価する認定だけでは不十分であり，認証スキームについても整合を図っていく必要がある．IAF でもこれに気付いてはおり，製品認証相互承認の中で相互に承認できるスキームを指定していくことを開始したところである．ただし，2015 年 3 月の時点で食品関係の 1 スキームが相互承認で指定されているのみであり，手順を考えても相当の作業量が必要なプロセスであろう．

そういった点を考慮に入れると，欧州のように狭い地域で相互受入を前提の議論が当然である場合にはスキームの整合化まで進めるとしても，世界的には急激な分野の拡大は難しい．したがって，試験所については ILAC 相互承認を受け入れるが，製品認証では IAF 相互承認メンバーによる認定の相互受入はなかなか進まない，という状況がしばらく続くだろう．

欧米以外の国も，多くは規制法規による認定の受入が拡大する方向で，特に試験所認定では受入がむしろ普通のことになりつつある．今の日本は世界的に見ても突出して認定，及びその国際相互承認が受け入れられない国の代表格のような立場に置かれており，可能な受入を進めることが，国際的な整合化の観点からも望ましい．しかしながら，現実には多くの規制当局がこの項の最初に示した適合性評価実施機関に求める資格の 4 分類中では，②の政府による指定，③の政府による認定といったところにとどまっており，この状況がなかなか変わらない．この問題は，国際整合性の欠如という点で多くの問題を惹起しているとともに，行政の効率化の観点からも無駄の多い状況となっており，政府にとっての改善課題であろう．

いずれにしても，日本は海外に受け入れられる認定を取得している適合性評価機関が少ない，という点では，特に GDP 当たりでは突出して少ない国であり，世界市場が単一化する中では危機感を持つべき問題である．

6. ISO

6.1 国際標準化機関

経済社会がグローバル化する今日,国際標準の位置付けは急速に高まっている.製品やサービスの貿易はもとより,生産活動は国境を超えたサプライチェーンのもと世界規模での展開が進められており,共通の"ものさし"としての国際標準が求められる所以である.消費者の立場からも,環境や安全分野などをはじめとして国際的な水準での標準が求められている.地球規模の課題への対応にも国際標準の役割は大きい.

このような状況のもと,グローバルな事業展開を進める企業はもとより,政府・消費者を含めて,戦略的・主体的な対応を図ろうとする場合,国際標準を開発し,普及し,利用する場である国際標準機関[*1]の活動へ積極的に参画していくことが求められている.

6.1.1 主な国際標準化機関:ISO,IEC,ITU

国際標準化機関としては多くの組織が存在するが,開発規格数,対象分野の広さ等の面から見てその代表的な組織となっているのが,ISO[*2](International Organization for Standardization:国際標準化機構),IEC(International Electrotechnical Commission:国際電気標準会議),ITU(International Telecommuni-

---

[*1] 本章ではデジュール標準を開発する組織を国際標準化機関として位置付け,6.1節では,ISO(6.2節)について述べる前にこれに触れる.
[*2] 略称のISOは英文名称の略ではなく,ギリシャ語のisos(均等,均質の意)からきている.

cation Union：国際電気通信連合）の3機関である．ISOは電気分野，電気通信分野以外の分野の国際規格を幅広く開発している組織であり，IECは電気技術分野，ITUは電気通信分野の国際規格の開発に当たっている．

これら3機関の概要を表6.1に示す．

表6.1 ISO, IEC, ITUの概要

組織名	ISO （国際標準化機構）	IEC （国際電気標準化会議）	ITU（ITU-T） （国際電気通信連合・ 電気通信標準化部門）
対象	電気技術，電気通信を除く全分野	電気技術分野	電気通信分野
規格数	21 133 規格 （2015年末）	6 895 規格 （2015年末）	約4 000 規格 （2015年末）
年間規格開発数	1 505 規格 （2015年）	564 規格 （2015年）	約260 規格 （2015年）
設立年	1926年：ISA 設立 1947年：ISO へ改組	1906年	1865年：ITU 設立 1932年：ITU-T 設立
会員数	参加国数 162 （2015年末）	参加国数 83 （Affiliate 国 84）	参加国数 193 企業会員 700 以上
日本の参加組織	日本産業標準調査会 （JISC）	日本産業標準調査会 （JISC）	総務省情報通信国際戦略局，企業会員(53社)

備考 ISO, IEC, ITU, JISC のWebサイトより作成．

3機関のうち，ISOとIECは専ら国際規格の開発を行っている組織であるが，ITUは国際規格［ITUでは勧告（Recommendation）と呼称］の開発を主要業務［主としてITUの中の電気通信標準化部門（ITU-T）において実施］とする一方で，無線周波数割当，電気通信の各国間相互接続，電気通信に関する技術協力など電気通信制度，政策の発展に向けた幅広い活動を行っている．また，ITUが国連の専門機関として政府間の憲章・条約に基づき設立されているのに対して，ISOとIECは，メンバーとしては政府機関と民間組織が混在しているものの，組織自体はスイス民法に基づき設立された民間非営利の法人である．

なお，情報分野の標準化に関しては，ISOとIECの双方にまたがる技術分

野であることから，1987年にJTC 1（Joint Technical Committee）が創設され活動を進めている．情報通信技術（ICT）分野ということもありITUを含めた形で共同開発が行われている規格も多い．

ISO, IEC, ITUの3機関においては，国際標準化の普及促進と相互の協力関係の強化を図るため，2001年に世界標準化協力（WSC：World Standards Cooperation）が設立された．WSCは3機関の会長，副会長，事務局長から構成される会議体であるが，その下で，共通パテントポリシーの策定（2006年），世界標準デー（10月14日）の広報活動，共通の課題をテーマにしたコンファレンスやセミナー等が行われている．WSCの直接的な活動分野は限定的であるが，3機関間では，必要に応じ，事務局長あるいは相互の対応組織間での協力・調整が行われている．

6.1.2 その他の国際標準化機関

ISO, IEC, ITU以外に国際食品規格委員会（CODEX，コーデックス委員会），国際照明委員会（CIE）をはじめとして数多くの組織が特定分野の国際標準化を進めている．

コーデックス委員会（CAC：Codex Alimentarius Commission）は，FAO（国連食糧農業機関）とWHO（世界保健機関）の共同により1963年に設立された政府間で構成される組織であり，食品分野の国際標準化を進めている．2016年3月現在，187か国，1機関（EU）が参加しており，341の食品に関する規格，ガイドライン，実施規範などを策定している．事務局はローマのFAO本部内に設置されており，我が国からは1966年以来，農林水産省（消費・安全局）と厚生労働省（医薬・生活衛生局）が共同して参加している（2015年度より消費者庁も参加）．ISOにおいても食品分野の標準化を進めているTC 34があり，ISO側では用語，サンプリング，分析，食品安全及び品質マネジメント等を中心に規格開発が行われているが，CODEXと相互に連携が図られている．

CIE（The International Commission on Illumination：国際照明委員会）は，

光，照明，色，色空間などに関して1913年に設立された国際標準化機関であり，26規格，169技術報告書（TR）・ガイドを有している（2015年12月時点）．本部はオーストリアのウィーンにある．ISO，IECとの間で特別の協定を結んでおり，CIEの開発した規格案をISO/IEC規格に採択する際には，迅速処理（Fast track）方式により，通常より省略した手続きでISO/IEC規格にすることが可能となっている．

6.1.3　グローバル展開を行っている米国の標準開発組織（US-SDO）

米国に本拠を置く規格開発組織（SDO：Standard Development Organization）の中でも，大規模な学協会などでは規格開発参加者及びその利用者が米国にとどまることなくグローバルに広がっているものがある．例えば，ASTM International[*3]（材料規格や試験方法規格を多く策定），ASME（American Society of Mechanical Engineering：米国機械学会），IEEE（The Institute of Electrical and Electronics Engineers：電気電子エンジニアリング学会），API（American Petroleum Institute：米国石油協会），SAE International（Society of Automotive Engineers：自動車技術者協会）などであり，US-SDOとも呼ばれている．

これらの組織により開発される規格は，技術的に高水準のものも多く，また利用されている地域としても世界的な広がりを有するケースが多い．例えば，ASMEのBPVC（ボイラ及び圧力容器基準）は米国の連邦及び各州の法律に技術基準として活用されているのみならず，我が国においても，電気事業法，労働安全衛生法や高圧ガス保安法などの技術基準のベースになっている．

ISOやIECの各専門委員会（TC）においてもUS-SDOとの間でリエゾン（協力関係）を構築し，原案作成に協力を得る場合が少なくない．さらにISOとの間で包括的な協力協定の締結が模索されているが，規格原案開発の著作権の取扱いを巡る難しさもあり合意には至っておらず（IEEEを除き，規格販売収

[*3]　旧称は米国材料試験協会（American Society for Testing Materials，1898年設立）であるが，活動の国際化に伴い2001年に改名された．

入により規格開発のリソースとしている組織が多い．6.3.1 項参照），個別専門委員会や個別プロジェクトベースでの協力にとどまっているのが現状である．

また，ASTM International はじめ主要な US-SDO は，開発した規格について，その開発プロセスは WTO/TBT 委員会の定めた 6 要件（6.1.5 項参照）に合致するとして，TBT 協定でいうところの国際規格に該当すること，すなわち強制法規や政府調達の各種の技術基準のベースとなることを自ら主張している．

TBT 協定上の国際規格に該当するか否かは，最終的には紛争発生時等において WTO の判断を待たざるを得ないが，US-SDO の規格がグローバル市場において幅広く利用され，支配的である場合も多く，産業活動を進めていく上では，その開発動向と市場での利用状況を把握しておくことが不可欠であり，場合によっては開発活動に積極的に関与することが必要になる．

6.1.4　政府間の国際機関との関係

各国の規制当局等の政府間で構成される国際機関や国際組織も，相互の規制の共通化，調和を図るべく国際基準を開発しており，広い意味では国際標準化機関と同種の役割を担っている．

例えば，国連自動車基準調和世界フォーラム［国連の経済社会理事会の地域経済委員会の一つである国連欧州経済委員会（UN/ECE）の WP 29 であり，各国政府とともに自動車産業団体や ISO も参加］においては，自動車安全・環境基準の国際的な調和に向けて国際基準を策定している．また，国連の専門機関である IMO（International Maritime Organization：国際海事機関）においては，船舶や海上航行に関する国際基準を策定している．OECD（Organisation for Economic Co-operation and Development：経済協力開発機構）等でも化学物質テストガイドラインや個人情報保護ガイドラインをはじめとして各種のガイドラインを策定している．ただし，これらの組織は強制法規の技術基準をはじめとする政府の施策の共通化を図る政府間の組織であり，国際標準化機関とは別種の組織として位置付けられる．

ISO や IEC などの国際標準化機関は，これらの組織の多くと共通するテーマについて協力連携関係にあり，ISO で開発された国際規格を共通の技術基準に活用するなどの対応がとられている．例えば，ISO の TC 8（船舶及び海洋技術専門委員会）は上記の IMO と密接に協力しつつ規格開発を行っている．

6.1.5　国際標準の開発に関する原則（WTO/TBT 委員会決定）

WTO/TBT 協定は，各国の強制法規の技術基準を策定する際に，該当する国際標準がある場合若しくは開発中の場合は，原則として当該国際標準に基づくことを要求している．いかなる標準がこの国際標準に当たるかについて，TBT 協定発効時においては明確な規定がなかったが，TBT 委員会の 2002 年報告（3 年レビュー会合：TBT 協定は，3 年ごとに実施状況，改善点等についてレビューを実施することになっている．）においてその開発に関する原則がとりまとめられた．

国際標準の開発に関する原則，換言すれば，開発を行う国際標準化機関に求められる 6 つの原則とそのポイントを表 6.2 に示す．これらの原則は，国際標

表 6.2　国際標準の開発に関する原則（2000 年 WTO/TBT 委員会）

透明性 （transparency）	規格開発の現状や作業計画及び開発のプロセスに関して関係者が容易に情報を入手し得ること
開放性 （openness）	メンバーシップや規格開発への参画が差別されることなく可能なこと
公平性とコンセンサス （impartiality & consensus）	規格開発に際し特定国や地域に特権が与えられず，明確なコンセンサス形成プロセスを有すること
有効性と市場適合性 （effectiveness & relevance）	規格が適切なものであり規制や市場のニーズに有効に応え，競争や技術発展を阻害しないこと
一貫性 （coherence）	他の機関との開発の重複を避け，相互に協力が行われること
開発途上国への配慮 （Constraints on developing country）	規格開発への途上国の参画促進について考慮，対応がなされていること

準が TBT 協定に基づき WTO 加盟国の強制法規等の技術基準のもととなる以上，特定の地域の利害に偏ることなく，開発途上国も含めて，いかなる国からも公平に参加することが可能であり，また，国際的なニーズに合致する適正な標準が提供されるべきであるとの考えからまとめられたものである．

この報告との関係について，ISO 及び IEC では，その規格開発プロセスが 6 原則に適合していることを累次宣言してきている[*4]．一方で，ASTM International をはじめ米国の主要 SDO も，この 6 原則に該当していることを主張している[*5]．

6.2 ISO の概要

6.2.1 ISO の設立

ISO は 1946 年 10 月，25 か国の標準化機関の代表が集結したロンドン会議で創設された．その前身は，1926 年に創設された ISA（International Federation of the National Standardizing Associations：万国規格統一協会）と，1944 年に創設された UNSSC（United Nations Standards Coordination Committee：国連規格調整委員会）である．ISA は欧州主要国の 14 か国（日本も含む.）で設立された電気技術分野以外の国際標準化機関であったが，実態的には，大陸欧州諸国（メートル法適用国）の意向が強く反映されたこと等からヤードポンド法適用国である英米加等はほとんど参加せず，更に戦争の進展とともに活動を停止した（1942 年）．他方，第 2 次世界大戦中（1944 年）に英米加を中心とした連合国 18 か国により UNSSC が設立され，第 2 次世界大戦後，UNSSC の呼びかけにより，改めて ISA を含めた各国の標準化機関をロンドンに集結して創設されたのが ISO である．

[*4] http://www.iso.org/iso/home/standards_development/resources-for-technical-work/foreword.htm#foreword-trade-Anchor
http://www.iso.org/iso/private_standards.pdf
[*5] http://www.astm.org/GLOBAL/wto.html
http://www.astm.org/GLOBAL/images/intl_standards1.pdf

翌1947年に組織として発足し，67の専門委員会（TC）が設置された．1948年に中央事務局がジュネーブ（スイス）に設置され，1949年にはISO規格第1号（長さ測定の際の参照温度）が発行されている．

日本が加盟したのは1952年であり，閣議了解により日本産業標準調査会（JISC：Japanese Industrial Standards Committee）がその参加組織となっている．ちなみにドイツ（西ドイツ）の参加は1951年，イタリアは1947年（当初から参加），韓国は1963年，中国は設立当初のメンバーであったが1953年に脱退し，1978年に再度加盟している．

6.2.2 ISOの役割と活動領域

ISOはその規約（Statutes）において，製品・サービスの交換を円滑化し，知的，科学的，技術的，経済的活動における協力を発展させるために国際標準を開発し，関連活動（出版，利用促進，情報交流，他機関との協力）を行う機関として位置付けている．

活動領域は，電気技術分野及び通信技術分野を除くその他の全ての領域である．規格開発は分野ごとに設置される専門委員会（TC）において行われるが，TC 1 "ねじ"，TC 2 "締結用部品（ボルト・ナット）"，TC 3 "寸法公差及びはめ合い（既に廃止）"，TC 4 "転がり軸受"，TC 5 "金属管及び管継手"……とあるように，当初はエンジニアリング（工学）領域を中心として活動していた．他方，基本分野（量と単位，統計など），食品（TC 34），金融サービス（TC 68）などの分野においても早い時期から規格開発が進められてきている．最近では，マネジメントシステム（品質管理，環境管理など），サービス関連等の分野の標準化も拡大しており，更には社会的課題［社会的責任（SR）など］に関する規格開発も進められるようになっている．

ISOの会員は，国ごとに1機関であり，各国を代表する標準化組織であることが求められる．参加国は全体で162か国であるが，3種類の会員制度が設けられており，完全な投票権等を有するメンバー（正会員）が119か国，会議へのオブザーバー参加と国際規格の国内規格としての採択が可能な通信会員

（Correspondent member）が 38 か国，情報提供だけを受ける購読会員（Subscriber member）が 5 か国（2015 年末現在）となっている．地域別に見ると，会員全体ではアフリカ（44 か国），欧州（CIS 諸国を除く）（35 か国），北中南米（29 か国）が多いが，（正）メンバーでは，欧州が 32 か国と一番多く，専門委員会及び分科委員会（TC/SC）への参加メンバーも，欧州諸国が最多となっている．

各メンバー組織は，国により，政府組織である場合，政府によって設立された法人である場合，民間非営利組織である場合，更に民間非営利組織であっても国家標準化組織として政府の指定を受けている場合等の形態がある．

欧米先進国［米（ANSI），独（DIN），英（BSI），仏（AFNOR），スウェーデン（SIS）等］，オセアニア［豪州（SA），ニュージーランド（SNZ）］及び南米主要国［ブラジル（ABNT），アルゼンチン（IRAM）等］においては民間非営利組織が多くなっている．

他方，アジア諸国［日本（JISC），中国（SAC），韓国（KATS），タイ（TISI），シンガポール（SPRING），マレーシア（DSM）等］，アフリカ諸国［南ア（SABS）以外］の多くは，政府機関ないしは政府によって設立された法人である．

総じて見れば，アジア以外の先進国メンバーは民間非営利機関であり，途上国メンバーは政府機関ないしは政府により設立された機関であることが多い．ただし民間非営利機関であっても，仏（AFNOR），ブラジル（ABNT），チリ（INN）などのように政府から国家標準化機関として指定されているケースがある．

6.2.3 ISO 規格の開発状況と中期戦略

ISO 規格の開発状況を図 6.1 に示す．1990 年代半ばから，世界経済のグローバル化の進展，WTO/TBT 協定の発効，欧州統合に伴うニューアプローチの進展等を背景として，規格数は急速に拡大してきた．

ISO 規格の全体を分野別に見ると図 6.2 のとおりとなっている．ISO 規格と

しては，ISO 9001（品質マネジメントシステム）やISO 14001（環境マネジメントシステム）のようなマネジメントシステム規格や，ISO 26000（社会的責任に関する手引）のような社会的課題に関する規格が広く知られているが，実際は材料技術や情報技術を含む工学関係が圧倒的に多い．

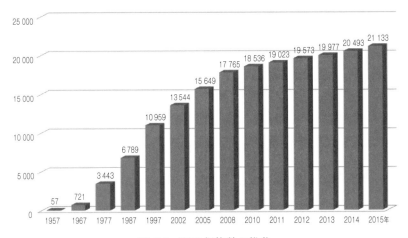

図 6.1　ISO 規格数の推移

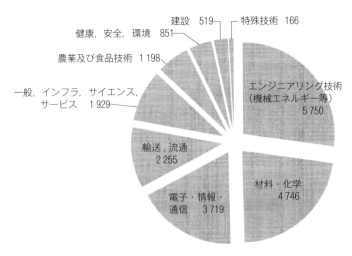

図 6.2　分野別 ISO 規格数（2015 年）

6.2 ISO の概要

　ISO では，その規格開発や組織運営の重点的な方向や基本政策を明らかにするものとして，おおむね 5 年ごとに ISO 戦略計画（ISO Strategic Plan）を策定している．最新のものとしては，2015 年 9 月のソウル総会において ISO Strategy Plan 2016-2020 が策定，承認された．その中では戦略的方向性（Strategic Direction）として以下の 6 項目を挙げている．

① あらゆるところで使用される ISO 規格：国際市場性を有し，どこでも使用されるような国際規格コレクションを開発し，普及を促進する．

② グローバルな ISO メンバーによって高品質な規格を開発する：ISO 会員のネットワーク価値を十分に活用し，ユーザーニーズに対応した市場適合性のある規格を開発する．

③ 利害関係者[*6] とパートナーの関与を拡大：産業界，学界，消費者等の利害関係者の規格開発への関与の拡大を図るとともに，IEC，ITU はじめパートナーとの協力を図る．

④ 技術の活用：IT 分野はじめ著しい技術革新の中で，ISO の規格開発，利用のモデルが著しい影響を受けているところ，最新技術を活用し，利害関係者の関与やユーザーサービス向上を図る．

⑤ 人材と組織の育成：ISO の最重要リソースであるメンバー組織とエキスパートのネットワークの充実に向け，教育・研究・開発のソリューションを提供し人材と組織レベルの能力向上を図る．

⑥ コミュニケーションの拡充：官民双方の意思決定者，利害関係者，一般公衆から国際標準の価値と影響力を認められるべく，メディア，ソーシャルネットワークを含めて広報活動を強化する．

　ISO としては，あらゆるところで活用されるような ISO 規格の開発，提供を図るべく，グローバルな会員組織をコアに，利害関係者や関係組織との連携を深め，高品質の規格コレクションを提供しようとするものである．そのために，人材と組織の育成を図り，最新技術を効果的に活用し，更にはコミュニ

[*6] ISO では利害関係者（Stakeholder）として，産業界をはじめ，消費者，学界，政府があげられることが多いが，最近では NPO（非営利組織）も含んでいる．

ケーションを重視するというものである．ISO がどのように規格開発等を進めていくかという課題に対する方向性を示している．

また，US-SDO やフォーラムなど国際的に使われる標準を開発する様々な場がある中で，それらの機関との競争を意識しつつ，国際標準を開発する場としての ISO の魅力，付加価値を高めていくことを目指したものである．

他方，従来の戦略計画では，このような国際標準の開発の進め方を示すとともに，ISO としていかなる分野を重視していくかを示してきた．

1990 年代に重視されていたのは，貿易円滑化への貢献である．WTO/TBT 協定の発効を受けて，強制法規の性能規定化を実質的，技術的に支える国際標準の開発が目指された．例えば，機械安全分野での基礎となる ISO Guide 51（安全側面－規格への導入指針）の第 1 版が制定されたのが 1990 年（1999 年に第 2 版），基本規格である ISO 12100（機械類の安全性－設計の一般原則－リスクアセスメント及びリスク低減）が欧州規格から ISO の TR（技術報告書）とされたのが 1992 年（2003 年に ISO 規格化）であり，90 年代から 2000 年代にかけて機械安全規格体系が抜本的に整備されていった．

また，強制法規の運用に不可欠な適合性評価に係る規格，ガイド類も EU におけるグローバルアプローチの実施を受けて整備が進められた（2000 年代に入ってからは適合性評価に係るガイドは規格として制定されている[*7]．）．

2000 年代に入ると，持続可能性（サステイナビリティ）が強く意識されるようになった．1992 年のリオ地球サミットをきっかけとして開発が開始された ISO 14001 が 1996 年に制定され，2000 年前後から国際的にも認証取得事業者数が急増したこと等が背景にある．しかしながら，ISO におけるサステイナビリティのコンセプトは単に環境マネジメントにとどまるのではなく，経済成長や安全などの観点も含めて広い観点から取り組みが進められ，ISO における標準開発のキーワードとなってきた．例えば組織の社会的責任に関する

[*7] ガイドは ISO において規格を開発するための指針文書のことを指している．以前は規格の利用指針もガイド文書とされており，適合性評価関連の要求事項もガイド文書とされていたが，2000 年代以降は規格文書として扱われるようになった．

規格（ISO 26000）もまた組織のサステイナビリティを支える規格として捉えられている．

2010年代に入ると，ISO Strategic Plan 2011-2015 では，戦略目標の中で，環境，エネルギー，資源，水，人口，貧困，食糧，セキュリティ等の地球規模の問題に積極的に挑戦していくという方向が打ち出されるようになった．また，高度技術分野をはじめ経済社会におけるイノベーションへの貢献も謳っている．これを受けて ISO において積極的な開発が進められてきた分野としては，気候変動を含む環境，食糧，水，インフラ，リスクとセキュリティ，再生可能エネルギーを含むエネルギー，健康分野などが挙げられる．

もとより，ISO の規格開発プロセスはメンバー組織からの提案とエキスパート参加を基本とするボトムアップ構造となっており，ISO の組織として国際経済社会の動向や ISO の位置付け等を勘案して具体的な規格開発を進めるというトップダウンアプローチを進めることは容易ではない．また ISO のスコープが極めて広く，近年更に拡大していることがあり，重点分野を特定することが必ずしも適当，また現実的ではないとの判断から現在の戦略においては特定分野を提示しなかったものと捉えられる．

6.3 規格の著作権と標準化機関のビジネスモデル

6.3.1 ISO とメンバー機関のビジネスモデル

国際標準化機関にせよ国内標準化機関にせよ，規格の開発及び普及を持続的に行っていくためには，そのための資金を確保していくことが不可欠である．政府機関である場合は政府予算が充当されることが多く，資金確保の点が問題にされることは比較的少ない．しかしながら，ISO や ISO を構成する欧米の主要メンバー組織は多くの場合，非営利とはいえ民間組織であり，サステイナブルな規格開発のビジネスモデルを有することが不可欠である．

ISO の財政構造は，その歳入の約 60％がメンバーからの分担金，約 30％が規格をはじめとする各種出版物の販売収入（各国メンバーによる ISO 規格の

販売から得られる著作権収入を含む.),約10％が途上国支援のための他機関等からの寄付金となっている.各メンバー(特に非営利民間組織である欧米の主要標準化機関)もISO規格及び各国規格の販売収入を主要な財源としており,これに加えて規格開発に参加する企業等からの会費収入,認定又は認証等の適合性評価業務からの収入,研修その他の関連事業からの収入を得ている場合も多い.

つまり,ISO及びそのメンバー機関のいずれにおいても,基本的なビジネスモデルは,規格を開発・出版し,その収入により規格開発の財源に充てるという図式である.このためにも規格の有する著作権を確保,保持していくことが不可欠となっている.

他方,標準化は公共的な社会基盤・経済基盤を形成する役割を担っており,特にISO規格のようなデジュール標準は,政府による規制法令の技術基準として引用される場合も多いことから,規格は無料で入手可能とするべきとの主張がある.更には,IT化の進展により,従前のように規格書籍の形で出版されるケースが少なくなり,電子出版,Webからの取得が一般化している中で,複製等が容易になり著作権の保護自体も困難さを増している.インターネットの世界ではISO等の規格の著作権が侵害され,標準化機関の許諾なく規格が掲載されているサイトも出現している.

ISOとしては,仮に規格が無料で提供されるとすれば,販売収入が低下し,標準化機関の活動が維持できなくなり,標準化のスキームそのものが崩壊してしまうとの懸念から,これを許容するべきではないという立場である.ISOの組織運営上のリスク分析やビジネスモデルの持続性検討においても,著作権の保持問題が常に上位のリスクとして捉えられており,著作権ルールの改訂,徹底や電子出版規格の著作権保護技術の導入などが進められてきた.

6.3.2 規格の著作権

標準化機関におけるビジネスモデルへの検討やリスク分析が行われることに対応して,ISOにおける著作権の取扱いもより精緻なものになってきており,

開発段階,出版段階及び各国規格への採択段階等における著作権の帰属,取扱い等のルールが整備されてきた.

ISOをはじめとする多くの標準化機関において,規格は著作権のある文書としての取扱いがなされている.また,開発段階においては多くのエキスパートが協力して原案が作成されるが,当該文書の著作権は当該標準化機関に帰属することにされるのが一般的である.

さらに,ISOメンバーはISO規格を国内規格として採択し出版する権利を有するが,この場合であっても,メンバーはその出版権,利用権を有するのみであり,著作権の所有はISOに残ることとされている.もちろん,メンバー機関が翻訳して国内規格に採択した場合,翻訳に係る著作権(二次著作物)は当該メンバーに帰属するのはいうまでもない.

法令基準に参照された規格の取扱いに関して,法令文書が通常は著作物としては取り扱われないことから様々な議論が存在している.ISOとしては,このような場合であっても標準化機関の有する著作権は保護されるべきという立場である.

6.4 ISOの専門委員会と規格の開発

6.4.1 専門委員会(TC)と分科委員会(SC),作業部会(WG)

ISOのコアビジネスである規格開発の場が専門委員会(TC:Technical Committee)である.2015年12月現在,238の分野別のTCが活動している.TCにはその中に分科委員会(SC:Sub Committee)が設置され,更に具体的規格開発プロジェクトを進める作業部会(WG:Working Group)が設置される3層構造の組織となっている.最近設置されたTCではカバーする領域が特定の領域に限定されているケースが多く,SCは設置されず,WGがTCのもとに直接置かれることが多い.SCはTMB(技術管理評議会)(6.4.5項参照)の承認を条件にTCにより設置,解散され,TCに定期的報告を行うものの,規格開発プロセス上はTCとほぼ同一の権能を有している[例えば,委員会原

案（CD）の承認に際しては SC の正規メンバー（P メンバー）による投票が行われる．］．

WG では，主査（Convenor：コンビナー）が TC 又は SC によって指名され，メンバー国（及びリエゾン機関）から任命されたエキスパート（企業，大学，団体からのエキスパートが大半である．）が参加し，一つ又は複数の規格開発のプロジェクトを推進する．規格原案としての作業文書（WD：Working Draft）の作成は通常 WG において行われ，エキスパート間で規格開発に係る技術的な議論を戦わせる場となっている[*8]（WG が設置されずに TC 又は SC において規格原案を議論することも可能ではあるが例はほとんどない．）．

TC 又は SC のメンバーとしては，正式な投票権を有する P メンバーとオブザーバーとしての参加だけを行う O メンバーがある．また，当該分野における ISO 以外の関係国際機関等がリエゾンとして参加する制度があり，専門的な観点からの連携，協力が行われる．

6.4.2　TC/SC の幹事国と議長

TC 及び SC においては TMB により（SC の場合は TC により）特定の会員に割り当てられる幹事国（国際幹事）の役割が重要である．割り当てられた会員により任命され幹事国業務を行う個人を国際幹事と呼んでいる．幹事国は委員会の事務局機能を担うが，TC（SC）における規格開発業務の進捗状況の監視，報告及び業務進行の活性化に関する責任を負うこととされており，文書の処理（委員会レベルでの文書の作成と投票の実施等）や会議の運営に加えて，プロジェクトの進捗管理に関して委員会に提案を行う役割を担う．ISO 中央事務局，議長，委員会メンバーとの連絡調整ハブであり，実質的に委員会活動を支え，リードする責任と権限を有している．

幹事国業務は，各国の立場を離れ，中立的・国際的な立場から業務を実施することが求められているが，現実には委員会活動をリードする立場になること

[*8] WG のもとに特定の規格開発のためプロジェクトチーム（PT）が設置されることも多い．

6.4 ISOの専門委員会と規格の開発

から，TCによっては各国の戦略を反映して幹事国の獲得を巡る主導権争いが行われることになる．このような場合，TMBで調整が行われるが，少なくとも新設TCの場合は提案国が幹事国業務を担うことが多く，その意味でも新規分野の標準化が必要な場合，積極的なTC設立の提案が重要となってくる．

同時に，幹事国業務は業務量，責任とも大きなものがあり，その引受状況が各メンバーのISO活動への貢献度，参画能力を測る指標ともなっている．TC/SCの幹事国引受数は，理事会やTMBメンバーの選出グループ分け（ランク付け）基準の一つであり，特にTMB委員選出のグループ分け基準としては幹事国業務の引受数が大きな（55％の）ウエイトを占めている．

図6.3は主要国による幹事国の引受数の推移である．1980年代においては仏英独の欧州主要国が圧倒的なシェアを占めていた．しかし，1990年代後半以降は，独が引き続き主要な役割を担っている一方で，英仏両国は幹事国業務

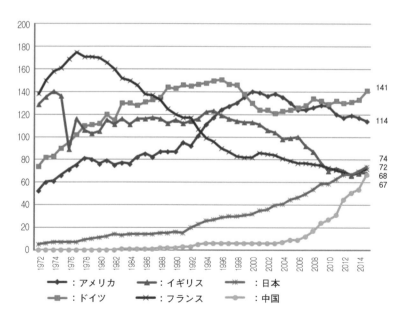

図6.3 ISO主要国による幹事国引受数の推移
（各年1月1日現在，出典：ISO資料）

リソースの制約から重点分野に限定するという方針をとったこともあって急速に減少している．他方，米国が90年代後半からISOに対する積極的な姿勢を打ち出し引受増加方針をとったことを反映し，近年若干減少させているものの独に次ぐ主要国となっている．日本は90年代半ばから徐々に引受数を増加させており，2015年時点では英仏両国を凌駕する水準となっている．その中で2000年代半ばから急速に引受数を拡大させているのが中国であり，独米とは未だ差があるものの，日英仏3国に匹敵する水準になろうとしている．

こうして見ると，1990年頃まではISOの活動が欧州主要国により支えられていたものが，WTO/TBT協定が発効した90年代から米国が，次いで日本，更に2000年代に入って中国といった非欧州国が積極的にISO活動にコミットしてきている動向が伺える．

TCの議長は，幹事国が指名し，TMBの承認（SC議長はTCの承認）を得ることにより決定される．幹事国とは別の国からの選出が推奨されているが実態は同一国からの就任が少なくない．新規設立のTCの場合は，通常は，提案国を含め設立に当たって積極的な立場をとる国の間で調整が行われて決定される．また，議長交代の場合は，幹事国を含めて当該委員会の中で調整が行われて決定されることが多い．

TC（SC）議長は会議の主宰，運営を含めて当該委員会のマネジメント全般の責任を持つとされている．幹事国同様に中立的立場で取り組むことが求められているが，TC/SCの代表であるだけに委員会の活動の方向性をリードする立場であり，各国の戦略の中で主導権争いの対象となることは幹事国業務と同様である．

6.4.3　ISO規格の開発プロセス

規格開発の手順は，専門委員会（TC）の構成，国際規格の構成と作成の規則等を含めて"ISO/IEC専門業務用指針（Directives）"にまとめられている．第1部が規格開発のプロセスを規定したものであり，第2部が用語の使用方法や規格の構成など規格の作成方法について記載している．形成される国際的

6.4 ISO の専門委員会と規格の開発

コンセンサスの水準を合わせる必要性とともに，ISO と IEC 共同の規格開発やエキスパートが双方に参加する場合を考慮すれば，両機関での規格開発プロセスやルールが異なることは，混乱や煩雑さの原因にもなる．このため，可能な限りの共通化を図ることにしている．ただし，両機関それぞれの状況において独自のルールを定めざるを得ない点についてはそれぞれ独立した形で ISO 補足指針，IEC 補足指針として公表されている．

この ISO/IEC 専門業務用指針だけで 200 ページを超す大部の規程になっている．多くの関係者に共通のガイダンスを与え円滑な規格開発を進める上で不可欠であり，また標準開発機関として明確なルールを定め公表することが，当該機関の透明性，公平性などを確保するためにも重要なポイントである．

ISO 規格は表 6.3 の段階を踏んで開発される．国際規格に不可欠なコンセンサスを形成していくプロセスである．

まず新規の規格開発テーマがあれば，正式に提案に至る前に委員会内部において予備的な検討項目（PWI）として登録し検討を進めることが可能である．検討の結果正式なプロジェクトとして取り上げようというコンセンサスが形成された場合には，NP（新規作業項目提案）として TC 又は SC に正式に提案される．提案は各メンバーが行うことが大多数であるが，リエゾン機関や TMB，事務局長（中央事務局）などから行うことも可能である．提案に当たっては作業用のドラフトを添付することが推奨されている．

NP が TC/SC のメンバーによる投票で採択された場合，正式な規格開発プロジェクトとして発足する．まずは WG において開発作業が行われ（WD），

表 6.3 規格開発の段階と名称

ステージ	文書名称	略号
予備段階	Preliminary Working Item	PWI（予備業務項目）
提案段階	New work item Proposal	NP（新業務項目）
作成段階	Working Draft	WD（作業文書）
委員会段階	Committee Draft	CD（委員会原案）
照会段階	Draft International Standard	DIS（国際規格案）
承認段階	Final Draft International Standard	FDIS（最終国際規格案）
発行段階	International Standard	IS（国際規格）

委員会段階（TC/SCにおける審議と投票），照会段階（ISOメンバー全体からのコメント収集と投票），承認段階（最終的な合意の確認）へと進んでいき，最終的にISとして発行されることになる．

　この開発段階が進展するに伴い，技術的な内容の深化を図るとともに，委員会レベルからISOメンバー全体という，より広い範囲でのコンセンサスの形成が図られる．

　新規標準化課題に対して開発を行う適切なTCが存在しない場合は新しいTCの設立が行われる．提案は通常はメンバー国（TMBや他のTC,事務局長も可能）により行われ，メンバー国の投票を経てTMBにより設置が決定される．

　このようにISOにおける規格開発プロセスは，メンバー等からの提案に基づき徐々にコンセンサスを広げていくというボトムアップを基本としている．現場や市場に近い立場を反映させやすい反面，TC数の拡大や細分化といった問題を生じることにもつながる．このため，関連TC間のリエゾンの強化やTCの統合への動きも進められている．

　規格開発期間は，新規提案（NP）段階で目標とする発行期限が指定され，標準型で36か月（加速型は24か月，延長型は48か月）である．ステージの進捗に応じて期日管理が行われており，5年以上経過しても最終のFDIS段階に至っていない場合は原則としてプロジェクトが取り消されることになっている．

　ISOをはじめとするデジュール標準化機関においては，フォーラムなどに比較すると規格開発期間が長すぎて経済や技術の早い動きに対応できないとの批判がある．途上国を含め参加者の範囲を拡大し，広いコンセンサスを形成する観点からは十分な期間が必要であるが，他方，技術進歩の著しい中で制定された規格の市場への遅れや陳腐化を避けるために迅速化が不可避の課題であることから，ISOは様々な形で開発期間の短縮対策を講じてきた．

　特に2008年からはLiving Laboプロジェクトを開始し，開発ステージの省略制度の導入，スケジュール管理の厳格化，投票期間の短縮，規格開発規程

(Directive) の改訂等が行われ，中央事務局においても原案の XML 化による作業プロセスの合理化等が進められている．2003 年段階では平均開発期間として NP から IS に至るまで 47 か月を要したが，2013 年では 31 か月となっており，10 年間で 1 年以上の大幅な短縮が図られたことになる．

6.4.4 ウィーン協定（ISO と CEN との関係）

1992 年の欧州統合の際に導入されたグローバルアプローチにおいて，CEN（Comité Européen de Normalisation：欧州標準化委員会）の策定する EN 規格（European Norm：欧州規格）を，EU の強制法規（CE マーク制度）における技術基準に合致すると見なされる調和規格（Harmonized Standards）として活用することになり，必要となる EN の開発業務が急増した．このため，欧州各国の標準化機関は ISO と CEN の双方にエキスパート等を出席させることが困難となり，ISO との協議の結果，ISO か CEN のいずれかで規格開発（ISO リード又は CEN リード）を行い，原案が完成した段階で他の機関と並行して投票プロセスにかける協力関係を構築した．

これが 1990 年に ISO と CEN 間で締結されたウィーン協定（ISO と CEN の技術協力に関する協定）である．

この協定下では，CEN リードとされたプロジェクトは，CEN 側で開発作業が行われ，DIS 段階から CEN 側の投票プロセスと並行して ISO 側の投票プロセスにかけられる（並行投票）ことになっており，ISO メンバー（非 CEN メンバー）から見れば，実質的議論に参加しづらいまま DIS として受け入れざるを得ないということで，欧州優位の代表的な事例と見られてきた．

2000 年に改訂作業が行われ，国際規格優先原則，CEN リードの際の透明性の向上（情報交流と ISO 側からの代表者の参画やコメントの反映等）などが合意され，非 CEN 国としては，ISO における規格開発活動を充実させるとともに，欧州側の動向をフォローし意見を提出していくことにより，従前に見られていたような不利な立場を回避することが可能なスキームへと改善が行われた．ただし，CEN リードとして開発される規格も存在することから，引き続

き欧州諸国の動向をフォローしておく必要が残されている．

6.4.5 技術管理評議会（TMB）

技術管理評議会（TMB：Technical Management Board）は，理事会のもとに設置され，全ての技術的事項，規格開発関連事項の管理を担っている統括組織である．TC の設置決定や議長の承認，幹事国の割当，プロジェクトの進捗状況の監視等全ての TC の管理に当たっている．TC 内あるいは TC 間で問題を生じた際にも調整を担うのは TMB であり，技術的事項に関しては実質上最終的な決定機関である．

規格開発のルール（専門業務指針）の策定，改訂も TMB によって行われる．更には，技術的な新規分野や重点テーマに関して，戦略諮問グループ（SAG：Strategic Advisory Group）やアドホックグループ（AHG：Ad Hoc Group）を設置し，ISO としての当該分野に関する規格開発の課題，方向性を示すことも重要な任務となっている．また，マネジメントシステムタスクフォース（MSSTF）や専門諮問グループ（TAG：Technical Advisory Group）を設置して，マネジメントシステム規格など複数の TC にまたがる事項の調整，調和を図ることも TMB が行っており，その活動領域は極めて広い範囲に及んでいる．

議長は技術管理担当副会長であり，メンバーは 15 名で，幹事国業務を最低 1 件でも担っているメンバー国の中から理事会によって任期を 3 年として選出される．選出は，幹事国引受数，TC における P メンバー数，分担金額によって 3 グループに分けられ，第 1 グループの 6 か国は自動選出（常任国）される．2014 年現在，常任国は，独，米，英，仏，日（2009 年から），中（2015 年から）となっている．

TMB が ISO における技術的事項のコア部分を管理することから，メンバー選出は各国の戦略上極めて重要な意味を有する．我が国は TMB が設置された 1992 年以来，連続して選出され，2009 年からは自動選出国（常任国）になっており，技術的事項全体に対して関与しやすい立場にある．

6.4.6 規格開発に対応する国内対応委員会

ISO（IECの場合も同様であるが）の規格開発プロジェクトに対する日本国内からの参加に関しては，通常，ISOメンバーであるJISC（日本産業標準調査会）から関係の団体等に対して国内審議団体としての委託が行われ，当該団体の代表がTC/SC/WG等に参加する．国内審議団体は当該技術分野の業界団体や学術団体が担うことが大半である．国内審議団体では，関係企業の技術者又は研究者，学識経験者，必要に応じて消費者や政府関係者等から構成される国内審議委員会を設置し，日本としての対応方針，提案，コメント等を審議し，国内的なコンセンサスを得て国際標準化に臨んでいる．企業等から国際標準化に参加しようとする場合，そのエキスパートは国内審議委員会に所属しつつ，日本代表として国内コンセンサスを踏まえて国際審議に参画することになる．新規の規格開発提案についても国内委員会での審議を経て提案が行われる．

国内審議団体でのコンセンサス形成を図るための時間的ロスをなくして迅速に提案すべき案件や，複数の国内審議団体にまたがる案件について，個別企業や団体から直接JISC事務局に提案し，国際提案に結び付ける制度［トップスタンダード制度（2014年度より新市場創造型標準化制度に発展）］がJISCによって設けられている．

TC/SCの幹事国業務や議長業務についても同様に国内審議団体において処理されている．必要に応じ，JISCあるいは日本規格協会から資金面，運営面に関して支援活動が行われる．

ISO活動に際してはエキスパートをISO中央事務局のグローバルディレクトリに登録する必要があるが，当該対応についても日本規格協会が窓口となっている．

6.5 ISOの組織と運営

6.5.1 ISOの組織

ISOの組織の概要を図6.4に示す．法人格としては，スイス民法40条に基

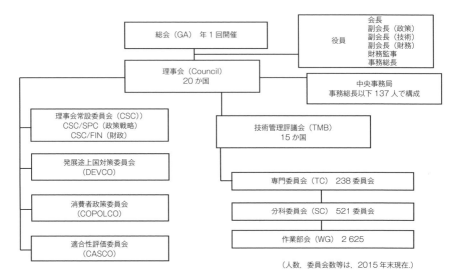

図 6.4 ISO の組織

づく非営利法人である*9.

6.5.2 ISO のガバナンス機構と政策開発委員会

ISO の組織を管理するガバナンス機構としては以下のものがあり，実務を推進する専門委員会（TC）及び中央事務局の活動の円滑化を図っている．それぞれの業務を表 6.4 に示す.

① 総会（General Assembly）：全メンバーが参加する最高決定機関
② 理事会（Council）：総会を除く最高決定機関である．20 名のメンバー代表と会長以下の役員，政策開発委員会（PDC）の議長により構成され，組織全体の管理，戦略の策定と執行の監督，重要政策事項の決定，事務局長の指名と監督，技術管理評議会（TMB）及び PDC からの報告と管理，TMB メンバーと PDC 議長の選任，財務の監督等を行う.

---

*9 国連経済社会理事会の総合協議機関としての地位（Consultation Status）を 1947 年に得ている．また IEC とともに WTO/TBT 委員会にオブザーバーとして出席している.

理事会メンバーは，正規メンバーを分担金比率やTC/SC幹事国引受数等により4グループに分けた上で，総会で選出されるが，第1グループの6か国が常任理事会メンバーとなっている（2015年末現在，独米日中英仏）．その下に理事会メンバーにより構成される戦略政策委員会（CSC/SPC）と財政委員会（CSC/FIN）が設置されている．

③ 技術管理評議会（TMB：Technical Management Board）：15名の委員により構成され，全ての技術的事項の管理を行う．

表6.4 ISOにおけるガバナンス機構と政策開発委員会

組織名称		英文名称	主な役割
総　会		General Assembly（GA）	年次報告，財政報告，戦略計画承認，会長・副会長選任，理事会メンバー選出等
理事会		Council	ISO全体の管理，基本政策事項の審議決定，戦略策定及び実施，年度予算決算，事務局長及びPDC議長の選出承認，TMB委員選任
	理事会戦略政策委員会	CSC/Strategy & Policy Committee（CSC/SPC）	戦略計画案の策定と実施の監視，基本政策事項の審議
	理事会財政委員会	CSC/Finance Committee（CSC/FIN）	財務の管理，予算案策定，中央事務局のサービスの評価
技術管理評議会		Technical Management Board（TMB）	技術的事項の管理，TCの管理と調整，技術的戦略の策定等
会長委員会		President's Committee	総会，理事会に向けた助言，会長支援
政策開発委員会		Policy Development Committees（PDC）	
	消費者政策委員会	Committee on Consumer Policy（COPOLCO）	消費者関連政策の審議，消費者の参加促進
	適合性評価委員会	Committee on Conformity Assessment（CASCO）	適合性評価関連規格・ガイド作成，適合性関連政策の審議
	開発途上国政策委員会	Committee on Development Country Matters（DEVCO）	開発途上国ニーズの特定，アクションプラン，支援

④ 政策開発委員会（PDC：Policy Development Committees）：ガバナンス組織ではないが，理事会のもとに"適合性評価委員会（CASCO）""消費者政策委員会（COPOLCO）""開発途上国委員会（DEVCO）"の3委員会が設置され，各政策事項の審議を行う．CASCOでは適合性評価に関する規格開発も行っている．

6.5.3　ISOの役員

ISOには以下の役員が置かれ，会長委員会（President Committee）を構成している．会長委員会は理事会への助言と総会，理事会の決定事項の執行の管理を行うが，総会，理事会での審議及び重要事項に関する役員間の調整の場となっている．

① 会長：ISOを代表し，総会，理事会，会長委員会の議長を務めている．
② 副会長（3名）：政策担当，技術管理担当，財務担当の3人の副会長が置かれており，それぞれ，CSC/SPC，TMB，CSC/FINの議長を兼務している．
③ 財務監事（Treasurer）：財務事項について，理事会及び事務局長に対して助言を与える．
④ 事務総長：ISOの最高執行責任者（CEO），中央事務局の長であり唯一の常勤役員である．ISOの運営に関して責任を持ち，理事会へ提言を行うとともにその方針に従って実施を担う．ISOの政策や方向性などの企画，決定に際しては実質的に最重要の役割を果たすとともに，中央事務局における業務管理においても最高責任者となる．

6.5.4　ISO中央事務局

ISO中央事務局（CS：Central Secretariat）はジュネーブに置かれ，140人程度の職員が属している．事務総長以下，事務総長部門（メンバーとガバナンス組織関係），政策委員会と規格開発部門［技術管理，政策開発委員会管理，技術プログラム管理（TC関係）］，販売・広報部門，教育研究部門，IT部門，

総務経理部門等から構成される．重要事項については総会，理事会，TMB 等で意思決定が行われるものの，これらの機関への提案や規格開発，国際標準化に関連する日常的な業務は事務局によって処理されている．

中央事務局では総会，理事会，TMB，CASCO，COPOLCO，DEVCO 等の事務局を務めるとともに，TC（特に議長及び事務局）との連携のもとに TC 運営のサポート，規格開発の推進等に当たっている．また，国際規格策定時の最終的な文書の調整や書誌的事項の調整を行っている．ISO 規格制定後の ISO 規格の出版，営業や世界的なレベルでの広報活動も中央事務局の担う重要な役割である．さらに標準開発と販売における IT 活用が ISO においても拡大しており，IT 部門によるメンバーや規格開発エキスパート，規格ユーザーに対するサポート業務も拡大している．

6.5.5 ISO への日本の参画

ISO への日本の参加組織は，産業標準化法に基づき経済産業省に設置されている日本産業標準調査会（JISC）であるが，その事務局である経済産業省産業技術環境局を中核に，関係機関，関係団体，外部有識者等が相互に協力しつつ ISO 活動を展開している．

ガバナンス組織に関しては，理事会（Council）には 1957～59 年に初めて選出された後，1969 年からは継続してメンバーとなっており［1994 年からは自動選出（常任）メンバー］，ISO 運営の主要国の一翼を担っている．また，TMB（技術管理評議会）に関しても現行 TMB 体制が整備された 1994 年以来連続して選出されてきており，メンバー拡充の行われた 2009 年以降は常時選出メンバーとなっている．

ISO の役員としては，1986～88 年に山下勇氏（元三井造船会長，JR 東日本会長，経済団体連合会評議委員会議長）が初めて会長に就任するとともに，JTC 1 の設立など IEC との連携強化，ISO と産業界の連携の深化など大きな足跡を残した．また，2005～06 年には田中正躬氏（日本化学工業協会副会長）が会長に就任し ISO 活動を主導した．さらに，副会長（政策担当）としては，

1998～2001年に青木朗氏（元新日本製鐵，日本鉄鋼協会/日本規格協会），2010～13年に武田貞生氏（日本規格協会）が就任し，ISOの戦略策定や執行の役割を担った．

こうしたガバナンス面での役割を果たすとともに，日本の産業界や学界の専門家が，各専門委員会（TC）の幹事国業務や規格開発において重要な役割を担ってきている．幹事国業務について見れば，1995年に27の専門委員会，分科委員会（TC/SC）の幹事国業務を担うにとどまっていたのに対し，2015年には74のTC/SCの幹事国業務を担うまでに至っている．

6.6　ISO/IEC　JTC 1

6.6.1　設立の経緯

情報技術（IT）分野の標準化を担う組織としてISOとIECの共同で設置された合同専門委員会がJTC 1（Joint Technical Committee 1）である．

コンピュータの黎明期にあった1960年に，ISOはTC 97（Computers and Information Processing）を設立し情報分野の標準化に着手した．IECもまた1961年にTC 53を同じタイトルのもとに設立し，一時（1964年）TC 53を解散したものの，80年代に入り，TC 47/SC 47 B（Microprocessor System）（1981年）及びTC 83（Information Technology Equipment）を再度設立した．その結果，ISOとIECの双方で情報技術分野の標準化が進められることとなり，産業界等の関係者やユーザーからは一本化の要請が強く出されていた．

こうした状況下でISOとIECの協議により両機関初めての合同専門委員会（JTC 1）が1987年に設立された．なお，他分野での合同専門委員会としては，2013年になり，ISOとIECの合同でJPC 2（Joint Project Committee 2：エネルギー効率及び再生可能エネルギーの共通用語）[*10]が設立されている．

[*10] PC（Project Committee）は，特定単一規格について開発を行う専門委員会．

6.6.2 JTC 1 の活動状況

JTC 1 のスコープは情報技術（Information Technology）全般であり，SC としても現在活動中のものだけで 20 委員会，JTC 1 直結の JWG が 9 グループあり，極めて大規模な専門委員会となっている（これまでに設立された SC は全体で 40）．これらの中には，文字コード（SC 2），プログラム言語（SC 22），セキュリティ技術（SC 27），オフィス機器（SC 28），JPEG や MPEG といったマルチメディア関連（SC 29）など，基盤的なものからアプリケーションに近いところまで幅広い分野の標準化が進められている．

最近でも，ICT 技術の経済社会への浸透を反映して，SC 39（IT サステイナビリティ：グリーン IT）や SC 40（IT サービスマネジメント及び IT ガバナンス）といった新たな SC が設立されている．

JTC 1 でこれまでに開発された規格数は，2 926 規格に達している（2016 年 1 月末現在）．

JTC 1 の幹事国業務は，設立以来（その前身の ISO/TC 97 以来）米国が務めている．各 SC の幹事国業務が各メンバー国によって実施されているのは ISO 及び IEC の TC/SC と変わらない．通常の TC 活動における中央事務局に当たる組織として ITTF（Information Technology Task Force）があるが，実質的には ISO 中央事務局内にあり，JTC 1 のサポート，規格の出版や特許データベース管理などを担当している．

日本国内における対応組織として，一般社団法人情報処理学会（IPSJ）内に関連企業，学界等をメンバーとする情報規格調査会（ITSCJ）が設けられ，JTC 1 及び傘下の SC への参画，対応，国内委員会事務局，日本に割り当てられた幹事国業務及び議長サポート等を行っている［オフィス機器（SC 28）等一部の SC については，一般社団法人ビジネス機械・情報システム産業協会（JBMIA）及び一般社団法人電子情報技術産業協会（JEITA）が担当している．］．

6.6.3 JTC 1 における標準化プロセス

JTC 1 は ISO，IEC 双方の専門委員会であり，ガバナンス，技術管理は両

機関の組織が担当している．TC を管理するのは ISO/TMB であり，IEC/SMB である．投票も最終的には ISO と IEC それぞれのメンバーによって行われる．

しかしながら，JTC 1 の設立当時，ISO と IEC の規格開発プロセスが異なっていたこともあり，JTC 1 の開発プロセス（具体的には Directive に規定）は ISO，IEC とも異なる独自の Directive を有し，ISO/IEC と異なる開発のプロセスや用語を採用していた．例えば，メンバー全体にコメントを求めコンセンサスを形成する段階である照会段階について，ISO では委員会の手を離れ DIS（国際規格案）としてメンバー全体への照会が行われるが，JTC 1 では FCD（最終委員会原案）と呼ばれ，委員会メンバーに対して審議しコンセンサスを確認するプロセス（委員会の P メンバー投票）を経ると同時に，ISO/IEC の中央事務局から全メンバーに意見を求めることとされていた．

また，技術革新の速い情報技術分野ということもあり，迅速手続（Fast-track）が設けられ，実際に使用されている標準を原案とする場合には，直ちに最終の承認段階（FDIS）の投票にかけられるプロセスがある．この迅速手続は JTC 1 メンバーのみならずリエゾン機関（Ecma International[11]）からも提案可能である．

ISO/IEC のプロセスと JTC 1 の独自プロセスが併存することは，開発段階で混乱を招きかねないこともあり，かねてより ISO，IEC の Directive に一致させる検討が進められてきた．2011 年には，JTC 1 独自の Directive と ISO/IEC の Directive の整合化が図られ，JTC 1 のルールとしては，ISO/IEC の Directive に基づく Consolidated JTC 1 Supplement（Procedures specific to JTC 1）（統合版 JTC 1 補足指針）として統合された．この補足指針においては，構成上は ISO/IEC Directive を項目ごとに引用し，整合化させており，例えば上述の照会段階における FCD は DIS という名称になっている．しかしながら，各規定事項に関して JTC 1 としての運用や採否を規定する形になっており，

---

[11] 1961 年に設立された欧州電子計算機工業会（ECMA：European Computer Manufacture Association）で，1994 年に改称．欧州企業のみならず，日本，米国企業も参加している．

独自のプロセスが数多く残っているのが実情である．迅速手続（Fast-track）についても，ISO/IEC Directive に準拠する形式ではあるが，実質的に従前のものと同一の形態が JTC 1 独自適用のスキームとして規定されている．

また，情報技術分野と通信技術分野の緊密な関係により，ITU-T との連携，共同開発が行われている規格も多い．ITU-T との連携に基づいて開発された規格は ISO/IEC としての規格番号の他，ITU 勧告（Recommendation）としての番号も付与されている．JTC 1 と ITU-T の連携プロセスは，JTC 1 統合指針の中で規定されている．

7. IEC

　IEC（International Electrotechnical Commission：国際電気標準会議）は1906年に設立された電気・電子分野の国際標準化機関であり，ジュネーブに中央事務局を置くスイス民法第60条に基づく準政府機関[*1]である．趣旨に賛同する国を代表する機関が任意に参加し活動する国際機関であり，2015年時点で，60か国の正会員と23か国の準会員，そして83の加盟準備国からなる．IECファミリーとしては186か国を擁する．この章では，IECの概況とともに最近の動向について述べる．

7.1　IECの概要

7.1.1　IECの設立

　電気は19世紀に科学的知識から工学的応用へと大きく進展し，電気通信，電灯，発電機，そして電動機へと実用化が進んだ．しかし，その過程で専門用語や電気単位の標準化に始まり安全性を確保するための規格などの標準化が不可欠であることが明らかになった．1881年には国際電気会議（International Electrical Congress）の第1回会議がパリで開催され，例えば，cgs単位系が電磁気にも拡張されて採択され，1900年の第4回会議ではGaussやMaxwellといった電磁気の単位が決まっている．

　その第5回会議は1904年に米国セントルイスで，ルイジアナ博覧会[*2]に併

[*1]　長らく非政府機関であったが，2008年に準政府機関の地位を獲得し，税制などの優遇措置を得ている．
[*2]　1803年の米国によるフランス領ルイジアナ買収の100周年記念として開催された．

せて開催され，米国GE社の創設者でもあるE.トムソン教授[*3]が会議の総合議長を務めた．同会議では，電気に関する専門用語，記号，そして電気機械の定格（規格）に関する課題を検討する恒久的な組織，すなわち国際標準化機関が必要であることが1週間をかけて議論され，その結果15か国から集まった代表委員はその提案をそれぞれ国に持ち帰り，政府に必要性を報告することが決議された．また，その会議で国際標準化に関する論文を発表した，電気照明のパイオニアであったクロンプトン大佐（Colonel Crompton）[*4]が具体的な検討をするように依頼された．彼は英国に戻り，英国工学標準委員会や英国電気学会（IEE：Institution of Electrical Engineers）他と相談しながら1906年の国際会議を準備することとなり，1905年には関係国へ同会議の招聘状が送付された．

ロンドンで開催された1906年6月の国際会議には日本を含む13か国の代表が集まり，IEC（International Electrotechnical Commission）発足の会議となった．そこでは国際標準化機関としての5つの原則が承認されるとともに，初代会長に英国ケルビン卿[*5]（Lord Kelvin）が，そして名誉セクレタリーに上記クロンプトンが選任された．

これらの原則とは，いずれの国も電気に関する国内委員会（National Committee）を一つ指名して加盟し，代表者（delegates）を複数参加させることができ，議決は一国1票を持って為す，というものであり，IEC規約として1908年にロンドンで開催された第1回IEC総会で承認された．その後，このIEC規約はモデルとして，クロンプトンなどの支援を受けて，ISOの前身である1926年に設立されたISA（International Federation of the National Standardizing Associations：万国規格統一協会）の規約に採用された．

[*3] E.トムソン（Thomson）（米国）はケルビン卿の死後，後を継いで1908年に第2代IEC会長になった．
[*4] R.E.B.クロンプトンは大佐としてボーア戦争に参加したが，技術者であるとともに事業家でもあった．
[*5] 本名，William Thomson．熱力学や大西洋横断電信ケーブル敷設成功への貢献などで有名な19世紀の偉大な科学者．1892年，男爵に叙せられ，ケルビン卿となった．

IEC 中央事務局は当初ロンドンの IEE のもとに開設されるとともに管理運営は IEE に委嘱されたが，その後 1948 年に，設立直後の ISO 中央事務局があるジュネーブに移設された．その後，IEC と ISO の役割分担は明快に定められるとともに，国際規格作成のプロセスは共通の規則（ISO/IEC Directives：ISO/IEC 専門業務用指針）として文書化され，現在も改訂を経ながら規格作成プロセスの基礎となっている．

IEC の起動はその後順調に進み，最初の 10 年間に 4 つの専門委員会（当初は Advisory Committee，現在は TC：Technical Committee），すなわち，AC 1（用語），AC 2（電気機械の定格，現在の回転機），AC 3（記号），AC 4（原動機，現在の水車）が作られた．1914 年までに，電気機器に関する用語とその定義，電気量を表す文字と単位の記号，銅の抵抗に関する規格，及び水車や回転機と変圧器に関する定義を成果として文書化し，発行している．その後，第一次世界大戦と第二次世界大戦による不活発な時期を経たが，1954 年に 50 周年をフィラデルフィア大会（米国）で，そして 2006 年には 100 周年をベルリン大会（ドイツ）で祝っている．

このような 100 年以上にわたる歴史を振り返ると，明らかに技術革新（イノベーション）が国際標準化によって健全に促進されてきたことがわかる．

ドイツ VDE 規格

W. シーメンス（Werner von Siemens）[*6] が創設者の一人となって 1893 年に設立した VDE（Verband Der Electrotechnik Elektronik Informationstechnik e. V.；ドイツ電気電子情報技術協会）は，1895 年にドイツで第 1 号の規格 "Sicherheitsvorschriften für elektrische Starkstromanlagen"（"Safety regulations for electrical high voltage systems"）を発行している．IEC の発足の 9 年も前である．VDE は，電気が庶民の中にも浸透しつつある 19 世紀後半にあって，電気技術の啓蒙と安全のための基準作りを目的として創設された．まさに，電気という技術革新のために不可欠であったといえよう．

[*6] シーメンス社を設立した技術者，発明家（1816〜1892）．英国で IEC 創設に貢献した William Siemens の兄．

7.1.2　IECのビジョンとミッション

　国際標準化機関としてのIECの活動には，電気・電子分野における国際規格の開発と発行という活動とともに，国際適合性評価制度（Conformity Assessment System）の管理と運営という2本の柱がある．後者は国際標準化機関としてユニークな特長になっている．

　適合性評価とは，製品やシステムなどが当該の規格に規定されている要求事項を満たしていること（適合していること）を評価して実証する行為を意味するが，IECは，そのもとに民間の試験・認証機関が加盟して適合性評価結果の国際的な相互承認を行うという枠組みを提供している．IECはその理想像を，これらの活動によってWTO（世界貿易機関）が目指す国際貿易の促進に貢献することとしている．

International Electrotechnical Commission's Vision and Mission

Vision：
Worldwide use of IEC standards and conformity assessment systems as the key to international trade

Mission：
IEC's mission is to be globally recognized as the leading platform for standards, conformity assessment systems and related services needed to facilitate international trade and enhance user value in the fields of electricity, electronics and associated technologies.

Object (Article 2) of the Statutes of the IEC

The object of the Commission is to promote international co-operation on all questions of standardization and related matters, such as the verification of conformity to standards in the fields of electricity, electronics and related technologies, and thus to promote international understanding. This object, *inter alia*, is achieved by issuing publications, including International Standards, and by offering conformity assessment (CA) services.

7.1.3 IEC の新しい方向

IEC はミッションを達成するための基本計画をおよそ 5 年ごとに策定しているが，近年では"基本計画 2006"と"基本計画 2011"を策定している．基本計画 2011 では，特にシステムアプローチ（システム指向）と適合性評価制度強化の指針を出している．前者，システムアプローチは最近の社会ニーズの変化と産業や技術の動向を反映して，国際規格や適合性評価も単体の製品のみではなく，システムレベルにも着目すべきであるとしている．

規格開発におけるシステムアプローチについては，スマートグリッドやスマートシティの取り組みがあり，後述するように，個別の専門委員会の取り組みでは対応できないような規格開発の方法論と体制の整備が進んでいる．また，適合性評価については，やはり後述するように，風力発電や海洋発電のようなシステムのための試験・認証スキームと，国際的な枠組みであるところの適合性評価システムの構築が進んでいる．

7.2　IEC の組織と運営

IEC の管理運営体制を図 7.1 に示す．

7.2.1　総会（C）

総会（Council）は，IEC の最高意思決定機関であり，正会員（full member）である国内委員会の投票によって議決を行う．通信による投票も行われるが，年に 1 回，大会（General Meeting）が秋に開催され全会員が一堂に会する．IEC の大会では，会長や副会長などの役員から活動報告を受けるとともに，役員を含む各評議会委員の選挙，予算の承認などを行う総会を開くとともに，多数の専門委員会の会議を併設して，なるべく多くの技術者が集合し一つのコミュニティとしての一体感を醸成している．総会の決議での重要な議題は，中でも会長などの役員の選挙や後述する上層委員会[*7]の代表委員の選挙である．また，頻繁ではないが，規約の改正は重要事項である．2014 年に開催された

第78回東京大会では,適合性評価活動強化のための規約改正が承認された.

7.2.2 評議会 (CB)

IECの全ての活動の管理が総会から評議会 (Council Board) に委任される. 特に,総会で承認された政策の実現,総会に対する政策の勧告,後述する標準管理評議会と適合性評価評議会の報告を受理することなどの責務を負う. 委員は選挙で総会によって任命される. 15名の委員のうち6名は最高の会費を支払う国内委員会が選挙を経ずに推薦することができる. これらの国は"財政グループA国"と呼ばれるが,2011年から中国が新しく参加し,英,米,独,日本,仏,中国の6か国である.

7.2.3 執行役員会 (ExCo)

執行役員会 (Executive Committee) は,会長,会長代行 (次期会長又は前会長),副会長 (3名),財務監事,そして事務総長の7名からなる. 総会と評

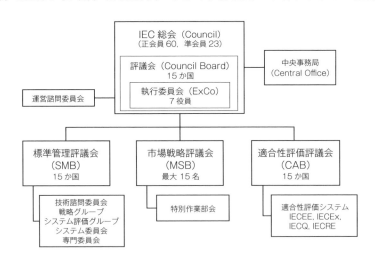

図 7.1 IEC 管理運営体制

---

*7 日本では,以降に説明する評議会 (CB) 及び管理評議会 (MSB, SMB, CAB) を併せて"上層委員会"と呼ぶことがある.

議会の決定事項の実施に責務を持つとともに，総会と評議会の議題と文書を準備する．また，中央事務局による運営の監督と会員である国内委員会との通信の責務も持つ．年4回以上の会合を持ち，評議会にかけられる議案や提案はまずここで審議される．執行役員会発の提案事項もあり，最高意思決定機関は総会でありながらも，極めて重要な存在である．したがって，国内委員会としては，文書化される前の議論に参加できる役員を自国から輩出することの意義は大きい．

執行役員会は会長が議長となるが，会長に選出されると，次期会長1年，会長3年，前会長2年の併せて6年間，執行役員会に在籍することになる．したがって，選挙の対象となる執行役員会の席は事務総長職を除いて五つである．

7.2.4 市場戦略評議会（MSB）

市場戦略評議会（Market Strategy Board）は，以前の会長未来技術諮問委員会（PACT：President Advisory Committee for future Technology）を引き継ぐ形で2008年に新設された．産業界への直接的な"窓"という位置付けを持ち，国内委員会を必ずしも経ることなく，産業界・企業の高位技術者を最大15名，委員として会長が任命する．MSB会議の議長は会長が兼ねるが，第3副会長が主査（Convener：コンビナー）を務める．将来を見据えて，技術動向と市場ニーズの動向を特定し，IECの活動への指針を示すことが求められている．市場ニーズには，国際規格とともに，適合性評価（試験認証）のニーズも含めることになっている．SMB議長及びCAB議長はMSBの構成員である．活動成果としての文書は，後述するような技術動向と勧告を取りまとめた白書である．

7.2.5 標準管理評議会（SMB）

標準管理評議会（Standardization Management Board）は，専門委員会（TC）とTC配下の副専門委員会（SC）[*8]による規格開発の活動全体を管理する．SMB議長は副会長を兼ね，評議会と総会への報告の義務がある．SMB会議

は年3回開催されるが，議長はそれに加えて臨時会議を招集することができる．SMB は 15 名の正委員と 15 名の代行委員からなるが，その内の 7 名は別途定めるルールによって決まる自動選出委員である．現在，英，米，独，日本，仏，中国，伊の 7 か国が自動選出委員を出すことができる．

SMB は配下に，専門委員会[*9]の他に，技術諮問委員会（AC：Technical Advisory Committee），戦略グループ（SG：Strategic Group），システム評価グループ（SEG：System Evaluation Group），システム委員会（SyC：System Committee），システム資源グループ（SRG：System Resource Group）を持つ．後者の三つの委員会ないしグループは，基本計画 2011 のシステムアプローチ政策を実現するために 2013 年に枠組みを決めたものである．

SMB の責任範囲は更に ISO と IEC による合同専門委員会（JTC：Joint Technical Committee）を含み，ISO/IEC JTC 1 における情報技術関係の規格開発を共同で管理する．

7.2.6　適合性評価評議会（CAB）

適合性評価評議会（Conformity Assessment Board）は，評議会から委任された IEC の適合性評価活動全般の管理を責務として持つ．特に，IEC 適合性評価システム（IEC CA システム）の管理・運営を監督する．CAB は，2014 年東京大会で承認された規約改正に従い，2015 年から 15 名の正委員と 15 名の代行委員と，更に，現在四つある IEC 適合性評価システムの議長と執行セクレタリーから構成される[*10]．CAB 議長は副会長を兼ねる．CAB 会議は，SMB とは異なり，年 2 回開催するが，議長又は 1/3 以上の委員の要請によって臨時会議を招集することができる．なお，15 名の正委員のうち 6 名は財政グループ A 国からの自動選出委員である．

CAB には適合性評価に関する国際規格を ISO と共同で開発する役割もある．

[*8]　SC（Sub Committee）は TC の下位に位置するが，TC に準ずる地位を持つ．
[*9]　95 の TC と 79 の SC がある（2015 年 3 月現在）．
[*10]　2014 年までは，CAB 委員と代行委員はそれぞれ 12 名であった．

適合性評価に関する ISO/IEC 17000 シリーズの国際規格は，ISO/CASCO（ISO Committee on Conformity Assessment）のもとで審議され，規格案の承認は ISO と IEC の並行投票による．IEC からは専門家を作業部会に出すとともに，CAB 議長が CASCO 全体会議と政策会議にリエゾンとして出席する．

7.3　IEC の市場戦略活動

　新技術及び新市場ニーズの動向をいち早く把握し，IEC の活動の方向性を定めることは，技術の進歩が加速している近年，極めて重要なことである．MSB の第 1 回会議は設立年の 2008 年 11 月に開催され，実質的な作業は 2009 年に開始された．

　主な活動は新技術・新市場動向の調査であり，会議で委員から重要とみなされ提案された新規技術分野の案から 1, 2 件を選択して，それぞれについて特別作業部会を設置し，1 年をかけて調査と文書化を行い，成果を IEC 白書として出版するものである．ここで重要なことは，最終章に，政府あるいは規制当局，産業界，及び IEC に対する勧告を含めていることである．

　MSB のスコープには，国際規格のみならず適合性評価も含まれているが，多くの提案は国際規格をにらんだものなっている．2009 年の MSB 会議では，ロックウェル社の委員からの提案で IEC の適合性評価活動はシステムレベルについても検討すべきであることが提言され，その後の CAB のシステムアプローチの活動につながった．

　IEC 白書は 2015 年までに 8 件が出版されている（表 7.1）．この中で日本は健闘しており，日本提案のテーマは 3 件が完了している．中村秋夫委員（当時東京電力）が提案した大規模電力貯蔵システム（EES：Electric Energy Storage System）はその後，新 TC の設立（TC 120）の動きにつながり，日本が幹事国のポジションを獲得することができた（表 7.2）．それを機に，MSB 活動を新 TC 設立のためのツールとして見る見方が出てきたが，必ずしもそれは本来の趣旨ではない．

7. IEC

表 7.1 IEC が出版した白書

	テーマ	リーダー		出版年
1	Coping with the Energy Challenge	Schneider Electric	FR	2010
2	Electrical Energy Storage	東京電力	JP	2011
3	Grid integration of large-capacity Renewable Energy sources and use of large-capacity Electrical Energy Storage	中国国家電網	CN	2012
4	Microgrids for disaster preparedness and recovery	パナソニック	JP	2013
5	Orchestrating infrastructure for sustainable Smart Cities	Schneider Electric	FR	2014
6	Internet of Things：Wireless Sensor Networks	中国国家電網	CN	2014
7	Factory of the Future	Eaton	US	2015
8	Strategic Asset Management of Power Networks	東京電力	JP	2015
9	Secure Internet of Things (IoT) and Smart Product Platform	SAP	DE	2016 予定
10	Global Energy Interconnection	中国国家電網	CN	2016 予定

備考　CN：中国，DE：ドイツ，FR：フランス，JP：日本，US：アメリカ

　MSB は，SMB より高い立場で，より大きなテーマを扱うことが期待されている．世界のエネルギー問題とエネルギー効率を扱ったテーマ，スマートシティのように多くの利害関係者を巻き込む必要があるテーマ，あるいは，Industry 4.0 のように産業構造に変革を与えるようなテーマを扱うことがふさわしいと考えられている．

　この活動から見えてくることは，新市場リーダーシップの争奪戦である．これは後述する SMB の活動からも見える景色であるが，リーダーシップを取るということの意義を国あるいは企業のリーダーが認識していることを意味する．国際標準化機関の活動におけるリーダーシップがなぜ，現実の世界での事業に影響するのであろうか．一つに，名目上のプレゼンスの高揚があるが，実質的な面では，リーダーにこそ全ての情報が集まり，リーダーは自らも最も思考し

なければならない立場であり，更に執筆の際の論理の組み立て，情報の取捨選択，結論の原案作成の過程において，指導性を発揮することができる．さらにいえば，文書化によって初めて考えが固定化され，記録に残るという基本認識が存在していることがわかる．

7.4 IECの規格開発活動

7.4.1 スコープと最近の規格開発

IECが対象とする技術分野は電気・電子とそれに関連する分野である．2015年時点で97のTCと77のSC，その下位に1 325の作業部会を持ち，14 000人の専門家が規格開発に参加している．総規格数は6 955件で，年間の出版件数は574件である．出版件数の内，56％が改訂規格，44％が新規規格である．

IECは時折，規格の開発期間が長いと問題視されることがあるが，常に期間短縮の努力をしており，統計的には，全分野平均で62％の新規発行規格が3年未満で発行されている．また，98％は5年以内である．最近は，規格開発の過程で規則として要請されているフランス語翻訳を省略する，あるいは検討作業と翻訳作業を並行処理する方法がSMBで審議されている．しかし，単純に短ければよいわけではなく，安全性に関わる規格などの場合は，国際合意のために時間をかけることも必要である．事実，安全性などの規格の開発期間の上記統計では，57％が3年以内，94％が5年以内と多少長い．

主な技術分野は以下のとおりである．
・用語，図記号
・回転機，水車，蒸気タービン
・送配電・変電装置，開閉装置，電力用変圧器，電力設備，超高圧送電
・再生可能エネルギー発電の系統連携，スマートグリッド
・電力ケーブル，電気絶縁材料・絶縁協調，避雷器
・鉄道用電気設備とシステム

- 電気自動車と電動産業車両
- 蓄電池，電力貯蔵システム
- 防爆電気機器
- 照明機器，電気用品，家庭電気器具
- 画像診断機器／放射線治療装置を含む医用電気機器
- 電磁両立性（EMC），電磁界人体暴露（EMF）
- 原子力発電，太陽光・熱発電，風力タービン，燃料電池，海洋エネルギー
- パワーエレクトロニクス
- 半導体デバイス，光ファイバ，超伝導，ナノテクノロジーなど先端技術
- 工業用プロセス計測制御，産業オートメーション
- 電気音響，マルチメディア機器，フラットパネルディスプレー
- 電気・電子機器の環境規格

2000年以降に設立されたTC（専門委員会）を表7.2に示す.

7.4.2 SMB活動とシステムアプローチ

SMBはTC/SCでの規格開発の進捗を管理することが基本的な任務ではあるが，関連する異なるTC間の調整，戦略の立案，あるいは新しい活動に向けた事前調査や調整を行うことも重要な役割である．また，基本計画2011で謳われた"システムアプローチ"の実現のための施策が最近の重要な成果である.

SMBでは2012年からシステムアプローチの実現の方法論を議論し始めたが，翌年には，"単一のTCでは対応できない技術分野についてはシステム評価グループ（SEG：Systems Evaluation Group）を設置して，IECの規格開発活動が必要かどうかを評価し，必要と判断すればシステム委員会（SyC：Systems Committee）の設置をSMBに勧告する."というプロセスを導入した.

SEGの設置は国内委員会などの提案に基づいてSMBが決定し，SEGは規格開発の必要性を2年以内にSMBに勧告し，SMBの決議で必要に応じてSyCが設立されることになる．SEGの委員は，システム分野では利害関係機関や利害関係者が非常に多いことを鑑み，人数の制限を設けないことにした.

7.4 IEC の規格開発活動

表 7.2　2000 年以降設置された TC

TC No.	TC 名称	議長国	幹事国	設立年
TC 122	UHV AC transmission systems	CN	JP	2013
TC 121	Switchgear and control gear and their assemblies for low voltage	DE	FR	2013
TC 120	Electrical energy storage systems	DE	JP	2012
TC 119	Printed electronics	GB	KR	2011
PC 118	Smart grid user interface	FR	CN	2011
TC 117	Solar thermal electric plants	IL	ES	2011
TC 116	Safety of hand-held motor-operated electric tools	DE	US	2008
TC 115	High Voltage Direct Current (HVDC) Transmission for DC voltages above 100 kV	DE	CN	2008
TC 114	Marine energy – Wave, tidal and other water current converters	CA	GB	2007
TC 113	Nanotechnology standardization for electrical and electronic products and systems	US	DE	2006
TC 112	Evaluation and qualification of electrical insulating materials and systems	CA	DE	2005
TC 111	Environmental standardization for electrical and electronic products and systems	JP	IT	2004
TC 110	Electronic display devices	JP	CN	2003
TC 109	Insulation co-ordination for low-voltage equipment	DE	DK	2001
TC 108	Safety of electronic equipment within the field of audio/video, information technology and communication technology	US	NL	2001
TC 107	Process management for avionics	FR	US	2000

備考　CA：カナダ，CN：中国，DE：ドイツ，DK：デンマーク，ES：スペイン，FR：フランス，GB：イギリス，JP：日本，IL：アイルランド，IT：イタリア，NL：オランダ，US：アメリカ

従来と異なるのは，SEG 及び SyC の幹事業務は中央事務局が行うことである．国間の利害関係の交錯を予防する意味がある．

　なお，上記の枠組みにおいて，SEG と SyC に加えて，システム資源グループ（SRG：Systems Resource Group）の枠組みを定義した．その具体化は多少遅れているが，幾つか検討が始まっている．

　このように SEG と SyC の枠組みが決まると，早速，2013 年には"スマートシティ""スマートグリッド"及び"自立生活支援（AAL：Ambient Assisted Living）"[*11] が提案され，これらを検討するための三つの SEG（SEG 1, SEG 2, SEG 3）が設置され起動した．

　この内，"スマートグリッド"は戦略グループ SG 3 で既に作業活動をしていて，スコープの定義，基本アーキテクチャの作成，関連する規格の抽出と総合マップの開発などの成果を得ていたが，新設 SEG 2 が作業を引き継ぎ，SyC 設立に向けて準備を継続した．その後，スコープを熱エネルギーも含めるように拡張して，"スマートエネルギー"というテーマで SyC を 2014 年 11 月に立ち上げた．これは実質的に第 1 号の SyC となった[*12]．

　SMB 活動において特筆すべきことは，システムレベルあるいはシステム側面を持つ新規テーマの提案が盛んなことである．このようなプロセスを経て新設ないしは格上げされた委員会・グループは 2014 年以降，表 7.3 に記号 * で示すように 7 件存在する．そして，同表に示すように，2 件のテーマが SEG で，SyC に格上げすべく評価及び検討がなされている．

　なお，表には示されていないが，2014 年には電気自動車（eMobility：Electrotechnology for mobility）が SEG 5 としてドイツから提案された．しかし，同 SEG はその後準備活動をしたものの専門委員を十分に集めることができず，その検討は SyC Smart Energy で行うと 2015 年秋に決議し，SEG 5 は解散

[*11] AAL は，EC の資金支援プログラム "Ambient Assisted Living Programme – ICT for ageing well" に触発され，ドイツが 2010 年に SMB に提案し，アドホックグループでの検討が進められた．この EC のプログラムは高齢化社会を支える産業を欧州内で活性化する目的で 2008 年に始められた．

[*12] SyC では，個別の委員会に番号は付けずに "SyC Smart Energy" のように具体名で呼ぶ．

した．

また，日本が牽引している"スマートシティ"は2015年秋にSyC格上げの提案を行い，SyC Smart Cities の設立が承認された．

一方，システムアプローチによる標準化テーマはスコープが広く，IECのみでは閉じることができないことがある．複数の国際標準化機関にとって，いかに相互の連携をなすべきかという課題は大きい．例えば，スマートシティの

表7.3 SMB配下の委員会

種別	委員会／グループ名	テーマ	議長国
AC	ACEA	環境	DK
	ACEC	電磁両立性（EMC）	US
	ACEE	エネルギー効率	DE
	ACOS	安全性	FR
	ACSEC*	データセキュリティとプライバシー（2014）	DE
	ACTAD	送電及び配電	JP
SG	SG 7	ロボットの電気・電子分野での応用（2013）	DE, CN
	SG 8*	Industry 4.0 – Smart Manufacturing (2014)	US, DE
SEG	SEG 4*	低電圧直流応用（2014）	IN
	SEG 6*	特殊用途マイクログリッド（2014）	CN
SyC	SyC Smart Energy*	スマートエネルギー（2014）	FR
	SyC AAL*	自立生活支援（Active Assisted Living[*13]）（2014）	DE
	SyC Smart Cities*	スマートシティ（2015）	JP

備考 （ ）内は設立年．
AC：技術諮問委員会，SG：戦略グループ，SEG：システム評価グループ，SyC：システム委員会
DE：ドイツ，DK：デンマーク，CN：中国，FR：フランス，JP：日本，IN：インド，US：アメリカ

[*13] ドイツからの提案時は Ambient Assisted Living であったが，SyC Active Assisted Living という名称にした．EC の 2020 Initiative では，2013年から "The Active and Assisted Living Joint Programme（AAL JP）" が走っている．2008年にスタートしたときは，"The Ambient Assisted Living Joint Programme（AAL JP）" であった．

場合，IEC の他に ISO，ISO/IEC JTC 1，ITU-T，IEEE，更に CENCENLEC に関連する活動が存在しており，それらの機関との連携は不可欠である．実は，このような状況を予測して，SEG はオープンなグループとして定義されており，IEC 以外からも広く委員を招聘している．しかし，この課題はそれのみでは解決しない．

システムに関するテーマでは利害関係者の幅が広く，利害関係者から見ると，仮に相互に連携をしていたとしても複数の標準化機関が類似のテーマを並行して走らせている場合は，いずれの機関に参加すればよいのか判断に迷う．また，例えば，"スマートシティ"では，中央政府，規制当局，地方政府，地方自治体，都市計画コンサルタント，投資・金融機関，都市開発業界，建設業界，電力業界，製造業など，極めて広い利害関係者が存在する．

問題は，これらの利害関係者は必ずしも"国際標準"を専門とするわけではないため，これらの異なる標準化機関の会議に並行して専門家を派遣できるほど，人材は豊富ではない傾向がある．複数の標準化機関が連合してワンストップで議論できる場が必要であろう．それぞれの標準化機関がシステムアプローチを追求して行く際の本質的な課題である．

7.4.3 技術規格における中立性原理

適合性評価あるいは試験認証は，その重要性が増し，規格開発の専門家の間でも強い関心を呼んでいるが，技術規格の書き方に"中立性原理"があることは必ずしも広く認識されていない．

この原理は，ISO/IEC 専門業務用指針 - 第 2 部（ISO/IEC Directives - Part 2）の 33 項[14] に規定されており，"製品，プロセス，サービス，要員，システム及び組織に対する要求は，'中立性原理' に基づいて，製造者又は供給者（第一者），ユーザー又は購入者（第二者），あるいは独立した機関（第三者）によって適合性が評価できるように記載されねばならない."と規定されている．

---

[14] ISO/IEC Directives, Part 2 第 7 版（2016-05）

例えば，"製造ラインで全数検査をしなければならない."という要求事項が規格に含まれていることが問題になったケースがある．この場合，要求事項を実行できるのは当然製造者（第一者）のみであり，例えば，認証機関（第三者）が全数検査をすることは不可能である．これは中立性を満たさない例である．これでは第三者適合性評価機関はこの規格を使うことができない，と見なされた．

同 6.7.1 項には，更に，"適合性評価に関する要求事項を追加する場合には，別の文書あるいは異なるパートに分けて記載すること．また，その際には，事前に ISO/CASCO あるいは IEC/SMB 又は両方に相談すること."と規定されている．

また，同 6.7.2 項には，"［専門］委員会は，適合性評価スキームと適合性評価システムに関する一般要求事項を文書に書いてはいけない．このような文書の作成は IEC/CAB と連携している ISO/CASCO の責務である．適合性評価スキーム又はシステムを立ち上げたい，あるいはそれらを文書で定義したい場合は，ISO/CASCO あるいは IEC/CAB 又は両方に相談すること."と規定されている．

これらの規定は，後述する IEC/CAB による再生可能エネルギーシステムの適合性評価システムを新設する最近のプロセスの中で，再び光が当たり，少なくとも IEC の中では注意が喚起されている．特に，風力タービンに関する IEC 61400-22（風車－第 22 部：適合性試験及び認証）は試験認証スキームを定義する文書でありながら，ある経緯から国際規格の地位を得てしまっていたが，その後，SMB 及び CAB のそれぞれにおいて議論をした結果，早急に廃止して，同文書の内容は CAB 文書として再発行すべきであることが 2013 年に決議されている．実際には，数年の経過処置が許容されている．

7.4.4　欧州標準化機関（CENELEC）との協調関係

EU（欧州連合）は地域標準 EN（欧州規格）を欧州統一市場に適用しているが，その電気・電子分野を担当する CENELEC（European Committee for

Electrotechnical Standardization：欧州電気標準化委員会）と IEC とは規格作成に関する協力のための協定を結んでいる．この協定は 1991 年に締結されてルガノ協定と呼ばれていたが，1996 年にその改定が承認され，現在，ドレスデン協定と呼ばれている．

この協定は，30 か国を超える国を抱える欧州地域に適用される地域規格と IEC 国際規格との整合化を促進ことが目的としてその背景にある．その協定では，CENELEC で提出された新規規格提案は IEC に提示され，ある条件に従って IEC の TC/SC で取り上げることができる．

また，IEC で開発中の規格案（CDV 及び FDIS）は，CENELEC が不要と判断する以外は CENELEC 内でも投票に付される．これは並行投票と呼ばれる．また，CENELEC は開発済みの規格を IEC に持ち込み，CDV 段階から IEC の TC/SC で審議にかけ，IEC 規格とすることができる．この結果，現在，これまでに開発された CENELEC 規格のうち 68％が IEC 規格と同一であり，7％が IEC 規格を基礎としたものである．また，近年開発されている CENELEC 規格では，73％が IEC 規格と同一となっている．しかし，IEC 側から見ると，ドレスデン協定が適切に運用されているか否かは常に注意が払われる対象であり，日本としても関心事である．

なお，WTO/TBT 協定では，同協定の加盟国は国内規格を国際規格に準拠させることを求めており，WTO の加盟国である欧州各国，したがってその集合体である EU も域内（すなわち欧州国内）に適用する地域規格を国際規格に準拠させることが義務となっている．

7.5 IEC の国際適合性評価制度

7.5.1 試験・認証の相互承認

IEC は，第三者適合性評価を実施する適合性評価機関（試験機関や認証機関）が発行する試験及び認証結果を，会員であるところの適合性評価機関同士で相互承認するための国際制度を管理運営している．この制度を "IEC 適合性

評価システム"(IEC Conformity Assessment System 又は IEC CA System)[*15]と呼ぶ.

そのモットーは "一つの標準,1回の試験,普遍的な受理" である.すなわち,"同一製品に対する試験・認証に必要な規格は世界に一つしかなく,いずれかの国で試験を1回受けさえすれば,その結果である試験証明書あるいは認証証明書はいずれの国に持ち込んでも受け入れてもらえること" を理念とする.このように他の適合性評価機関が発行した証明書を受け入れることを相互承認(mutual recognition)という.国をまたぐときは国際相互承認ともいう.

多くの場合,適合性評価機関は民間の営利団体であるので,他で得た証明書を受理するということは,ある意味で自らのビジネスチャンスを失うことである.また,行われた試験や認証の質は信頼に足るものである必要があり,相互承認の実現のためには相互の信頼関係が存在していることが前提である.したがって,IEC では,以下のような原則を規則化して,制度を管理運営している.

① 開放性:どの国の製造業者も制度を自由に利用することができる.また,関連規則に従うことにより,どの適合性評価機関も会員になることができる.

② 透明性と民主性:規則は会員が作り,議決は会員の投票で行う.また,全てを文書化し無償で公開する.

③ 相互承認:会員機関の間で試験・認証の結果を,再試験をせずに相互に受理する.ここで,"互恵性"(reciprocity)は重要な概念で,相互承認可能な証明書の発行の権利を行使するには,自らが受理することが前提である.

④ 相互査察:会員機関の力量の実証と質の確保を目的として相互査察(peer assessment)を行い,相互信頼の基礎とする.

IEC では当初から相互査察を基本方針として制度を運用してきているが,民間の企業である適合性評価機関同士の "相互査察" という方法論が懸念され

[*15] 適合性評価における用語 "適合性評価システム" 及び "適合性評価スキーム" の定義は ISO/IEC 17000 に与えられている.

る場合もある．場合によっては競合関係の適合性評価機関に所属する審査員が当該機関を査察する可能性への懸念である．

これに配慮して，実際には査察専門家（assessor）を事前に共通プールに登録しておき，査察チームを編成する際には利害をもたない管理者が審査員を"バランスよく"選択するという手段や，被査察機関は事前に査察チームの構成を通知され，合意あるいは非合意を回答できるという手段を講じている．このような方法論は，IEC の相互査察方式をモデルに策定された ISO/IEC 17040（適合性評価－適合性評価機関及び認定機関の同等性評価の一般要求事項）に規定されている．

一方，力量の実証と質の確保は，一般的に，認定機関による認定という行為によって強化できる．IEC では，IAF（International Accreditation Forum：国際認定フォーラム）と ILAC（International Laboratory Accreditation Cooperation：国際試験所認定協力機構）との三者で覚書を結んで，認定機関との連携強化に努めている．例えば，IEC 適合性評価システム IECEE（後述）では，査察チームのリーダーを認定機関から任命，そして審査員を IECEE の査察専門家プールから選任し，認定機関の査察と IECEE の相互査察を一体として実施する"統合査察"（unified assessment）を実行している．これにより査察を受ける適合性評価機関の負担を軽くすることができる．

また，IEC 適合性評価システム IECEx（後述）では，認定を受けている適合性評価機関については，相互査察の頻度を下げるという方法をとっている．

7.5.2　IEC 適合性評価システムの概要

IEC には以下の四つの適合性評価システムが存在する．

(1)　IEC 電気機器・部品適合性試験認証システム（IECEE：IEC System for Conformity Assessment Schemes for Electrotechnical Equipment and Components）

IECEE は電気機器の安全性のための試験認証制度として 1985 年に設立された相互承認のための国際的な枠組みである．CB スキームと CB-FCS スキー

7.5 IEC の国際適合性評価制度

ムという二つの試験認証スキームを持ち，特に CB スキームは IECEE の代名詞としても広く知られている．

現在，加盟国は 54 か国を数え，70 以上の認証機関と 500 近い試験機関が会員となっており，年間 8 万件以上の試験証明書（CBTC：CB Test Certificate）がこの制度の下でこれら認証機関から発行されている．また，発行件数は毎年約 8％の伸びを示している．国別でいうと，日本の認証機関（国内四つの機関）が合計すると他国に比べて最も多く試験証明書を発行しており，日本は全体の 16％を占めている．

CB スキームが対象とする製品は 23 のカテゴリー（2014 年）に分類されており，試験証明書の発行件数が最も多い五つのカテゴリーは，パソコンなどのオフィス機器（40％），洗濯機などの家電機器（26％），TV などのエレクトロニクス機器（11％），照明機器（5％），及び医療機器（5％）である（2011〜2013 年統計）．興味ある別の統計は，CB スキームを活用している企業（あるいは工場）の数である．2011 年の統計では，17 000 の工場が IECEE 加盟の認証機関の顧客であり，その内 40％の工場が中国国内にあった．それに続く国は，アメリカ（5.4％），韓国（5.4％），日本（4.3％），そしてタイ（4.2％）であった．

このような統計量は，IEC 適合性評価システムがスムーズな貿易の促進に貢献している様子を示すとともに，電気電子関係に限るとはいえ，産業の活性度と地理的な分布を垣間見ることができて興味深い．

(2) **IEC 防爆機器規格適合試験システム**（IECEx：IEC System for Certification to Standards Relating to Equipment for Use in Explosive Atmospheres）

IECEx は爆発性雰囲気で使用される機器の防爆機能に関する IEC 適合性評価システムで，1996 年に設立された．爆発性雰囲気のある"場"とは，爆発性のガス，油，微粒子などを利用，処理，蓄積，あるいは運搬するような場であり，このような場はあらゆる産業に存在する．燃料貯蔵所，製油所，化学工場，印刷・塗装工場，浄水場[*16]，砂糖工場，鉱山などである．このような場で

用いられる機器は防爆手段を備えている必要があり，そのための国際規格はIEC/TC 31（爆発性雰囲気で使用する機器）が開発している．危険の度合いが大きいことから政府による規制の対象となっている国や地域も多い．

なお，IECExではかつて電気機器を対象としていたが，近年，"電気"という制約を外して，それに限らない機器をも対象にしている．そのため，TC 31は，ISOと連携する作業部会を持ち，該当する国際規格を開発している．

適合性評価スキームとしては，機器認証スキーム，サービス施設認証スキーム[*17]，要員力量認証スキーム，及び適合マークライセンス制度を所有し，管理運営している．現在，33か国が加盟し，延べ約80の認証機関と約60の試験機関が加盟し，約4万の証明書をこれまでに発行している．

IECExは，2007年からIECの防爆機器規格とIEC適合性評価システムIECExを爆発性雰囲気場に対する規制の基礎として世界に広める方策を国連のUNECE（国際連合欧州経済委員会）とともに模索してきた．その結果，2011年に共通規制項目（Common Regulatory Objectives）に関する国連文書 – "Common Regulatory Framework for Equipment Used in Environments with an Explosive Atmosphere"の出版に漕ぎ着けた（図7.2）．この文書は，IECの規格と適合性評価制度をベストプラクティスとして引用し，該当する規制をまだ持っていない政府はIECExを採用することを，また，既に規制を持っている政府は国内制度をなるべくIECExに整合化させることを推奨している．

具体的な事例では，米国沿岸警備隊（USCG：United States Coast Guard）が2012年に，米国海域のMODU（移動式油田掘削設備）に対してIECExの認証を義務化する規制を導入している．

一般的に，任意団体である国際標準化機関は規制当局と直接的な関係を持っていないことが通例である中，このような手法は他の分野でも参考になる．産

[*16] 浄水設備ではメタンガスが発生する．
[*17] サービス施設認証とは，保守や修理を行うサービス業者の能力・力量に関する適合性評価である．

7.5 IEC の国際適合性評価制度

図 7.2 国連共通規制項目文書

業界が自ら作成する国際規格を政府による規制や許認可の技術的基礎として引用してもらうことは産業界としても利益がある.

(3) IEC 電子部品品質認証システム（IECQ : IEC Quality Assessment System for Electronic Components）

IECQ は 1981 年に設立された電子部品の品質に関する適合性評価システムである. 近年は, 特に, 国境をまたいだ B-to-B サプライチェーン（供給連鎖）を対象にしている. 2015 年時点, 14 か国の合計 20 の認証機関が加盟している. これらの会員認証機関は 50 か国に支所を持っており, IECQ の認証を受けている顧客企業は 38 か国に及んでいる. 認証スキームは七つあり, 合計約 6 300 の認証証明書が発行されている. この内, 約 5 000 件は IECQ HSPM[18]（有害物質プロセスマネジメント）スキームに基づく製造業者などの組織を対象とする認証（組織認証）である.

また, IECQ ECMP[19]（航空電子機器用部品認証）スキームは, 認証件数としては多くないが, ボーイング社やエアバス社が顧客としても, またスキーム作成関係者としても参画している重要な認証スキームである. 技術的には IEC/TC 107（航空用電子部品プロセス管理）と協力関係にある. 近年, 安全

---

[18] HSPM : Hazardous Substance Process Management
[19] ECMP : Electronic Component Management Plan for Avionics

性が至上命題の航空機であっても，電子部品は民生部品（COTS：commercial off-the-shelf）が用いられており，30年以上の耐用年数を持つ航空機の電子部品としての品質保証や供給計画が重要である．また，廃棄部品の再利用などによる偽造部品を持ち込まないような管理も求められる．電子機器を最終組み立てする航空機製造業者は，サプライチェーンをさかのぼって適切な部品管理を要求する立場にあり，このような認証スキームの受益者になっている．

(4) IEC 再生可能エネルギー機器規格試験認証システム（IECRE：IEC System for Certification to Standards Relating to Equipment for Use in Renewable Energy Applications）

2014年に新設された四つ目の適合性評価システムで，IECRE の基本規則が同年6月に CAB で承認され，同年9月に13か国の代表者約90名が参加して第1回の管理委員会が米国ボールダ市で開催された（図7.3）．IEC 規約では，基本規則の成立をもって適合性評価システムの設立とする，と規定している．2015年時点で加盟国は日本を含む18か国である．

IECRE は風力エネルギー，海洋エネルギー及び太陽光エネルギーの三つの分野を対象とし，それぞれシステムレベルでの試験・認証を目的としている．各分野の技術的な支援はそれぞれ IEC/TC 88（風力タービン），IEC/TC 114（海洋エネルギー），IEC/TC 82（太陽光エネルギーシステム）とリエゾンを結ぶ

図7.3　第1回 IECRE 管理委員会（米国コロラド州ボールダ市）

7.5 IEC の国際適合性評価制度

ことによって得ている。

IECRE の設立は，そのとき共に新任であった CAB 議長（筆者）と TC 88 議長が初めて会話をした 2009 年にさかのぼることができる。TC 88 はかねてから試験・認証に対しても強い関心を持ち，前述のごとく認証スキームに関する規格 IEC 61400-22 を開発していたし，規格の発行だけでは整合性の取れた認証サービスをグローバルに実現することは困難であることを認識していた。しかし，IEC 適合性評価システム設立に関しては一部の反対もあり，CAB も 2007 年には国際制度の新設を行わないことを決議していた。

この流れを変えたのが上記両議長の会談で，その後，2011 年に風力タービン認証諮問委員会（WTCAC：Wind Turbine Certification Advisory Committee）を CAB の下に設立して，同年 5 月の第 1 回会議を皮切りに，合計 7 回の会合を重ねた。一方，TC 114 もほぼ同時に適合性評価システムに関心を持ち，CAB の作業部会 WG 15 を並行して立ち上げ，同様に議論を重ねた。

実は，異なる認証機関間の相互承認を実現することは，これらの分野の先駆的認証機関にとっては既存の事業を脅かすことになりかねない。しかし，国際制度の導入による"水平市場"[20] が実現することによって，認証事業そのものの全体規模が大きくなることが望めるとともに，産業界側からは認証機関の競争が今以上に活発になり，より合理的な認証コストになることが期待される。このようなメリットの存在は，認証機関を含む産業界が 4 年にわたって自主的に準備活動に参加したことが何よりもの証拠となっている。

7.5.3 IEC 適合性評価システムの管理運営体制

IEC 適合性評価システムの管理運営は CAB からそれぞれの管理委員会に委ねられている（図 7.4）。管理委員会（MC：Management Committee）は，それぞれ，国内代表機関（MB：Member Body）の代表者（通常 3 名），議長，副議長，財務監事，執行セクレタリー，そして配下の委員会の議長，更に

---

[20] Level playing field

IEC 事務総長で構成される．CAB 議長は常に MC に参加することができる．MC は年 1 回会議を開催して主要な決議を行うが，議長などの役員任命，予算と決算，委員会の設置，活動範囲（スコープ）の拡張，IEC・ISO 以外の国際規格の採用などの決定には CAB の承認が必要である．

　管理運営に当たっての年間費用は適合性評価システムの独自予算で賄い自立することが IEC 規約で定められている．通常は，CA システムが MB から徴収する年会費や発行証明書ごとの少額の課金（認証機関に支払われる費用とは別）などによって賄われる．

　加盟国の認証機関は同国の MB を介して MC に加盟申請をし，審査を受けて MC の決議によって参加することができる．認められた認証機関は "国内認証機関"（NCB：National Certification Body）と呼ばれる．図 7.4 の NCB 以下の層は特に IECEE の事例を示しているが，日本の場合，MB は日本産業標準調査会（JISC）であり，NCB には一般財団法人電気安全環境研究所（JET），一般財団法人日本品質保証機構（JQA），テュフラインランドジャパン株式会社及び株式会社 UL Japan の 4 社が加盟している．さらに，それぞれの NCB

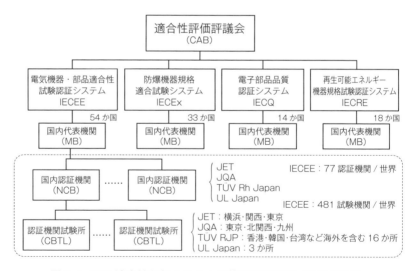

図 7.4　IEC 適合性評価システムの管理運営体制（2015 年時点）

は配下の試験所を CBTL (Certification Body Testing Laboratory) として複数登録することができる．

なお，日本の MB は IECEE 以外の IEC 適合性評価システムでも全て JISC であるが，IECEx の認証機関としては公益社団法人産業安全技術協会（TIIS），IECQ については JQA，そして IECRE については一般社団法人日本海事協会（NK）が加盟している．

管理委員会における重要な役割の一つは，試験・認証における技術的な整合性を確保することである．適合性評価に用いる規格は通常 IEC 規格ないしは ISO 規格であるが，適用に当たっては記載が抽象的であったり，解釈に迷ったりすることも少なくない．管理委員会には通常，認証機関あるいは試験機関を委員とする技術委員会を設けて，技術的な課題の解決を図っている．共通の"解釈"を明文化したり，あるいは専門委員会へ規格改訂の要望をまとめたりする．

IECEx, IECQ, IECRE では前述したように，それぞれ TC 31, TC 107, TC 88, TC 114, TC 82 と公式にリエゾンを結び，それぞれの TC 議長が管理委員会に常に参加している．また，最近，IECEE では TC 65（工業用プロセス計測制御）との連携を深め，産業自動化の分野において，機能安全やサイバーセキュリティに関する適合性評価の検討を進めている．このように，今後は各適合性評価システムで関連 TC との技術的な連携が必要になる事例が増えると考えられる．

7.5.4 適合性評価におけるシステムアプローチ

基本計画 2011 はシステムレベルの適合性評価の検討を促しているが，前述のように，CAB ではそれよりも以前から MSB の勧告に従って，風力タービンや海洋エネルギー発電機器のシステムレベル認証の検討を進めてきた．その過程で，従来の機器の試験認証とは異なる世界があることが見え，それに対応する施策を打ってきた．しかし，一般的に，従来，電力システムや鉄道システムなどの巨大システムにおいては，第三者機関による適合性評価は必ずしも行

われてはおらず，多くの場合，第一者あるいは第二者による適合性評価が通常であった．

以下に，検討から明らかになってきたシステムレベル適合性評価の特長をまとめる．

(1) プロジェクト認証

"プロジェクト認証"は風力タービン分野で既に定義されている概念である．その目的は，IEC 61400-22[*21]によると，"型式認証を受けた風力タービン及び支持構造物の設計が建設立地の環境条件や，当該地の建設及び電気に関する法律，更には他の要求事項を満たしていることを評価すること."と定義されている．これはシステムレベルの認証の一つの方法論であると考えられる．すなわち，選択した既製のシステムコンポーネントや，特別に設計したシステムコンポーネントが，想定したシステムの環境で安全に，かつ相互運用性を満たして，適切に機能と性能を発揮することを評価する一方法である．"システムで用いられる製品の型式認証が正当なものであったとしても，問題は，その製品が当該のシステムに対して適切な選択であるかどうかである."ということを意味する．

> **IEC 61400-22**
> **7.3 Project certification**
> The purpose of project certification is to evaluate whether type certified wind turbines and particular support structure/foundation(s) designs are in conformity with the external conditions, applicable construction and electrical codes and other requirements relevant to a specific site. …

(2) ライフサイクル

従来の製品認証は通常，製品サンプルを用いて市場に投入する前に試験と認証を行う"型式認証"が主であったが，システムにおいては，ライフサイクルを通して"認証"のニーズが存在し得る．論理的には，プロジェクト定義から

[*21] この IEC 規格は経過処置を経た後に廃止されて CAB 文書になることが SMB で決議されているが，記載内容については大きな変更はないので，ここに説明のため掲載する．

始まり，用地・環境評価，設計基準，設計，プロトタイプ試作，製品の製造・組立，輸送，建設・設置，稼働開始，稼働，保守・修理，稼働停止・廃棄までが認証の対象であり得る．しかし，実際問題としては，全ての過程が対象になるのではなく，効果とコストのバランスの観点から認証すべき項目は選択される．製品以外の認証スキームの事例としては，前述したように，IECEx の保守・修理サービス施設の組織認証や要員認証が存在する．

(3) リスクベース適合性評価

IECRE の一部である海洋エネルギー発電設備の試験認証スキームでは，リスクベース設計が認証の対象として検討されている．海洋エネルギーの分野ではまだ十分に技術規格が整備されていない中でプロトタイプ開発やシステム試行が始まっている．この分野では，投資金額が大きいことから，金融機関などから認証サービスを求める声がある．安全性や信頼性を確保する方法として，リスク分析の手法を用いた設計が適切になされているかどうかが評価される．評価の基準となるリスク分析手法の規格としては，以下が存在する．

- HAZOP 手法：IEC 61882 ［Hazard and operability studies（HAZOP studies）– Application guide］
- FMEA 手法：IEC 60812 ［Analysis techniques for system reliability – Procedure failure mode and effects analysis（FMEA）］
- FTA 手法：IEC 61025 Ed.2.0 ［Fault tree analysis（FTA）］

(4) 利害関係者の拡大

大規模風力発電のウインドファームなどの新規システム開発においては巨大な資金が必要であることから，認証サービスの受益者に金融・保険機関あるいは投資機関などが含まれるようになった．IEC にとっても新しい状況である．以前，IECRE の設立準備委員会に米国のある保険機関の代表が出席したことがあるが，現状，そのような機関からの委員会参加はまだまだ一般的ではない．

7.6 日本における IEC 活動

7.6.1 IEC 活動推進会議（IEC-APC）

日本を代表する IEC の国内委員会は JISC であるが，1991 年に一般財団法人日本規格協会（JSA：Japanese Standards Association）は，電気電子産業界を代表する企業を会員として"IEC 活動推進会議（IEC-APC：IEC Activities Promotion Committee of Japan）"[*22] を設置し，IEC に対する国内の活動を牽引している．2015 年時点で，41 の法人会員と 42 の団体会員を擁し，運営委員会のもとで IEC のいわゆる上層委員会，すなわち CB, MSB, SMB, CAB に対応するミラー委員会を管理運営している．

また，国内産業界の啓蒙を目的として，国際標準化ワークショップを毎年開催するとともに，日本からの役員の活動，上層委員会委員の活動，TC などの国際幹事国業務，国際議長の業務，更には日本で開催する会議に対する支援を行っている．IEC に関して，国内のワンストップサービスという観点からも価値ある存在である．毎年，IEC に関する全ての事柄を詳細に記載した"IEC 事業概要"を出版し，Web 上にも公開している[*23]．

7.6.2 日本の活躍

日本は 1906 年のロンドンにおける IEC 設立会議に参加することから始まり，これまで 3 人の会長，2 人の副会長を輩出するなどして，IEC の発展に貢献してきている．会長としては，第 22 代会長 高木昇氏（東京大学），第 30 代会長 高柳誠一氏（株式会社東芝），そして第 34 代会長 野村淳二氏（パナソニック株式会社）が就いている．副会長としては，東迎良育氏（富士通株式会社）及び藤澤浩道氏（株式会社日立製作所）が過去に就いている．

さらに，日本の貢献は，ロードケルビン賞及びトーマスエジソン賞の歴代の受賞者からも見てとれる．表 7.4 に過去の受賞者を示す．

[*22] URL：http://www.iecapc.jp/
[*23] URL：http://www.iecapc.jp/business/

表 7.4 日本からの受賞者

表　彰	年	受賞者	事　由
ロードケルビン賞	2014	平川 秀治（東芝）	TC 100, TC 120 等
	2009	森 紘一（富士通）	TC 111, etc.
	2002	片岡 昭栄（シャープ）	TC 47, TC 100
	1999	池田 宏明（千葉大学）	TC 3, SC 3A, SC 100 C
トーマスエジソン賞	2015	江崎 正（ソニー）	TC 100
	2013	兒島 俊弘（元玉川大学）	TC 49
	2012	杉田 悦治（白山製作所）	SC 86 B
	2011	佐藤 謙一（住友電工）	TC 90
	2010	佐々木 宏（日本電機工業会）	SC 61 B, SC 61 C

8. ITU

ITU (International Telecommunication Union：国際電気通信連合) は国際連合 (United Nations) の専門機関 (Specialized Agency) の一つであり，発展し続ける情報通信技術 (ICTs：Information and Communication Technologies) の発展と利用に関する国家間の調整と，世界の全ての人々にその便宜を届けるための標準化活動を目的としている．

ITU は 2015 年に設立 150 周年を迎えた国際機関であり，ISO，IEC と比較して最も古い国際標準化機関である．また，その位置付けから，各国政府が直接メンバーとなり，各国からの拠出金を財源として活動している．さらに，技術的な側面も強いため民間企業や研究機関及び大学なども応分の会費を負担した上でメンバーとして活動している．

この章では ITU の歴史と活動状況について述べるとともに，企業などが ITU 活動に参加するために役立つと思われる標準化作業などの参考情報について解説する．

8.1 ITU の概要

ITU が取り扱う技術は電気通信 (Telecommunication) 及び ICT の発展とともに広がり続けてきたが，その根本は離れた場所にいる人々がお互いに意志を伝達するという要求を実現する手段である．このことから ITU の歴史はまず，電信 (Telegraph) の発明から始まり，その後，電話，無線，インターネットへと発展するに従い，その活動を拡大してきたことは理解に難くない．本節では，ITU の発足前後の経緯とその後の発展について解説する．

8.1.1 発足前後の経緯

ITU の歴史は 19 世紀の電気通信の 3 大発明がきっかけで始まった．すなわち，モールスによる電信の発明（1837 年），ベルによる電話の発明（1876 年），マルコーニによる無線の発明（1895 年）である．これらをきっかけに電気通信に係る規制と技術の国際協力の必要性が認識され，まず電信の発明から 28 年後の 1865 年 5 月 17 日にパリにおいて最初の電信会議が開催され，20 か国の署名により万国電信連合（International Telegraph Union）が設立された．これが ITU のはじまりである．

その後，1925 年に国際長距離電話諮問委員会（CCIF）及び国際電信諮問委員会（CCIT）が創設され，2 年後の 1927 年に国際無線通信諮問委員会（CCIR）が創設された．その後，1956 年に CCIF と CCIT が統合され，国際電信電話諮問委員会（CCITT：International Telephone and Telegraph Consultative Committee）が発足した[*1]．

CCITT は 1992 年にジュネーブで開催された全権委員会議において ITU-T（ITU Telecommunication Standardization Sector）として組織改編され，この際に CCIR も ITU-R（ITU Radiocommunication Sector）として ITU の部門に併合された．さらに，開発途上国における電気通信技術の普及を目的とした ITU-D（ITU Development Sector）も編成された[*2]．

電気通信の性質から当初は各国において規制の対象であったことから，ITU の主な構成メンバーは国家（MS：Member States）であり，実際の活動は各国において通信行政を担当する主管庁（Administration）により行われた．その後，1980 年代頃より各国において通信の規制が緩和され，技術的な分野については自由化も進んだが，無線周波数の利用方法や番号方式など現在に至るまで規制の対象となる側面も残っている．

[*1] http://www.itu.int/dms_pub/itu-s/oth/02/0B/S020B0000094E27PDFE.PDF
[*2] 財団法人新日本 ITU 協会，"ITU 年表－内外電気通信・放送関係－（1865～1995）"，創立 25 周年記念，p.42

8.1 ITUの概要

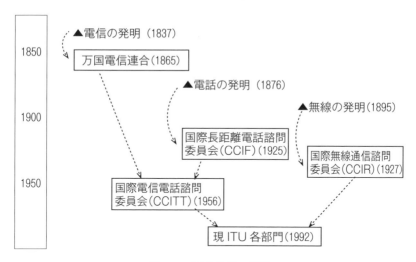

図 8.1 ITU 発足の経緯

8.1.2 現在までの歴史

ITUにおける標準化活動は電気通信技術の発展とともに拡大してきた．当初は電信技術（テレックス），その後にアナログ電話やファクシミリ技術，そしてこれらのデジタル化に伴いISDN技術，更にはインターネットとの融合によるNGN（Next Generation Network）技術や移動体通信網技術へと発展した．無線の関連では，その利用形態から衛星，船舶，放送，地上の応用について標準化が進められてきた．また，無線技術の発展とともに新たな周波数の割当が行われてきた．

ITU-Tでは，1992年頃まで（正確には1993年の総会まで）4年に一度の総会の時期（オリンピックの開催年）に全ての新勧告・改訂勧告の承認が一括して行われ，表紙に色を用いたカラーブックとして出版された．例えば，1976年にはオレンジブック，1980年にはイエローブック，1984年にはレッドブック，1988年にはブルーブックが出版された[*3]．総会の間（会期）の4

[*3] http://www.itu.int/en/ITU-T/studygroups/2013-2016/17/Pages/history.aspx

年間ではなるべく世界統一の規格を実現するため長時間を費やして調整を行ってきた．しかし，その後は情報通信技術の加速度的な進展により，標準化作業の加速化も要請されるようになり，新勧告・改訂勧告が毎年出版されるようになった．これに合わせて勧告作成のための作業方法の改革も進められた．

代表的なものは，代替勧告承認手続き（AAP：Alternative Approval Process）である．これは純粋技術分野の勧告について，草案が完成しそれが会合（SG又はWP会合）において承認（consent）されれば，ITUのWebサイトに1か月間掲示し，その間特段の本質的な反対がなければ自動的に承認される（approval）というものである．ITU-Tの統計によれば全勧告のうちの90％を超える数の勧告がAAP承認の対象になっており，これにより勧告化のスピードが飛躍的に高まった[*4]．

AAPに対して従来の承認手続きを伝統的承認手続き（TAP：Traditional Approval Process）と呼び，こちらのほうはある会合（SG又はWP）において草案が完成したことが承認されれば（determination），約9か月後の次のSG会合において最終的な承認（decision）が行われる．ネットワークの運用，料金分野，セキュリティ分野など主として，各国政府による政策や規制の対象となる分野の勧告についてはTAPが適用される．いずれの手続きを用いるべきかについては，標準化の途中の段階で各国間のコンセンサスにより決定される．

また，1990年代以降の民間フォーラム・コンソーシアムの活発化に伴い，ITU-Tはこれら組織との協調を進め，標準テキストの相互参照を行うためのルールをITU-T勧告A.4，A.5，A.6として整備した．A.4はフォーラム・コンソーシアムとの協調プロセス，A.6は地域標準化組織との協調プロセス，A.5は標準テキストの相互参照プロセスを規定している．これにより，外部の組織において標準化された技術をITU-T勧告として取り入れ，AAPにより迅速に承認するといったことが可能となった．

例えば，3GPPにおいて承認された第三世代移動体通信方式関連の膨大な

[*4] http://www.soumu.go.jp/main_sosiki/joho_tsusin/policyreports/joho_tsusin/itu_r/pdf/t_houkokuH20.pdf

数の技術仕様書（TS：Technical Specification）がITU-Tの場に提案され，これらが遅滞なく勧告化されるといったことが行われてきた．他の例では，NGN関連の多くの勧告においてIETFのRFCの内容がITU-T勧告の規範的事項として参照されるといったことが行われている．このような外部組織との協調により，作業の重複を避け適切に分担することが可能となった．

さらに，ITU-Tの中に各種のグループを構成し，標準化作業の円滑な進展を図る努力も行われてきた．例えば，フォーカスグループ（FG：Focus Group）の場合，親SGの判断により設立され，1年程度の比較的短期間で集中的に特定項目の標準化の必要性を検討し，結果を親SGにおける標準化作業に反映することが行われている．この場合，ITU-T会員だけでなく，広く外部の専門家を検討に加えることが許されている．また，部門間協調グループ（ICG：Inter-Sector Coordination Group）ではITU-TとITU-Rの間で協力して標準化作業を進めることができる．共同ラポータグループ（Joint Rapporteur Group）も課題のレベルで他のSGや部門との間で同様な協調活動を行うことができる．さらには，ISO及びIECとの間の協力方法を規定したITU-T勧告A.23も規定されている．図8.2にITU-T内部及び外部組織との協力形態を示す．

8.2 ITUの構成

ITUの活動は，ITU憲章・条約により規定される[*5]．これらは4年に一度（サッカーワールドカップ開催年）開催される全権委員会議（Plenipotentiary meeting：PP）においてのみ改正が可能となっている．本節では，ITU憲章・条約が規定するITUの構成について記述する．

[*5] http://www.itu.int/en/history/Pages/ConstitutionAndConvention.aspx

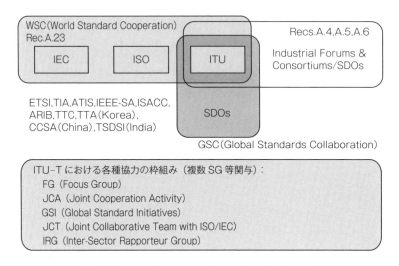

図 8.2　ITU-T 内部及び外部組織との協力形態

8.2.1　憲章・条約
(1)　目　的

ITU は事務総局,電気通信標準化部門(ITU-T),無線通信部門(ITU-R),電気通信開発部門(ITU-D)から構成され(図 8.3),これら 4 組織のトップ五つの役職者(事務総局長と事務総局次長及び各部門の局長)は全権委員会議において選挙により同時に選ばれる.

それぞれの所掌範囲はその名称から自明と思われるが,事務総局が戦略,広報,財務,情報サービスなど ITU 全体を代表した対外的な活動,及び設備や人事などの資源管理のような内部的な業務を担当する.ITU-T は主として有線電気通信技術分野の標準化,ITU-R は無線通信分野の標準化及び無線周波数の割り当て,ITU-D は開発途上国への新技術の普及に係る支援業務を担当する.三つの部門ではそれぞれ定期的に開催される総会において,研究グループ(SG:Study Group)の設立と SG 議長,副議長の選任が行われる.

過去の全権委員会議において役職者に選任された日本人は,1998 年ミネアポリス全権委員会議において事務総局長に選任され 2 期 8 年務めた,総務省

8.2 ITUの構成

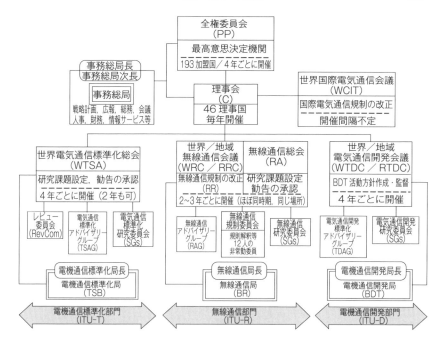

[出典：財団法人日本ITU協会（2007）：これでわかるITU（2007年版），p.1，組織図］

図 8.3　ITUの構成図

出身の内海義雄氏ただ一人である．

(2) 部門の役割

ITU-TとITU-R部門のSGの基本的な役割は"課題（Question）を検討して暫定勧告（Draft Recommendation）を策定する."と憲章・条約に定められている．課題の設定はITU-Tの場合，4メンバー以上の支持によりどのSG会合でも決定できるが，世界電気通信標準化総会（WTSA）において再度確認される．ここで4メンバーは，複数の国が含まれることが望ましいとされているものの1か国のみの4メンバーでも可能である．課題の設定後，課題において計画された勧告を作成する作業が行われる．勧告はどのSG会合においても前述した二つの承認手続きのうちいずれかにより承認が可能である．

SG 会合の成果文書は勧告以外にも，補遺（Supplement）があるが，これは勧告と比べて規範力が弱く，参考情報と見なされる．例えば，勧告を実施する上で参考となるガイドラインなどが補遺として出版される．

ただし，勧告といえどもその名称のとおり強制力はなく，標準化の観点から準拠することが望ましい規範的事項が規定されている．もっとも，国によっては特定の勧告を基に国の法律を定めることがあり，この場合はその国において強制力が生じる．

(3) メンバーシップ

ITU のメンバーシップは表 8.1 に示すように 4 種類存在する．当初はメンバーステーツ（MS：Member States）とセクターメンバー（SM：Sector Members）のみであったが，その後アソシエート（Associates）が追加され，更に最近アカデミア（Academia）が追加された．アソシエートとしては特定の分野に関心のある中小企業やベンチャー企業などの中小規模企業が想定されている．また，アカデミアが導入された背景はインターネット技術の普及である．インターネットはもともとアカデミアのメンバーにより IETF（Internet Engineering Task Force）において標準化されたものであり，近年のインターネットの急速な進展により，ITU-T がこの分野の専門家の参加を推進することが重要と判断したことが背景にある．ITU-T はアカデミアメンバーシップ

表 8.1　ITU のメンバーシップ（2015 年 12 月 29 日現在）

メンバーシップ	説　明	権　利	メンバー数	会費（1 unit）
メンバーステーツ（MS）**	国家	全 SG 活動，国家代表	193 か国	318 000 CHF*
セクターメンバー（SM）	民間企業	全 SG 活動	567	63 600
アソシエーツ	民間企業	特定 1 SG の活動	170	10 600
アカデミア	大学	全 SG 活動	109	3 975

注 *　CHF：スイスフラン
　 **　MS の場合，40 units〜1/16 units の間で支払う．ただし，1/8 と 1/16 は国際連合が指定する least developed countries のみが対象となる．日本は MS の中の最高額となる 30 units を毎年拠出している．

を追加した時期に合わせて，勧告のダウンロードを無料化しているが，これもIETFに合わせたものである．

近年，SMが減少傾向，アソシエーツが増加傾向であったが，最近アソシエーツが停滞しSMが再度増加傾向にある．また，アカデミアは順調に増加している．

(4) 意思決定の仕組み

SG会合の場合，勧告や会合報告書の承認などの意志決定については，会合に出席しているMSの間での全会一致（Consensus）を原則とする．別の言い方をすれば，MSには拒否権（Veto）が存在する．この原則は人口やGDPが少ない小国に有利に働き得る．一方，各部門において定期的に開催される総会や全権委員会議においては，過半数（Majority）による意志決定を取り得る．この場合，米国や中国のようにGDPや人口が多い大国にとって不利に働き得る．例えば，EUの場合28か国のMSから構成されているため，投票時に協調すれば最大28票の勢力になるのに対して，米国や中国は1票に過ぎない．米国はこの状況について過去に異議を唱えたことがあるが，現在まで状況は変わっていない．

ただし，前述のAAPによる勧告承認の場合，SG会合だけでなくその1段下の階層の作業グループ（WP）会合においても承認（Consent）が可能であり，その後1か月のWeb掲載により承認可能であるため，各国の政策や規制に関わらない純粋技術的な勧告についてはSMのみによる承認も可能になっている．また，SMはAAP手続きの途中における本質的なコメントを提出することもできる．この意味から，ITU-Tにおいては近年，SMの権利が拡大しているといえる．

(5) 事務総局の役割

事務総局の最も大きな役割として，4年に一度（サッカーワールドカップ年）全権委員会議を開催し，直前4年間の活動を振り返り，その後の4年間の計画を立てることがある．全権委員会議においては，MSからの提案に基づき，各種の決議（Resolution）や決定（Decision）が採択され，その実行が事務総

局長や部門の局長に託される．また，過去の決議等の実行状況を確認し，その修正や廃止も行われる．このうち，最重要事項の一つとして，3部門への予算配分がある．従来，予算配分の大きさは ITU-R, ITU-D がほぼ同額であるが ITU-T は特に小さいため, ITU-T の局長は各国に対して会費以外の財政的寄与（Financial Contribution）を重要施策として依頼してきた．

　事務総局の通常時の対外的な業務として，電気通信に関する重要事項について，世界に向けた情報発信を行うこと，"ITU Telecom World" と呼ぶ展示会を世界の各地域で行うことなどがある．このため，事務総局長や事務総局次長は世界各地を訪問し，各種の会合に参加し演説などの普及活動を行っている．

8.2.2　ITU-T
(1)　目　的

ITU-T の目的は電気通信の標準化である．主として有線電気通信を扱うが，一部，ケーブルテレビジョン（CATV）分野では，放送というサービス及び関連技術の共通性により ITU-R と連携している．また，電気通信ルートの一部が無線（例えば，衛星や船舶あるいは地上波）になっている場合もあることから，サービスや品質上問題がないかを確認するために，ITU-R と協力している．

ITU-T の標準化は，

① 電気通信サービスや要求条件

② 電気通信サービスや要求条件を実現するためのネットワークのアーキテクチャ及び情報フロー

③ これらを実現するための詳細な信号制御や信号構成（ネットワーク内に送受される信号の手順や詳細な構成と意味）を規定するプロトコル

から構成される．これらのそれぞれを標準化のステージ（stage）1, 2, 3 と呼ぶ[*6]．

　ここで，ステージ1の中にはテレックス，電話，ファクシミリ，データ，

[*6] ISDN の標準化の際，ITU-T 勧告 I.130（及び Q.65）に規定されたが，その後，ETSI（欧州電気通信標準化機構）など多くの標準化組織において受け入れられた．

ISDN，NGN など，提供する電気通信サービスの種別や，何 kbps の通信であるかといった通信速度，信号を伝送する場合に誤りが生じる確率や，発呼や発信の際に相手まで到達するまでの接続遅延といった性能，あるいはネットワーク設備を準備するための運用上の事項などの要求条件が含まれる．

ステージ2には，ステージ1において規定した電気通信サービスや要求条件を実現するためにネットワーク内に配置されるべき機能単位やそれらの相互間で伝達される信号の流れが含まれる．

ステージ3には，信号の構成と1ビットごとの設定方法（符号化：Coding），各信号の送受信に関する詳細な手続きが含まれる．ステージ3の場合，1ビットでも異なれば相互接続が不可能であり，製品の互換性に直接影響する最重要な標準化段階である．

電気通信サービスの発展により，標準化の対象は物理的なハードウェアの範囲から，論理的なソフトウェアの範囲へと広がってきている．例えば，NGN（次世代ネットワーク）の標準化においては，アプリケーションプログラムとのインタフェース（API：Application Program Interface）も標準化の対象となっている．将来のクラウドコンピューティングサービスにおいてもソフトウェアプログラム相互間のインタフェースが標準化対象となる．このような標準化対象の拡大により，もはや ITU-T だけで全てを標準化することが不可能になっており，外部フォーラム・コンソーシアムなどとの連携が重要になっている．ITU-T にとって今後は電気通信の世界的な普及の観点といった ITU-T として特に焦点を当てるべき事項に絞った活動が重要になると想定される．

(2) 世界電気通信標準化総会（WTSA）

ITU-T の最高意思決定会議 WTSA（World Telecommunication Standardization Assembly）は4年に一度，オリンピック開催年に開催され，ITU-T としての方針を決定する．その中には，予算執行計画，戦略的事項，SG の再編，SG 議長・副議長の選任などが含まれる．合意事項は WTSA 決議（Resolution）や決定（Decision）として記録され，ITU-T 局長がその内容を実行することが求められる．例えば，決議1には ITU-T における作業方法が規

定される．決議 2 には各 SG の役割，決議 22 には WTSA 会合の中間の期間における TSAG への権限移譲，決議 35 には SG/TSAG 議長・副議長の選任と任期といった事項が規定されている．ちなみに SG/TSAG 議長・副議長の任期は 8 年（2 会期）であり，これ以上の延長は許されない．最近開催された WTSA は WTSA 12（ドバイ）であり，このとき日本は SG 議長 2 名，副議長 6 名を出した．これに加えて，この総会において設置が承認された Review Committee（RevCom）の議長も輩出した．この委員会は次の WTSA（WTSA 16）までに ITU-T の活動の見直しと SG 再編について検討を行うことと定められている．

近年，ITU-T の参加者の傾向は，欧米が減少傾向，日中韓を中心としたアジア及び開発途上国からの参加者が増加傾向にある．この理由として，欧米の場合はフォーラム・コンソーシアムや ETSI など地域の標準化活動が充実しており，そちらに力を入れていること，これに対して，アジアや開発途上国の場合には地域に充実した標準化活動の場がなく，ITU-T に頼らざるを得ないといった事情があるためと考えられる．日中韓を中心としたアジアからの企業の場合，ITU-T に加えてグローバルなフォーラムなどにも参加をしており，標準化活動の負担が欧米企業に比べて大きくなっている状況にある．

例えば，将来に向けた重要課題を例に挙げれば，第 5 世代移動体通信方式については，3 G，4 G から引き続き欧州が中心となって設立した 3 GPP が議論の中心になっているし，ネットワークの要素技術であるインターネットや Web アクセスに関係したプロトコルの標準化については，米国を中心に設立された IETF（Internet Engineering Task Force）及び W 3 C（World Wide Web Consortium）がそれぞれ中心的役割を果たしている．また，構内（近距離）無線アクセスの分野でも米国が設立した IEEE-SA（IEEE Standard Association）が活発に活動している．このような状況下でアジア諸国の企業が標準化で技術提案をしようとする場合，これらの組織に参加せざるを得ない状況になっている．

(3)　研究グループ（SG）

ITU-T には現在 11 の SG（SGs 2，3，5，9，11，12，13，15，16，17，

8.2 ITUの構成

表 8.2 ITU-TのSG構成（WTSA 12 Resolution 2）

SG	タイトル	主要課題
2	サービス提供の運用側面及び電気通信管理	・サービス定義，番号計画，ルーチング ・災害除去／早期警報，網復元及び回復のための電気通信 ・電気通信管理
3	電気通信の経済的及び政策的事項を含む料金と会計原則	・国際電気通信サービスのための（積算法を含む）料金と課金事項 ・関連する電気通信の料金，経済及び政策事項
5	環境と気候変動	・電磁両立性及び電磁効果 ・ICTと気候変動
9	広帯域ケーブル及びTV	・広帯域ケーブル及びTV統合網
11	信号要求，プロトコル及び試験仕様	・信号方式とプロトコル ・もの相互間信号方式及びプロトコル ・試験仕様，コンフォーマンス及び相互動作試験
12	性能，サービス品質（QoS）及びユーザー体感品質（QoE）	・サービス品質及びユーザ体感品質 ・車通信の運転者注意散漫及び音声側面
13	クラウドコンピューティング，移動及び次世代ネットワークを含む将来網	・将来網 ・移動管理とNGN ・クラウドコンピューティング
15	伝送／アクセス／ホームのための網，技術及び基盤設備	・アクセス網伝送 ・光技術 ・光伝送網 ・スマートグリッド
16	マルチメディア符号化，システム及びアプリケーション	・マルチメディア符号化，システム及び応用 ・ユビキタス及びIoT応用 ・障害者のための電気通信／ICTアクセシビリティ ・高度交通システム ・IPテレビジョン
17	セキュリティ	・セキュリティ ・言語と記述の技術
20	IoTとスマートシティ・コミュニティを含むその応用	・もの相互接続とその応用 ・スマートシティと通信
TSAG	電気通信アドバイザリーグループ	
RevCom	レビュー委員会	

20）が存在している．それぞれの所掌範囲は表 8.2 のとおりである．このうち，SG 20 は 2015 年 6 月の TSAG 会合において歴史上初めて WTSA 決議 22（WTSA の権限の一部を TSAG へ移譲する規定）に基づいて新設された．この表には後述する TSAG，RevCom も含めている．これを見ると，ITU-T は全体として国家（MS）が最終的に責任を持つ電気通信ネットワークに係る技術全般を意識して SG が構成されていることがわかる．特に，国家の政策や規制的な側面が強いのは，SG 2 と SG 3 である．次が SG 9，SG 17 であろう．これら以外の SG については純粋技術的な側面が強いと考えられ，その意味から外部組織との連携が求められる分野といえる．これらの SG 構成は WTSA 16 において，RevCom の報告を受け，再編される可能性がある．

（4） TSAG，RevCom

TSAG では SG 横断的な事項について検討し，検討結果は各 SG や ITU-T 局長に対する助言という形で報告書として文書化される．SG の作業方法や外部組織との協力方法などについては A シリーズ勧告として勧告化される．例えば，勧告 A.1 は ITU-T の SG における作業方法を規定する．勧告 A.2 は ITU-T SG への寄書（Contribution）の提案方法，A.4，A.5，A.6 は前述のとおりフォーラム・コンソーシアム及び地域標準化組織との協力方法，A.7 はフォーカスグループの設立と作業方法，A.8 は AAP 手順，A.23 は前述のとおり ISO 及び IEC との協力について規定している．

TSAG の開催頻度は従来，SG と同等であったが，特に通訳・翻訳コスト削減の観点から，近年は頻度・開催日数とも減少傾向にある．TSAG の出席者は各国政策担当の法律専門家や事務方及び各 SG 議長などである．このため，技術的な事項については深い議論はできず，主として各技術専門分野の代表者である SG 議長の意見を踏まえて政策的な観点から方針の議論が行われる．この意味から，SG 議長が TSAG に出席することは重要となる．また，TSAG は WTSA の開催年の中間において，WTSA 決議 22 によって WTSA の権限の一部である SG 再編を実行することも可能である．

前述のとおり，2015 年 6 月の TSAG 会合において SG 20 が新設されたが，

それ以前にこれが実行されたのは2001年に一度だけである．そのときはSG 7（データ網とオープンシステム通信）とSG 10（交換機用言語）が統合されてSG 17になったが，両SGの議長，副議長は全員留任した結果，次のWTSAまでSG 17議長が2名という状況になった．

通訳経費削減のためTSAGの開催日数を減少させたことにより，ITU-Tの抜本的な改革の議論が十分にできない状況となり，これを打開するため，WTSA 12において，日本から新たなグループの設立が提案された．その結果，WTSA決議82 (Strategic and structural review of ITU-T) が新たに承認され，WTSA 16までにITU-Tの改革とSGの再編を検討することになった．これが，RevCom (Review Committee) である．議長は日本が出し，6名の副議長は世界の各地域より1名ずつ選出された．アジアからは韓国が副議長を出している．

RevComはITU-Tの置かれた現状を分析し，最終的にはWTSA 16においてSG再編案を含むITU-Tの改革案を提出することを目標に検討を進めているが，SG 20の新設はその代表的な成果といえる．これまでに，各SGの標準化活動や，ISO，IECやフォーラム・コンソーシアム等の外部組織との連携状況に関する基礎データ等の収集を行い，また，ISO及びIECの改革状況の分析を基に戦略を強化するための新グループを設置する案などを検討している．

(5) その他のグループ

SG，TSAG以外のグループとして，FG，ICGなどが設立されてきたことは上述したが，PP 02決議106によりITU-Tに各種グループを設立する融通性が確認された後，更に多様なグループが構成された．その背景に近年，単一のSGの範囲を超えた課題が多くなったことがある．

例えば，NGNやIPTVの場合，ネットワークの観点からSG 13とSG 11が，アプリケーションの観点からSG 16とSG 9，セキュリティの観点からSG 17など複数のSGが関係する．また，その後のM 2 M (Machine to Machine)，クラウドコンピューティングについても同様なSGの関与が必要である．さらに，スマートグリッドやITS (Intelligent Transport System)，あるいはICT

と気候変動の場合には，ITU だけでなく，ISO や IEC，更には外部フォーラムとの関係も重要になってくる．

これより，複数のグループ間の調整を行う JCA（Joint Coordination Activity）や GSI（Global Standard Initiative）といったグループも設立されるようになった．前者が中心的課題を担う特定の SG 議長が中心となって調整のみを行うのに対して，後者は既存の関連 SG の関連課題の集合体を意味し，同時期，同一場所で会議を開催することにより調整の促進を図るとともに勧告化も進めることができ，外部に対して活動をより見えやすくする意味を持つ．これらの新たなグループに加えて前述の FG なども活用することで，市場ニーズへ柔軟かつ迅速に対応する標準化を図っている．しかし，より抜本的な改革のためには，SG 自体の再編も必要と考えられることから，前述の RevCom が構成された．

(6) これまでの検討経緯

ITU-T の標準化は電気通信ネットワークの発展とともに進められた．テレックスから始まり，アナログ電話，ファクシミリ，モデム，データ通信，デジタル電話，ISDN，B-ISDN，IN（Intelligent Network）と進められ，その後インターネットの台頭に合わせて NGN，IPTV などの標準化が進められてきた．

ところが，前述のとおり，近年，発展が目覚ましい第三世代移動体通信網については，ITU-T の外部に 3GPP，3GPP2 と呼ぶグローバルフォーラムがそれぞれ欧州，北米主導で設立され，標準規格が二分された．その後，中国も独自標準化を進めた結果，三とおりの規格がそれぞれの地域に出現することになった．また，インターネットについても米国主導の IETF や W3C といったフォーラムやコンソーシアムにより，実質的な標準化が進められている．

このように，近年の最重要課題ともいえる移動体通信とインターネットに係る技術標準化が ITU-T の外部において進められている状況である．欧米からの参加者の減少の背景にはこのような事情がある．ただし，これらの技術も WTO/TBT 協定に準拠した開発途上国に向けた貿易の際には最終的には

ITU-T において国際標準化されることが重要であるため, 3 GPP, 3 GPP 2 規格については最終的には ITU-T に持ち込まれて勧告化されている. また, インターネット技術については ITU-T が定義する NGN ネットワークや IPTV サービスの観点から勧告に反映されている.

8.2.3 ITU-R
(1) 目 的
ITU-R の目的は無線通信の利用技術開発と標準化である. 無線通信の中には, 地上／海上無線, 衛星無線, 放送, 無線利用科学業務（うるう秒補正など）が含まれ, これら無線利用のための周波数管理（スペクトラム管理）も ITU-R の重要な課題である. 無線周波数は人類が発見し活用してきた有限の資源であり, これをいかに効率的に活用するか, つまり同じ帯域を利用していかに多くの情報を電波伝搬するかという課題がこの部門の最重要課題ともいえる.

(2) RA, WRC
RA (Radio Assembly), WRC (World Radio Conference) は 2, 3 年に一度開催される. いずれの会議も最近では 2015 年に開催された.

RA は ITU-T の WTSA に相当する総会であり, ITU-R の SG 再編, 議長・副議長の選任, SG 横断的な課題の検討, ITU-R 局長への助言などを行う他, WRC の準備も重要な業務に含まれる.

WRC は各種の無線業務における周波数の割当を行う会議である. 周波数は有限の資源のため, 地球上の各地域にどのように周波数を割り当てるかによって, その地域における無線業務の実施に大きな影響を及ぼすため, 地域間の利害が激しく衝突する分野であり, これをバランスよく円滑に行うためには 1 か国だけでなく所属地域との協調が欠かせない.

このため, RA, WRC の前には ITU-R において CPM (Conference Preparatory Meeting) が開催されるとともに, 各地域においても準備会議が開催される. アジア地域では WRC に向けて APT (Asia Pacific Telecommunity) の

APG（APT Preparatory Group）が2回程度開催される．欧州や米州その他の地域においても同様に準備会議が開催される．なお，APTにはITU-Tに対応したASTAP（APT Standardization Program）もある．

(3) 研究グループ（SG）

ITU-RのSGを表8.3に示す．SG1は無線周波数管理業務を進めており，近年ニーズが高まる無線給電用の周波数割当やテラヘルツ周波数の利用方針などが現在の主要課題である．SG3は電波伝搬を研究しており，都市部でのマイクロセル，フェムトセルへの適用が想定される短距離伝搬モデルなどを研究している．SG4は衛星業務を研究しており，無線航行衛星業務（RNSS）に係るパラメータの研究などを進めている．この研究は衛星を利用した，固定，移動，放送通信システムや測位に利用される．SG5は地上業務を研究しており，現在の中心課題は2020年に導入予定の5G（第5世代）の周波数割当に関する研究である．SG6は放送業務を研究しており，超高精細4K，8K映像放送及び放送・通信連携に係る課題が現在の中心課題である．SG7は科学業務を研究しており，最近ではうるう秒の挿入の中止に関する検討などが行われている．

検討結果は分野の性格に応じて規制に関係するものについては無線規制

表 8.3 ITU-RのSG構成（ITU-R Resolution 4）

SG	タイトル	主要課題
1	スペクトラム管理	スペクトラム計画，利用，技術，割当及び監視
3	電波伝搬	無線通信システムの改善のための電離及び非電離媒体中の電波伝搬特性，及び電波雑音特性
4	衛星業務	固定衛星業務，移動衛星業務，放送衛星業務及び無線測位衛星業務のためのシステムとネットワーク
5	地上業務	陸上，移動，無線測位，アマチュア及びアマチュア衛星業務のためのシステム及ネットワーク
6	放送業務	主として一般公衆への配信のための映像，音声マルチメディア及びデータ業務を含む無線通信放送
7	科学業務	宇宙無線システム，リモートセンシング，電波天文業務，標準時及び標準周波数

(Radio Regulations) や放送用高周波数帯域割当（High Frequency Broadcasting：HFBC）等として出版されるか，あるいは技術的な任意規格に相当するものについてはITU-R勧告（Recommendations）の形で出版される．

このようにITU-Rでは人類にとっての有限資源である無線周波数の利用技術と割当に関して各国の利害を調整するための研究を進めており，今後ともその重要性は変わらないと想定される．

(4) RAG

RAG（Radiocommunication Advisory Group）はITU-TのTSAGに相当するグループで，WRCの準備や，RA，SG及び無線通信局の作業等の優先度の見直しを行うとともに進捗状況を評価し，無線通信局長に対して助言する役割を担っている．年に1回開催され，結果はSummary of Conclusionsと呼ぶ文書にまとめられ，Webサイトに掲載される．RAGではITU-Rの戦略計画，運用計画又は活動報告に関する文書をまとめる他，ITU-R決議（Resolutions）の改訂について継続的に検討している．

(5) RRB

RRB（Radio Regulation Board）は，周波数割当など無線通信に関する規則に関して適用されるべき手続きを承認する他，その他新規の重要な無線規則に関して調整を行い必要な勧告を策定するとともに，WRCやRAに助言する役割がある無線規則委員会である．各地域を代表する12名の委員は全権委員会議において選任される．アジア地域からは日本が1名委員を輩出している．

8.2.4 ITU-D

ITU-Dは電気通信技術やICTを開発途上国に普及するための各種活動を行っている．SGは二つ存在し，SG 1が政策・規制関連課題，SG 2が技術関連課題を扱う．これらのSGは技術的な勧告の策定はせず，開発途上国にとって関心のある事項を検討し報告書やガイドラインにまとめる．また，ITU-Dの目的の一環として開発途上国のメンバーが標準化会議やワークショップへ参加し，あるいは開催するための財政的な支援などを行う．ITU-TのWTSAに

相当する会議として WTDC（World Telecommunication Development Conference），TSAG に相当する委員会として TDAG（Telecommunication Development Advisory Group）がある．

8.3 ITU の標準化作業

本節では，ITU-T を例として標準化作業の詳細について説明する．標準化作業の目的は勧告の策定であり，そのためにはまず，前述のとおり課題（Question）が合意されている必要がある．その後，メンバーからの寄書を基に検討を進め，暫定勧告（Draft Recommendation）を作成する．これが完成すれば技術的な勧告の場合は AAP，政策・規制に係る勧告であれば TAP の手続きにより最終的に承認され，公用語 6 か国語に翻訳されて出版される．勧告が承認された場合，その安定性のため一定期間（例えば，2 年間）は勧告内容の改訂をしないように推奨されている．

8.3.1 SG 会合

勧告の作成は SG 会合において進められる．各 SG は 4 年の会期の最初に WTSA より与えられた複数の課題（Questions）を担当し，それらの課題をメンバーから提出される寄書（Contribution）を基に検討した結果として勧告を作成する．最初の SG 会合において，SG 議長は課題をグループ化し複数の作業グループ（Working Party）を提案し SG 全体会合（Plenary）において承認を求める．この際，WP 議長，副議長，各課題の議長（ラポータ：Rapporteur）についても各国と調整して提案し承認を求めることができる．WP 議長については WTSA 会合により選任された SG 副議長を優先的に任命することが推奨されている．

SG 会合は 1 会期 4 年の間に 5 回程度開催される（およそ 9 か月周期）．SG 会合の間に検討を加速するため，ラポータ会合や WP 会合がそれぞれラポータあるいは WP 議長の招集により開催される場合もあるが，開催するために

は直前の SG 会合において会合の目的，日程，場所，おおよその参加者数などを確認し，会合の開催を承認しておく必要がある．

　SG 会合ではまず，初日に全体会合（Plenary）が開催され，会議に入力された文書を審議する課題と日程及び会議室を合意する．この原案の作成のため，通常は事前に SG 議長と WP 議長及び ITU-T の事務局を含めて準備会合を半日程度開催する．入力文書の中にはメンバーから提出される寄書及び他の SG や他の標準化組織から入力されるリエゾン文書（Liaison）が含まれる．これらのそれぞれを SG 会合期間中にどの課題でいつ議論するのかを事前会合にて検討し SG Plenary において提案し承認を求める．リエゾン文書については一時文書（Temporary Document）と呼ぶ，その SG 会合期間中のみ有効な文書の形で配布される．その他，エディタ以上の役職者が会合の円滑な進展の観点から提出する各種の文書（例えば，入力文書の課題への割当表や会議室の利用計画，勧告文書に含めるべきテキスト案，ラポータ・WP 会合などの会合報告書案など）も一時文書として会合期間中に配布される．寄書の場合は提出期限が SG 会合開始 12 日前までと規定されているが，一時文書は会合期間中であればいつでも配布可能である．この意味からエディタ以上の役職者はその職務権限を持って会合の進展に影響を与えることも可能となる．

　勧告の作成は課題の下で行われることから，勧告の作成を実質的にリードするのはラポータということになる．ラポータは必要に応じて勧告ごとに一人又は複数のエディタ（Editor）を指名することができる．エディタとは勧告案を実際に記述し，それが完成するまで，及び完成後に維持管理を担当する専門家のことをいう．もちろん，エディタについても直属の WP 会合及び SG 会合において承認されて正式承認になるが，上部の会合で否決されることはほとんどないので，勧告作成作業におけるラポータの権限は大きい．また，ラポータはある一つの会合のみ参加者に対してエディタ作業の協力を要請することも可能である．勧告が最終段階を迎えた場合などには，勧告文書の完成度を上げる目的で SG 会合の間又は中間ラポータ会合の間，あるいは独立にエディタが招集するエディタ会合が開催される場合もある．

SG 会合の結果，作成される出力文書には，勧告案，他のグループへのリエゾン文書，会合報告書などが含まれる．SG 会合の入力文書と出力文書は全て Web に掲載される．ITU では ties と呼ばれるシステムが運用されており，ここに掲載される．これらの文書の閲覧には ID とパスワードが必要であるが，これらは一度でもメンバーとしてジュネーブの ITU 本部で開催される会合に出席すれば，ヘルプデスク（Helpdesk）において発行される他，オンラインによる手続きも可能である．なお，中間会合において検討された結果は次の SG 会合に報告され，承認された上で SG 会合報告書に含められる．また，完成し出版された勧告については誰でも無料で ties から電子的にダウンロード可能である．

8.3.2 勧　　告

勧告は ITU-T 勧告 A.1 に規定される共通の文書様式に従い作成される．勧告には当然ながらタイトルが付けられるが，その他に，他の勧告と識別するための記号・番号が付される．ITU-T の場合，技術分野を表す英文字 1 字と 4 桁までの数字により，勧告が識別される．

例えば，パケット網と端末間のインタフェース勧告（簡略名）の場合，X.25 という記号・番号が付されているが，ここで，X はデータ網を意味する．ISDN におけるパケットプロトコルは X.31（又は I.462）である．I は ISDN 関連を意味する．この場合，データ網と ISDN の両分野に関係するため二つの記号・番号が一つの勧告に付けられている．最近の例では，NGN 関連を Y，映像符号化を含むマルチメディア関連を H，伝送関連や音声符号化関連を G で表す．

勧告には，読者への便宜のため要約（Summary）が付けられる．本文の構成は導入（Introduction），引用標準文書，用語の定義，その後，勧告内容と続く．付録は Annex, Appendix と 2 種類あるがこれらは本質的に異なる．Annex は勧告の必須部分（規範的部分[*7]）を構成するのに対して，Appendix は参考情報の位置付けである．会議中によく，寄書の提案内容を Annex に含

めるか Appendix に含めるか議論される場面があるが，前者に含まれなければ勧告化されたことにならない．

8.3.3 その他の成果文書

ITU-T におけるその他の成果文書として，補遺（Supplement）とインプリメンターズガイド（Implementer's Guide）がある．前者は勧告に関連して出版される有益な参考情報の位置付けであり，ITU-T 勧告 A.13 に規定される．例えば，勧告策定の前提条件となる技術的な事項を規定した技術レポート（Technical Report）などが補遺の例として挙げられる．補遺は本来，勧告の Appendix に含められるべき情報と同等であるが，別文書として出版することが望ましいと判断された場合に出版される．AAP や TAP といった正式な承認手続きを必要とせず，一度の SG 会合による承認により出版が可能である．

一方，インプリメンターズガイドは，勧告出版後にその内容に誤りがあった場合にそれを訂正するために出版される．これ自体も勧告ではなく，勧告を実装する上でのガイドラインの位置付けである．これらの訂正情報は当該勧告の訂正（Corrigendum）文書として適切な時期に出版されるか，又は同勧告の次期バージョンの出版時に勧告内容に反映される．インプリメンターズガイドも一度の SG 会合の承認で出版できる．

8.3.4 知的財産権の取り扱い

勧告に特許を代表とする知的財産権が含まれる場合が想定され，この場合その権利所有者の許諾がなければ勧告を利用できないことになってしまう．このような状況を避けるため，ITU では ITU-T 局長の特別諮問委員会という位置付けで IPR アドホックと呼ぶ会議を定期的に開催しており，ここで勧告に含まれる知的財産権の取り扱いを規定する文書を維持管理している．

IPR アドホックが取り扱う文書を表 8.4 に示す．表中の共通とは，2007 年

[*7] Normative と呼ぶ．これに対して Non-normative とは非規範的の意味であり，Informative とも呼ぶ参考情報の意味である．

3月より発効した，ITU-T/ITU-R/ISO/IEC 共通の文書を意味する．当時，日本政府の強い働きかけにより，ISO/IEC における標準必須特許（SEP：Standard Essential Patent）に関するルールが ITU-T のそれを基に整備されることになった．これには，3国際機関のトップマネジメントの間で必要な協力を議論する枠組みである WSC（World Standard Cooperation）の後押しを得られたことも追い風になった．

歴史的に，SEP をはじめとする知的財産権の問題に一番直面していたグループが ITU-T であったことから，IPR アドホックの議論が他の国際標準化機関に比べて進展しており，近年では，この IPR アドホックへ多くの利害関係者が集まるようになり，国際的な議論を行う場（フォーラム）の役割を果たしている．最近では，SEP を巡る国際紛争の増大により，ITU が 2012 年 10 月10 日，特許ラウンドテーブルと呼ばれる会議をジュネーブで開催したことをきっかけとして，IPR ポリシーの改訂に関する議論を集中的に行っているが，

表 8.4 ITU-T IPR アドホックが取り扱う知的財産権関連文書

文　書	内　容
共通特許ポリシー	勧告に含まれる特許等の取り扱いに関する基本的な考え方
共通特許ガイドライン	共通特許ポリシーを実行するための詳細な運用規定
特許声明・許諾宣言書	SEP 所有者が所有の事実を示し，その許諾条件について意思を表明するための文書で，次の2種類ある． ・共通特許声明・許諾宣言書 ・一般特許声明・許諾宣言書（ITU のみ）
ソフトウェア著作権ガイドライン	勧告に含まれるソフトウェア著作権に関する運用規定
ソフトウェア著作権声明・許諾宣言書	勧告に含まれるソフトウェア著作権の所有者が，著作権を所有していることを示し，その許諾条件について意思を表明するための文書
標章ガイドライン	勧告に含まれる標章の取り扱いに関する運用規定

SEP 所有者と SEP 利用者の間の対立がなかなか解消されない状況にある.

8.4 ITU の活用

ITU は電気通信に係る製品やサービスを提供する企業はもちろん，近年の ICT の他分野への広がりを受け，何らかの形で自社の製品やサービスに ITU が取り扱う ICT を活用しようとする企業もその動向を継続的に把握し，必要であれば積極的に対応することが考えられる．本節では，ITU の活用に関して代表的な二つの場合について述べる．

8.4.1 標準実施者として

世界市場の獲得を目指すグローバル企業にとって，自社の製品やサービスが標準化動向と整合していることはこれらの市場への普及の観点から極めて重要である．これを担保するため，そのような企業は標準化活動に代表者を送り，積極的に対応することが求められる．

ITU の場合，Web サイトに各グループの活動日程などが紹介されているので，本章において紹介した情報を基に，SG 会合に寄書を提出した上で会議に継続的に参加し，自社の情報発信力を高める必要がある．寄書を提出し続けることで他の参加者からの信頼が得られ，役職も任されるようになる．こうして ITU 標準化動向と自社の活動の整合性を常に保つことが必要である．

また，提案した寄書に自社の特許技術が含まれ，それが勧告案に反映された場合には，共通特許ガイドラインに従い，特許声明・許諾宣言書を提出する．近年，企業は自社技術を積極的に標準化する戦略が顕著であり，この動向を把握しつつ，自社技術の標準化にも取り組むことが競争力の確保の点で極めて重要である．

8.4.2 情報収集を目的として

ITU 勧告を直接実施しない企業の場合でも，ITU の標準化動向を継続的に

把握することにより，自社の活動との関連性を見いだし，将来に向けて提供するべき製品・サービスの発想を得ることが期待できる．特に，これからの産業はソフトウェア化とICT化が進み，どのような産業分野であってもITUが取り扱う技術分野と関連する可能性が高い．

例えば，自動車産業は将来的にICTと結合し，ITS (Intelligent Transport System) の方向へとパラダイムシフトすることが想定されている．また，物流や医療においてもM2M (Machine to Machine) やIoT (Internet of Things) といったICTのユビキタス化が進み既存産業の市場が大きく拡大する可能性も想定されている．農業，土木，建築その他の分野についても何らかの形で将来的にICTとの連携が行われる可能性が高い．

このような将来動向について継続的に把握する目的でITUを活用する利点は大きい．ITUは各国政府と産業界が互いに協力しながら標準化を進める独特の組織であること，近年，外部の様々な標準化組織との連携を行っており，ITUをポータルとして活用することにより，世界の政策動向と標準化動向の両方を効率的に把握できるからである．

前述したとおり，何らかの資格でメンバーになることにより，参加者にはtiesアカウントが与えられ，ITUに関する各種会議やワークショップ，あるいは展示会，技術動向のレポート (Technology Watch) など数多くの情報を入手できる．出版済勧告や作業方法関連文書及び参加者リストなど一部の文書については無償ダウンロードできるが，tiesアカウントを入手することにより出版済勧告以外の検討中の勧告案，寄書提出状況，寄書提出元，他組織とのリエゾン状況なども入手することができ，将来動向に関する効率的な情報収集が可能となる．

9. JIS

9.1 JISの変遷

JIS（Japanese Industrial Standard：日本産業規格）は日本の社会，経済，産業，技術及び国際の状況を反映してその役割を変化させてきた．

第二次世界大戦後の産業復興期（1950～55年）には日本製品の品質を確保して輸出振興を図るため，軽工業品（時計，カメラ，繊維，雑貨等）の輸出検査基準や輸出検査方法の規格が整備された．

高度成長期（1956～72年）には産業基盤の整備と輸出振興等を目的として，生産・使用の合理化及び単純化に効果の大きい規格，基本的・共通的な規格，及び工場・鉱山の保安基準など行政的施策のために必要な規格が優先的に取り上げられた．ISOメートルねじへの統一化が行われたのはこの頃である．また産業構造の変化から半導体関係の規格が順次制定された．一方，公害問題の深刻化とその対策のために，水や大気に関する公害防止関連の規格が次々と制定された．また消費者保護のために消費財関連の規格制定とJISマーク表示の対象品目の拡大が行われ，情報産業の発展から情報処理関係の規格制定が進められた．全ての規格に対して単位系の表記を国際単位系（SI）へ段階的に移行することを進めたのもこの時期である．

安定成長・国際協調期（1973年以降）には産業基盤の充実，省資源・省エネルギー及び国民生活の質的向上が重点的な目標とされた．省エネルギー関連製品に対して規格の制定，JISマーク表示の対象品目拡大とともに，"省エネルギー協力製品"の表示も進められた．低価格で居住性の良い住宅が求められたことから，大量生産を可能とするプレハブ住宅等に関する規格，居住性確保の

ための品質と試験方法の規格制定が進められた．国際整合化のために既存 JIS の改正も進められ，コンピュータの大量普及とネットワーク化の急速な進展に伴い，情報関連の互換性とインタフェース規格の制定が進められた．

さらに日本が強みを持つ新技術分野に関する規格制定の動きが続いた．エレクトロニクス，情報技術，メカトロニクス，ファクトリオートメーション，新素材等の分野である．新技術の開発と実用化を促進するために先導的に規格を制定するという視点が導入された．

1995 年に WTO/TBT 協定（貿易の技術的障害に関する協定）が発効した頃から国際標準の重要性が増し，JIS の国際規格への整合化が一層進められた．欧州の経済統合の経験を経て，1990 年代に基準認証制度全体に世界的な関心が高まった．基準認証 5 分野，すなわち計量標準，法定計量，標準化，試験所認定，マネジメントシステム認定の全分野で国際的な活動と連携が強まった．規格開発の面では製品規格や試験規格に加えてマネジメントシステム規格が国際の場で多く作られるようになり，また安全関連の規格が体系立てて作られるようになった．これらに伴い JIS としての対応も進められた．

2019 年に工業標準化法が改正（施行）されて産業標準化法となり，JIS の範囲がデータやサービスなどに拡大された．この改正に伴い，電磁的データに関する規格やサービス産業に関わる規格の作成が今後一層促進されると考えられる．

標準化に関する国内法令は，1949 年に工業標準化法が制定された後，改正を経て 2019 年に現在の産業標準化法[1]となっている．JIS の制定は現在経済産業省に設置されている日本産業標準調査会[2]あるいは認定産業標準作成機関における審議を経て行われている．

9.2　JIS の国際化

製品等に関する基準は，各国において品質の確保，安全性の確保，環境保全等の目的に設定・運用されているが，輸入制限や輸入品の差別的待遇といった

9.2 JIS の国際化

貿易制限的な効果をもたらすことがある．このような基準制度に関連した不必要な貿易障害を取り除くためには国際的な規範を設けることが必要であり，ISO，IEC 等の国際標準化機関において国際規格の開発が進められてきた．また関税及び貿易に関する一般協定（GATT）の場においても基準制度に関して国際的な整合化の推進，当該措置の透明性の確保等のための規定として，1979 年の東京ラウンドにおいて"貿易の技術的障害に関する協定"（Agreement on Technical Barriers to Trade）が成立し，更にウルグアイラウンドにおいては義務の明確化，強化の方向で新協定（TBT 協定）が合意された．

TBT 協定は，開発途上国を含む全ての世界貿易機構（WTO）加盟国に対して以下の義務を課している．

・貿易相手国によって差別的に国内規格を適用してはならない．
・国内規格は，国家安全保障上の必要性など正当な理由がない限り，国際貿易上の不必要な障害をもたらす目的で作られてはならない．
・国内規格は，気候上の理由など正当な理由がない限り，国際規格を基礎として作成しなければならない．

このように TBT 協定は，各国の規制等で用いられる規格を国際規格に整合化していくことで，規格による不必要な国際貿易上の障害を排除し，公正で円滑な国際貿易を実現することを目指している．

日本においても 1995 年の WTO/TBT 協定の発効前から JIS と国際規格との整合化を進めていたが，1995 年度から 1997 年度までの 3 か年にわたって集中的に JIS と国際規格との整合化を進め，対応する国際規格が存在する JIS は基本的には例外なく国際規格の規定内容を JIS に取り入れるとともに，対応する国際規格が存在しない場合は JIS を国際提案することとした．

JIS は現在全部でほぼ 1 万件あるが，そのうち半数以上（約 6 000 件）については ISO と IEC に対応する規格が存在する．JIS と対応する国際規格との関係については"一致している（IDT）"，"修正されている（MOD）"，"同等でない（NEQ）"の三つに区分される．その内訳は，一致しているものが 40%，修正されたものが 57%，同等でないものが 3% である．ISO と IEC に対応す

る規格が存在しない JIS には，電気こたつなど日本独自のものや，日本で新規に開発され今後国際提案を予定しているものが含まれる．我が国においては，上記の区分に基づき，JIS が対応する国際規格と一致又は修正の関係にある場合を"JIS が国際規格に整合"しているとし，これらのいずれかに該当させることにより整合化を図っている．

9.3　JIS の多様化

1990 年代以降，JIS は，それまで主流であった製品規格にマネジメントシステム規格と安全規格が加わることにより多様化し利用範囲が大きく拡大した．

9.3.1　マネジメントシステム規格

品質管理分野では，日本の場合，従来"品質管理に用いる手法"を標準化の対象にして JIS を制定してきた．1987 年に ISO 9000 シリーズ規格が制定された際は，どのように品質管理を行うのか（マネジメントシステム）は標準化になじまないのではないかとの考えから，直ちに JIS 化することは行わなかった．ISO 9001 の制定後，日本の企業が欧州へ製品を輸出する際に，取引先から ISO 9001 の認証を求められる場合が多くなり，この段階になって我が国全体として，ISO 9001 は製造者側がどのように品質管理を行うかを規定したものではなく，購入者側が取引先に対して"どのような品質マネジメントシステムを構築しているか"を判断するためのツールであるとの認識に至り，ISO 9001 が制定されてから 7 年後に JIS として制定した．

ISO 9001 は，日本における標準化の対象に関する認識に大きな影響を与えた．日本では標準化の主な対象は製品であり，JIS の規定内容も製品の仕様（性能）であった．性能についても，満たすべき特性の数値だけでなく，構成材料についても通常詳細に規定しており，いわば製造方法に関する社内標準的な規定に類似したものであった．これに対して ISO 9001 は，品質マネジメントシステムを構築・運営するための"何をしなければならないか = what"だけを

規定しており，その規定の仕方は要求事項（英文では shall, しなければならない）であって，"どのように構築・運営するか＝ how to" は規定していない．ISO 9004 にはその"how to"が盛り込まれているが，規定の仕方は推奨事項（英文では should, 望ましい）となっている．必須項目だけを要求し，それ以外は規格の利用者側の裁量に委ねている．

JIS は強制法規とは異なって任意であり，JIS に準拠するか否かは規格の利用者の判断に任されているが，1980 年代までは JIS の内容は極力具体的かつ詳細に規定することが通例であり，国が制定することもあって，任意ではあるが基本的に規定内容は "準拠しなければならないもの" と捉えられる傾向が強かった．

ISO 9001 が JIS 化されるとともに，我が国に ISO 9001 に係る認定認証制度が創設された．認証とは，JIS マークに代表されるように，製品が JIS に適合していることを証明することである．JIS マークの認証審査の際に，ISO 9001 に相当する品質管理の審査も行われていたが，それはあくまでも審査の中の一つのプロセスであって，認証の対象は製品だけであるという認識であった．これに対して ISO 9001 は，製品を製造・販売するプロセスを認証の対象としたものである．ISO 9001 の制定後，ISO 14001, ISO/IEC 27001 等のマネジメントシステム規格が制定され，我が国における標準化の認識に大きな影響を与えた．現在これらの国際規格はそれぞれ JIS 化されている．表 9.1

表 9.1 主なマネジメントシステム規格に基づく第三者認証件数（概数）

マネジメントシステム規格	世界*	日本**
JIS Q 9001：2015，ISO 9001：2015 （品質マネジメントシステム－要求事項）	1 138 000	37 000
JIS Q 14001：2015，ISO 14001：2015 （環境マネジメントシステム－要求事項及び利用の手引）	324 000	20 000
JIS Q 27001：2014，ISO/IEC 27001：2013 （情報技術－セキュリティ技術－情報セキュリティマネジメントシステム－要求事項）	24 000	4 700

注 * ISO Survey - 2014
　 ** 日本適合性認定協会，日本情報経済社会推進協会，各々 2015 年データ．

9.3.2 安 全 規 格

安全に関する規格については一貫性を持って体系的に整備するために1999年にISO/IEC Guide 51（安全側面－規格への導入指針）が制定された．これは安全に関係する規格を作る各専門委員会のためのガイドラインである．このガイドでは安全に関する規格を，基本安全規格，グループ安全規格，個別製品安全規格，安全側面を一部に含む製品規格の四つに分類し，それぞれに作成の指針を示している．

機械安全に関してはISOにおいてはISO 12100（機械類の安全）が2003年に制定され，この通則的な規格を頂点として図9.1のようにピラミッド状の規格体系が作られた．

- タイプA規格：基本安全規格

    全ての機械類に適用できる基本概念，設計原則及び一般的側面を規定した規格．

- タイプB規格：グループ安全規格

    広範な機械類に安全面又は安全防護物を規定する規格．B規格には，更に

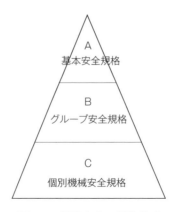

図9.1 機械安全の規格体系

以下の B1 及び B2 規格がある．
  —タイプ B1 規格：特定の安全面に関する規格（安全距離，表面温度，騒音など）．
  —タイプ B2 規格：安全防護物に関する規格（両手操作制御装置，インターロック装置，圧力検知装置，ガードなど）．
・タイプ C 規格：個別機械安全規格
  個々の機械又は機械群に対して詳細な安全要求事項を規定する規格．

上記のような規格体系であれば，C 規格が存在する機械は C 規格に沿って設計することになるが，C 規格が存在しない機械の場合，A 規格及び B 規格に従って設計することになる．

IEC では ISO/IEC Guide 51 に加えて，IEC Guide 104（安全出版物の作成並びに基本安全出版物及びグループ安全出版物の使用）が制定されている．プロセス産業における電気・電子・プログラマブル電子関連システムの機能安全について IEC 61508 が制定されており，輸送機械，化学プラント，医療機器などにも適用される．

従来の JIS は個別製品ごとに独立していたが，現在は ISO における ISO 9000 ファミリー及び ISO 14000 ファミリー等の横の規格群に対応して JIS Q 9000 ファミリー及び JIS Q 14000 ファミリーが制定されている．また ISO 12100 及び IEC 61508 等の縦の規格群に対応して JIS B 9700 機械安全規格群及び JIC C 0508 機能安全規格群が制定されている．A, B, C 規格といった体系的・階層的概念は従来日本にはなかったものであり，日本企業が海外取引先から IEC 61508 への適合を求められて対応に苦慮したことが JIS 制定の発端となった．

ISO/IEC では個別分野の製品規格だけではなく，分野横断的な規格が数多く開発されている．我が国の企業においても所属工業会だけでなく関連工業会を含む横断的な規格開発に関心を持つ必要性が強まっている．このような動きの中で JIS において高齢者・障害者が使いやすい製品や，子供の安全性を確保するための製品の設計指針に関する規格など，業界横断的な規格が世界に先

駆けて制定されるようになってきたことは注目される．この傾向は産業標準化法の制定に伴い加速されると思われる．

9.4　JIS と適合性評価

産業標準化法に基づく適合性評価制度には現在，製品認証制度（JISマーク表示制度）と試験所認定制度（JNLA）の2種類がある．

現行のJISマーク表示制度は2005年に開始されたものであり，国に登録された機関（登録認証機関）が製品を対象にして認証を行うものである．認証の基準は，対象製品がJISの製品規格に適合していることである．製品の製造事業者は適合した製品にJISマークを付けることができる．

当初の工業標準化法ではJISマーク表示制度が適用される製品規格は特定のもののみであったが，現行のJISマーク表示制度ではJISの製品規格の全てに制度が適用されることとなった．2016年5月時点で25の認証機関が登録されている．また2 000以上のJIS製品規格で認証が行われており，認証された件数は8 000以上となっている．現行のJISマーク表示制度の開始後に新たに環境配慮規格や福祉関連規格で認証の取得が進んでいる．

同様に改正工業標準化法によって開始された新しい試験所認定制度（JNLA試験事業者登録制度）は，独立行政法人製品評価技術基盤機構（NITE）が試験所を対象にして認定を行うものである．認定の基準は試験所がISO/IEC 17025（試験所及び校正機関の能力に関する一般要求事項）に適合していることである．認定された試験所はJISの試験規格に準拠して製品を試験し，発行する試験証明書にJNLAマークを付けることができる．2015年3月末時点でJNLAに登録されている試験所は223事業所あり，土木・建築，鉄鋼，繊維などの分野にわたって年間約20万件のJNLAマーク付きの試験証明書を発行している．

以上のように適合性評価制度が適用されるJISは増加する傾向にあるが，次のような課題も指摘されている．

JIS自体について，その原案は製品の提供者側が主体となって作成されることが多く，製品の使用者側が用いる場面が十分に想定されていないことがある．その上，製品規格を使用者との取引だけでなく，提供者側の企業における製造の参考として用いることも意図しているため規定内容は広範で，要求事項と推奨事項が峻別されずに混在している場合がある．適合性評価の基準となる規格は要求事項を明確に規定することが必要なことから，規格の原案作成委員会には利害関係者として関連の認証機関が参加することが望ましい．

認証機関について，日本の認証機関は過去それぞれの法律の許認可関係の業務が主体であったことから技術的能力を有しているが，認証の対象範囲が限定されている場合が多い．日本国内でも多種多様な認証が求められ，海外への輸出の場合では適用される規格さえ不明なときがある．こうした場合，企業は経験が豊富な外資系認証機関を頼ることになる．外資系認証機関は試験・認証業務の知見を活用して積極的に規格開発にも関わっており，同時に当該国際規格に関する認証能力を身につけている．この点は日本の認証機関にとって参考となる．

なお，JIS Q 9001やJIS Q 14001等のようなマネジメントシステム規格に関しては，民間の適合性評価制度が運営されている．

9.5 JISと強制法規

日本では政府が定める技術的ルールとして，道路運送車両法，薬事法（現在は，医薬品，医療機器等の品質，有効性及び安全性の確保等に関する法律），電気用品安全法等の強制法規と，JIS，JAS等の任意規格の二とおりがある．JISの対象製品が他の強制法規の対象製品と重なる場合は多い．

欧州では市場統合のために，各国が従来設定していた安全に関する強制法規をいかに欧州域内で統一運用させるかについて，長年にわたって検討が行われた．市場統合以前は，日本の各法律が政省令・告示等で詳細な技術基準を定めていたのと同様に，欧州でも各国政府が詳細な技術基準を定めていた．安全に

関する事項であるため各国とも自国の基準を是として譲らず調整は困難を極めた．その結果として，欧州域内の強制法規（欧州指令）では必須要求事項だけを定め，それへの適合を証明するための基準は"整合規格（harmonized standard）"と呼ばれ，欧州委員会の指示に基づいて欧州の民間標準化機関である欧州標準化委員会（CEN），欧州電気標準化委員会（CENELEC）及び欧州電気通信標準化機構（ETSI）が定めることとなった．

強制法規は必須要求事項だけを定め，それを満たすことを証明する手法は民間機関で策定するという，いわゆる"ニューアプローチ"方式である．政府は簡単明瞭な規制にとどめ，規制への適合手段については民間に委ねるという図式である．また各指令への適合性評価では，指令が対象としている製品によってAからHまで8つのモジュールを定めていることがニューアプローチの特色である．これらのモジュールは，当該製品が必須要求事項に合致していないことで事故が発生した場合に人体に与える危険度によって区分されており，大半の指令ではモジュールA（自己適合宣言）を採用している．

ニューアプローチ方式のメリットは，政府が関与する規制は必要最低限とし，それ以外は民間の標準化機関に委ねることによって変化への迅速な対応が可能になったことと，各国標準化機関がCEN等に参加するとともにISO等にも参加することによって，ISO，IEC，ITUを欧州標準と同等なものにできるようになったことである．

欧州市場が統合された頃，我が国では各法律で詳細な技術基準を定めるという"オールドアプローチ"方式であった．現在もその方式が多く存在しているものの，全体としてニューアプローチ方式に近づきつつある．JISは現在，200近い法律で技術基準等として引用されている．法令で引用されているJISは1 300規格あまり，法令でJISを引用する回数（延べ回数）は6 000回以上である．JISを多く引用する法律には，医薬品，医療機器等の品質，有効性及び安全性の確保等に関する法律，消防法，建築基準法，労働安全衛生法，職業能力開発促進法，核原料物質，核燃料物及び原子炉の規制に関する法律などがある．

WTO/TBT協定では，"加盟国は，強制規格を必要とする場合において，関連する国際規格が存在するとき又はその仕上がりが目前であるときは，当該国際規格又はその関連部分を強制規格の基礎として用いる．ただし気候上の又は地理的な基本的要因，基本的な技術上の問題等の理由により，当該国際規格又はその関連部分が，追求される正当な目的を達成する方法として効果的でなく又は適当でない場合は，この限りではない．"（第2条2.4項）とされているが，国際的には"ただし書き以降の例外は極力少なくしていく"となっている．このこともあり，我が国の強制法規においても国際規格を尊重することとされており，また，効率的な行政の観点から，各強制法規の技術基準として又は解釈基準として，国際規格と合致又は整合しているJISを積極的に活用していく方向性にある．

9.6 国家規格と国際規格

WTO/TBT協定の発効以後，国際規格の重要性が増している中で，各国の国家規格の役割が不明瞭になりがちである．しかしながら国家規格は強制法規の引用元として不可欠のものであるし，各国独自の製品・サービスやその使用環境も少なからず存在する．またそれぞれの国で開発された新規技術を世界に出していくときに，まず国家規格を作成して国内市場で規格利用者の反応を探り，その後本格的に国際規格を作成するという順番には合理性もある．さらに英語を母国語としない国においては，母国語で書かれた規格は読みやすさ，内容の理解度の深さ，普及の迅速さといった点から利点も多い．

　欧州に特徴的なことであるが，地域規格も大きな役割を果たしている．CEN，CENELEC，ETSIといった欧州の地域標準化機関が作った規格は欧州の市場統合において法令（指令）に多数引用されている．米国には有力な民間標準化団体が幾つかあるが，規格を作るときに利害関係者を国内に限定せずに海外から専門家を積極的に募ったり，規格の原案作成会議を海外で開催したりもしている．標準化団体の名称も例えばASTM Internationalといったように，

実質的に国際規格を作っているとする．

　JISの作成に当たっては原案作成委員会が設置されるが，9.7節で詳しく述べるように，利害関係者としては製品・サービスの提供者とその使用者（消費者を含む．），それに中立的な立場の有識者が適切な人数比率のもとで委員会に参加する．そこで十分に調整した上で合意に至っておくことが，規格がその後社会で広く使われるための要件になる．JISの原案作成委員会の方式は規格の実効性を高めることに大きく貢献している．JISを成立させた後に国際規格として改めて提案すると，規格の内容が国内で十分にもまれていることから日本提案をより確実かつ早期に成立させられる可能性が高まる．

　一方，標準化の技術課題が国際的に緊急を要するときには，JISを経由しないで直接国際提案したほうがよい場合がある．ISOやIECで国際規格を作成する際のリーダーシップ（規格作成のプロジェクトリーダー）は規格の提案国が取ることになっている．したがって国際の場での規格作成のリーダーシップ獲得競争は，先に提案したものに有利（いわば早い者勝ち）ということになる．日本がリーダーシップを取って規格開発を進めるべきと考える案件に対しては，JISを飛び越して早期にISOなりIECに規格提案を行うことが望ましい．

　規格作成をJISから着手するか，あるいはJISを飛び越して直接国際規格として国際の場に提案するかは，全体状況を見ながら総合的に判断することになる．

9.7　JIS作成の体制

　規格作成では利害関係者が確実に参加し，合意を形成することが重要である．JISの原案作成委員会には原則として図9.2（a）に示すように製品の提供者と使用者が同じ比率で参加し，更に中立的な有識者が一定の限度内で参加するというやり方が取られている．

　通常，使用者側は提供される製品に対して高めの仕様を要求し，提供者側は技術とコストの観点から低めの仕様を提示することが多い．使用者側が高い仕

9.7 JIS作成の体制

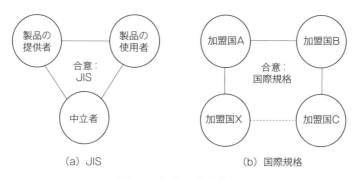

図 9.2 規格の作成体制

様に過度に固執するとコスト高となり，使用者自身が規格どおりの仕様の製品を結果的に購入しないことにもなりかねない．市場においてどのレベルの仕様が適切であるか的確な見極めが利害関係者に求められる．消費者が利害関係者として参加する場合も同様であり，製品のコストと安全性との関係で実際に消費者が規格どおりのものを購入するかどうかの見極めが重要になる．

要求のレベルは使用者側の中で一様でない場合もある．また必要な技術やコストは提供者側の中で一様でない場合もある．そのような場合には規格の作成は複雑さを増し，合意に向けてさまざまな調整が必要になる．

なお JIS の作成体制と比較するために，参考までに国際規格の作成体制に簡単に触れておく．ISO や IEC など国際標準化機関での規格作成体制は JIS とはかなり異なる．国際標準化機関での規格作りは技術課題ごとにそれぞれの専門委員会（Technical Committee）で行われる．そこへの参加者は各国の標準化団体（National Standards Body）であり，議決においては各技術委員会に P メンバー（Participating Member）として登録した各国標準化団体がそれぞれ 1 票を持つ．したがって規格作成に直接参加する利害関係者は図 9.2 (b) に示すように加盟国となる．

国際標準化機関の専門委員会での規格作成においては，各国の異なる意見を調整して合意（consensus）を目指すことになるが，図 9.2 (a) の JIS 原案作成委員会で見られたように製品の提供者側と使用者側が適切なバランスで参加

していることは必ずしも保証されていない．提供者側と使用者側の調整は各国の標準化団体であらかじめ行われ，その結果を各国代表が持ち寄ることが期待されている．

しかしながら開発途上国や新興国によっては当該技術課題に関する提供者と使用者が国内に十分そろっていない場合が多く，各国の意見は技術委員会に出席してくる個人の意見に偏りがちになる．このような事情から国際標準化機関が作成する規格は，製品の提供者側と使用者側の調整が十分になされないまま作成が進んでしまう場合があることには留意しておく必要がある．

9.8 産業標準化制度とその運用

2019年に改正（施行）された産業標準化法に基づいて現行の産業標準化制度が運用されている．

9.8.1 JISの制定プロセス

我が国の産業標準化制度は"日本産業規格（JIS）"と，それへの適合性を評価して証明する制度の"JISマーク表示制度及び試験事業者認定制度"の二本柱で構成されている．

JISの新しい制定プロセス[1]を図9.3に示す．JISは産業標準化法等で規定された手続きに従って，日本産業標準調査会（JISC）あるいは認定産業標準

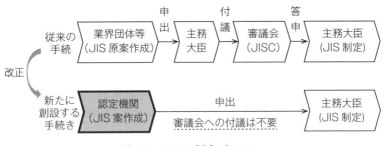

図9.3 JISの制定プロセス

作成機関における審議を経て制定される．JIS には製品規格，方法規格，基本規格といった異なるタイプの規格がある．方法規格のうち鉱工業品の試験規格は JNLA 制度の中で活用される．登録された試験事業者は JIS の試験規格に準拠することで，依頼者に対して JNLA マーク付きの試験証明書を交付することができる．

製品規格には製品認証に用いられる規格と，そうでないものとがある．認証に用いられる規格は，JIS マーク表示制度の中で活用される．登録された認証機関は，製品の製造事業者に対して JIS に適合した製品を製造する能力があるかどうかを評価し，適合した事業者に認証書を交付する．認証を受けた事業者は自社の製品に JIS マークを表示することができる．なお製品の適合性評価のときに，JNLA 制度の登録試験事業者による試験が必要となる．また製品規格は，登録認証機関による第三者認証だけでなく，製品の製造事業者が JIS の製品規格への適合を自己宣言するときにも活用される．

9.8.2　JIS のタイプ

規格は規定の対象によって，製品規格，方法規格，基本規格といったタイプに分かれる．ある技術分野に対して規格を整備したいとき，これらの異なるタイプの規格をどのように使っていったらよいかは，重要なポイントである．

歴史的に見れば，規格は当初ねじのピッチやパイプの口径のような製品の構造を規定することから始まった．これらは製品規格の構造規定といえる．構造規定は製品の互換性，相互接続性に有効である．現在の情報通信分野におけるプロトコルもこのタイプに入る．

ところが構造規定は製品の構造仕様を固定化し，他の選択肢を奪って技術進歩を効果的に反映できないときがある．そのような場合には，構造を規定する代わりに製品の性能を規定することが有効になる．これらは製品規格の性能規定といえる．製品は構造に価値があるのではなく，性能にこそ価値があるとする考え方である．性能規定があればそのもとで製品の製造事業者はコスト競争を行うことになり，一定の性能を満たす製品が安く提供されることに寄与する．

一方，性能規定も場合によっては製品の性能を固定化し技術進歩を十分に反映できないときがある．製品の性能が向上し続けたり，用途が多様化して既存の性能規定だけでは製品の価値を十分に表せなくなったりする場合である．そのような場合は製品の試験方法を規定する規格，すなわち試験規格が有効になる．その考え方は，製品の性能はあるレベルをクリアすればそれでよしとするのではなく，性能は高ければ高いほどよいとする考え方である．製品の使用者は規定された試験方法によって製品の性能を評価し，他社製品と公平に比べるなどして最も適した製品を選択することができる．

なお，製品の設計・製造プロセスなどを規定する規格をプロセス規格というが，試験規格とプロセス規格を合わせて方法規格と呼ぶことがある．

JISでは試験規格の数が増加の傾向にあり，現在，既に製品規格の数を上回っている．実際の規格作成では製品の性能規定と試験規定を一つの規格の中で合わせて記述することもある．ISOでも近年試験規格をより重視する傾向にある．

市場が十分成熟していない新しい技術分野において規格化を進めるときには，前述の歴史的な発展の順序を逆にたどることが有効である．まず製品の試験規定を制定する．試験規格があれば既存の製品群に対する新製品の特徴を明確に評価することができる．また試験規格を利用することで性能の良い製品は良いものとして，悪い製品は悪いものとして市場において公平かつ的確に評価され競争が適正に行われる（性能の差別化）．どのような試験項目と試験条件を規定するかは戦略的視点から注意深く選択する．どのような視点で新製品を差別化したいかに関係するからである．

一方，製品の性能規定に関しては早い段階で拙速に作成すると，規定自体が製品の多様な発展を阻害して技術進歩を凍結してしまうときがある．性能規定に関しては，技術の進展と市場の成長の度合いを見極めながら作成のタイミングを見極めることが重要である．

なお，用語規格は試験規格や製品規格に先立って最初に開発する必要がある．明確に定義され合意された用語を用いて試験規格や製品規格を記述する必要が

あるからである.

プロセス規格は歴史的には最も新しいタイプの規格で，製品を作ったりサービスを提供したりするプロセスに関する規定である．特定の目的を達成するための製品の設計指針であったり，製品やサービスの質を確保するためのプロセスの指針であったり，顧客に適切に対応するためのプロセスの指針であったりする．これらの規定には通常の製品規格のような数値的な要求は入らないが，規格に適合しているかどうかの認証基準が規定される．プロセス規格は今後の発展が期待されるタイプの規格である．

9.8.3 TS/TR 制度
規格には準拠をどの程度強く要求するかによって異なる規範レベルがある．規定に準拠することを
① 要求する場合（要求事項），
② 要求まではせずに推奨にとどめる場合（推奨事項），
③ 推奨まではせずに許容にとどめる場合（許容事項），
④ 推奨まではせずに可能にとどめる場合（可能事項）

といったレベルに分かれる．記述が①であることを規範的（normative）といい，それに対して記述が②から④であることを情報提供的（informative）という．それぞれの規範レベルに対応して，規格は日本語と英語では例えば次のように表現する．

　　要求事項："…しなければならない." あるいは "…する."（英語では shall）
　　推奨事項："…することが望ましい."（英語では should）
　　許容事項："…してもよい."（英語では may）
　　可能事項："…することができる."（英語では can）

規範レベルによって規格は表 9.2 のような種類に分かれる．

規格の作成に当たっては，それぞれの規定について上記のどのレベルで規範性を求めるかを明確に記述する必要がある．特に製品が規格に適合しているかどうかを評価して認証を行う場合（適合性評価），要求事項とそれ以外とを峻

表 9.2 規範レベルと規格の種類

	規範性	規格文書の種類*	備考
1	規範的	国内：JIS, TS（標準仕様書）	記述に要求事項を含む.
		国際：IS, TS（技術仕様書）	
2	情報提供的	国内：TR（標準報告書）	有用な情報を記述する．規範的な記述を含まない.
		国際：TR（技術報告書）	

注* 正式名称は次のとおり.
　　JIS：日本産業規格　　　　　　TS：Technical Specification
　　IS：International Standard　　TR：Technical Report
　標準仕様書と技術仕様書，及び標準報告書と技術報告書は内容的には同じである.

別して記述することが重要である．規範的な規定を含む規格としては国内ではJISとTS（標準仕様書）がある．

　JISは全ての合意手続きを踏んだ正式の規格であり，製品等の適合性評価のために用いることができる．一方，TSは，内容や構成はJISと基本的に変わりないが，最終の合意手続きまで完了するには至らずに途中段階の合意で将来JISになる可能性があると判断されて公表される規格である．TSは成立までの審議の手続きが簡略化されており，また内容の見直し周期が3年と短いことから規格作成の迅速性と柔軟性が高い．新規技術など技術の進展が速く応用分野の変化が激しい場合には，TSを積極的に利用するのがよい．当初規格をTSとして発行し，産業界や社会の反応，規格の利用状況などを見極めながらJISなど次の段階に進むのも有力な方法である．

　規範性を求めない規格はTR（標準報告書）と呼ばれ，特定の技術課題に関する有用な情報を収集して参考として提供するものである．製品規格であれば製品の提供者側と使用者側とが共有しておくことが望ましい情報を客観的・網羅的に取り上げる．TRでは特定の事項を要求したり推奨したりすることはないが，情報を取捨選択すること自体実質的な推奨とみなすこともできる．利害関係者に対して一定の影響を及ぼすことができるので，TRを積極的に利用することを考えてもよい．

なお，JIS や TS は規範的な事項を含むものであるが，それらの規格の中に情報提供的な事項も合わせて記載することは可能である．そうすることで規格の利用者の理解を助けたり運用の便宜を図ったりすることはしばしば行われる．

我が国の TS/TR 制度は，先端技術等の技術進歩の早い分野において，JIS として制定するには時期尚早であるが，迅速かつ適切に標準情報として開示することにより，オープンな議論とコンセンサスの形成を促し JIS 化の推進に資するという目的で設けられたものである．この制度は ISO の TS/TR 制度と同趣旨である．TS や TR を JIS や IS になりそこなった劣位の規格と見下す向きが我が国にも国際的にもなきにしもあらずであるが，それぞれの特徴と役割を生かしてむしろ積極的に活用していくことがこれから求められよう．ある標準化課題に対処するときに，どの種類の規格を（すなわち JIS, TS, TR のいずれを）作るのが最も効果的で適切かを判断することになる．その選択は利害関係者にとって一つの戦略的視点となることに留意したい．

9.8.4 JIS の分野

JIS は，例えば "JIS X 8341" といった形で表記される．ここで，部門記号 "X" は情報処理分野を表し，表 9.3 に示すように 20 部門に分類されている．

JIS の原案作成委員会は民間団体等しかるべき機関内に設置され，原案が作成された後，それぞれの課題ごとに関連の分野の専門委員会等を通して審議が行われる．

表 9.3 JIS の分野

部門記号	部門	部門記号	部門	部門記号	部門
A	土木及び建築	H	非鉄金属	S	日用品
B	一般機械	K	化学	T	医療安全用具
C	電子機器・電気機械	L	繊維	W	航空
D	自動車	M	鉱山	X	情報処理
E	鉄道	P	パルプ及び紙	Y	サービス
F	船舶	Q	管理システム	Z	その他（基本，包装，溶接，原子力を含む）
G	鉄鋼	R	窯業		

9.9 最近の JIS の動向

9.9.1 新技術分野の JIS

新技術分野において規格は技術の普及や市場の拡大に貢献することができる．以下に述べるのは，ここ十数年の間に我が国で作成された新技術分野の JIS の例である．これらは国際規格に対応するものがないもので，全て我が国が独自に制定したものとして注目される．

2000 年代から生活の質や安全・安心に対する人々の関心が高まり，関連する JIS が制定されてきた．高齢者・障害者配慮設計指針については，2003 年に JIS Z 8071（高齢者及び障害のある人々のニーズに対応した規格作成配慮指針）が制定されて以来 JIS が活発に作成されてきた．現在まで，JIS T 0902（高齢者・障害者配慮設計指針－公共空間に設置する移動支援用音案内）など 30 件を超える JIS が制定されている．それらの中には当初 JIS に提案し成立した後国際規格となったもの（JIS S 0032，S 0033，S 0013，S 0014 等）もある．

ライターの誤操作による火災や事故の発生は安全上問題である．ライター全般に関しては国際規格の作成が進んでいたが，その中で日本は子供による誤操作に注目し，幼い子供を実際に誤操作実験に使うことなく，力学的な視点からライターの操作力を JIS に規定することでこの問題を解決した（JIS S 4803）．また 2014 年に制定した JIS Z 9097（津波避難誘導標識システム）も東日本大震災を経験した日本ならではの安全・安心の規格である．

省エネルギー，省資源，環境保全の JIS も活発に制定されている．

日射に関する省エネルギーの JIS としては，塗膜の日射反射率の求め方（JIS K 5602），屋根用高日射反射率塗料（JIS K 5675），窓及びドアの熱性能－日射熱取得率の測定と計算（JIS A 1493，A 2103）が制定されている．

発電用ガスタービンの高温部分に使用される遮熱コーティングに関する評価試験方法（JIS H 8453～8455），自然冷媒ヒートポンプ用高強度銅管 [(JIS H 3300（銅及び銅合金の継目無管）に追加)]，ハイブリッド電気自動車用電気二重層

キャパシタの電気的性能の試験方法（JIS D 1401），下水汚泥固形燃料（JIS Z 7312）等も省エネルギー，省資源への寄与が期待される．

ファインセラミックス－光触媒材料の空気浄化性能試験方法（JIS R 1701）とファインセラミックス多孔体の集じん性能評価（JIS R 1686）は環境浄化への貢献が期待される．

土木，建築，機械分野では，橋梁用高降伏点鋼板（JIS G 3140），下水道構造物のコンクリート腐食対策技術（JIS A 7502），転がり軸受－窒化けい素球（JIS B 1563）などがある．

情報分野では，デジタル製品技術文書情報（JIS B 0060）が制定され，三次元製品情報付加モデルを作成する場合に，設計から製造，検査，出荷，メンテナンスまで一貫して一つのデータにより実施することが可能となる．

9.9.2 新市場創造型標準化制度

新技術が生まれたときに，それを健全に成長させ市場を拡大していくために標準化が果たす役割は大きい．新規製品は一般に従来製品にないような新しい特性や性能を持っていることが多い．このようなとき従来製品に関する製品規格や試験規格があったとしても，新規製品の価値を適切に評価することができない場合がある．また新規製品は異なる分野の技術を融合して作られることが多いことから，既存のいずれかの関係団体が単独で標準化に対応するには無理な場合がある．

このように既存の国内審議団体や原案作成団体では対応が難しく複数の関係団体にまたがる融合技術や，中小企業を含む特定の企業が保有する先端技術の標準化に対応するため，これまでのトップスタンダード制度を統合した"新市場創造型標準化制度"[3]が2014年に創設されている．従来とは異なる規格作成プロセスをとること，日本規格協会が規格原案作成の支援を行うことなどにより，国内審議に迅速かつ円滑に取り組める総合的な仕組みとして活用が期待されている．

10. 海外の標準化機関

10.1 米　　　国

10.1.1 標準化制度の概要

米国においては，1995年に制定された国家技術移転促進法（NTTAA）により，政府機関による民間規格利用を推進している．NIST（米国国立標準技術研究所）は，NTTAAに基づき政府機関の標準化活動への参加を調整している．規格の制定においては，ANSI（米国規格協会）が国家規格の制定権限を持つことについて，NISTとANSIの間で覚書が交わされており，ANSIの認定する規格開発組織（SDO：Standard Development Organization）が開発する規格について，ANSIにより国家規格としての認定が与えられている．

ANSIの認定する主なSDOには，ASTM（米国材料試験協会），UL（保険業者安全試験所），ASME（米国機械学会），NFPA（米国防火協会），ASHRAE（米国暖房冷凍空調技術協会）などがある．SDOにおいては，政府機関，民間企業，消費者，大学・研究機関などから参加を得て，任意のコンセンサスに基づく規格開発が行われている．

米国には多くのSDOが存在し，その数は数百に上ると見られる．ANSIに認定される国家規格の開発を見ると，SDOのうちでも約20の代表的なSDOが全体の90%の規格の開発を担当している．

10.1.2　NIST（米国国立標準技術研究所）

NIST（National Institute of Standards and Technology）は，米国商務省に設置された機関である．NTTAAのもと標準化政策を司り，連邦，州及び地

方技術基準及び適合性評価活動の他，民間組織との調整を行っている．主な活動として，測定機器の校正，トレーサビリティの確立，分析手順の評価等に使用する認証標準物質（SRM）の供給や，米国内における計量標準の維持・管理がある．

10.1.3　ANSI（米国規格協会）

ANSI（American National Standards Institute）は，幾つかの SDO 及び政府機関により，1918 年に設立された民間の非営利組織である．ANSI には，125 000 の会員企業，政府機関及び専門，技術，労働及び商業団体により構成される会員 350 万人が参画している．ANSI は，原則として自らは規格の作成を行わず，SDO 若しくは関連委員会を通じ，所定の手続きを経て ANSI 規格として認定される．およそ 220 の SDO を認定し，それらの SDO が開発した約 10 000 件の規格を米国国家規格として認定している．ANSI は，米国を代表して，ISO や IEC の会員として活動し，数多くの TC/SC に参加している．適合性評価の分野では認定機関としての機能を持ち，IAF（国際認定フォーラム）や PAC（Pacific Accreditation Cooperation）の米国代表会員でもある．

10.1.4　ASTM International（米国材料試験協会）

1898 年に設立された民間の規格開発団体である．ASTM 規格が国際的に利用されるものであることから，2001 年に組織名を現在の名称に変更した．ASTM は独立した非営利団体で，140 以上の国の 30 000 の会員の参加により，12 000 件を超える規格を発行している．分野の例としては，鉄鋼製品，繊維，ゴム，プラスチック，石油製品，一般化学製品，建設材料，金属や一般の試験方法などがある．ASTM が毎年発行する Annual Book は個別規格をまとめたもので，分野ごと約 15 のセクションで出版されている．

10.1.5　ASME（米国機械学会）

ASME（American Society of Mechanical Engineers）は，機械工学分野の

専門家，技術者，学生などが参加する民間の非営利団体である．1880 年に設立された．ASME のおよそ 130 000 の会員は，500 件を超える ASME 規格の開発に貢献しており，開発された規格は米国だけでなく，100 以上の国で利用されている．規格開発を担当する委員会には 5 000 以上の企業，材料製造業，公益機関，行政機関，学会などに所属する会員が関わっている．ASME の代表的な規格には，ボイラ及び圧力容器，配管などがある．ボイラ及び圧力容器基準（BPVC）に基づく認定制度を運用している．

10.1.6 IEEE（米国電気電子学会）

IEEE（Institute of Electrical and Electronic Engineers）は，1884 年に設立され，通信，情報技術，発電製品，サービス等の規格を制定している．会員数は 426 000 人を超え，160 以上の国から電気，コンピュータサイエンスを主としたエンジニアや科学者等の専門家が参加している．開発中のものを含めて 1 671 件以上の規格を有する．LAN，コンピュータ・ソフトウェア規格は ISO にそのまま採用されているものがある．

10.1.7 UL（保険業者安全試験所）

UL（Underwriters Laboratories Inc.）は，安全規格の開発及び規格に基づいた製品の試験・認証を行う民間機関である．1894 年の設立以降，およそ 1 500 件の安全規格を策定し，その規格に基づいて製品を試験し，規格に基づいていると認証した製品に UL マークを表示することを認めている．製品試験認証及び工場検査から得られる収入を主な財源としており，米国以外にも 150 を超える事業所を設置している．

10.2 欧　　　州

10.2.1 欧州の標準化制度の概要

欧州には，EU（欧州連合）及び EFTA（欧州自由貿易連合）によって公式

に認可された地域標準化機関が3機関ある．各機関は後述のとおり，国際レベル同様，標準化の対象となる分野ごとに役割分担がなされており，欧州レベルの統一規格である EN 規格の開発権限を有している．

まず，ISO（電気・電子・通信を除くあらゆる分野）に対応する機関が CEN である．CEN は仏名 Comité Européen de Normalisation の略で，英名は European Committee for Standardization．日本語では欧州標準化委員会と呼ばれる．

次に電気・電子分野の IEC に対応するのが CENELEC．仏名 Comité Européen de Normalisation Electrotechnique の略で，英名では European Committee for Electrotechnical Standardization．日本語で欧州電気標準化委員会と呼ばれている．

最後に通信分野の ITU-T に対応するのが ETSI で，英名 European Telecommunications Standards Institute の略称．日本語では欧州電気通信標準化機構と呼ばれる．

10.2.2　CEN（欧州標準化委員会）

CEN は前述のとおり，機械，化学，建設，エネルギー，食品，サービス，環境など，電気・電子・通信を除くあらゆる分野の EN 規格を策定している．1961 年に創設され，2015 年 12 月現在の加盟国は，EU の全 28 か国，EFTA

表 10.1　CEN の活動（2015 年 1 月時点）

TC（専門委員会）	313
SC（分科委員会）	44
WG（作業部会）	1 517
2014 年に発行した EN 規格	904
2014 年に発行した TS（標準仕様書）	62
2014 年に発行した TR（標準報告書）	60
これまでに発行した EN 規格	14 163
これまでに発行した TS	466
これまでに発行した TR	393

の3か国（アイスランド，スイス，ノルウェー），更にトルコとマケドニアを加えた33か国である．

CENの活動を示す主な数字を表10.1に示す．

また，CENは1991年にISOと技術協力協定（通称，ウィーン協定）を締結し，既存のISO規格がある場合にはそれをEN規格として採用することや，新たな規格を制定する場合にはISOと作業分担し重複を避けることなどを取り決めている．このウィーン協定により，CEN加盟国には多くのメリットがある一方で，日本を含む非欧州諸国にとっては，国際規格の策定プロセスの一部に関与することができなくなるといった問題も生じている．

10.2.3 CENELEC（欧州電気標準化委員会）

CENELECは電気・電子分野の欧州標準化機関として，1973年に創設された．2015年12月現在の加盟国はCEN同様，EUの全28か国，EFTAの3か国（アイスランド，スイス，ノルウェー），更にトルコとマケドニアを加えた33か国である．

CENELECの活動を示す主な数字を表10.2に示す．

CENELECはCEN/ISO間のウィーン協定同様，IECとの間にドレスデン協定と呼ばれる技術協力協定を1996年に結び，共通規格の採用等を取り決め

表10.2　CENELECの活動
(2014年12月末時点)

TC（専門委員会）	69*
SC（分科委員会）	15*
WG（作業部会）	290
2014年に発行したEN規格	509
2014年に発行したTS（標準仕様書）	9
2014年に発行したTR（標準報告書）	15
これまでに発行したEN規格	6 519
これまでに発行したTS	75
これまでに発行したTR	109

注＊　2015年12月時点．

ている．

また，CEN と CENELEC は密接な協力体制を築くことを目的に，2010 年よりブリュッセルに共同オフィス（CEN–CENELEC Management Centre）を構えている．

10.2.4　ETSI（欧州電気通信標準化機構）

ETSI は，1988 年に創設された，放送分野やインターネット・テクノロジーを含む情報通信分野の欧州標準化機関である．CEN 及び CENELEC がブリュッセルにオフィスを構えているのに対し，ETSI のオフィスは南フランスにある．また，前 2 機関のメンバーが欧州各国の標準化機関であるのに対し，ETSI のメンバーは通信事業等の企業や政府機関といった組織であり，その数は 2015 年 12 月現在，800 を超えている．

ETSI の活動を示す主な数字を表 10.3 に示す．

表 10.3　ETSI の活動（2014 年 12 月末時点）

TC（専門委員会）/Projects	28*
2014 年に発行した EN 規格	46
2014 年に発行した TS（標準仕様書）	2 025
2014 年に発行した TR（標準報告書）	195
これまでに発行した EN 規格	4 605
これまでに発行した TS	28 119
これまでに発行した TR	3 076

注　* 2015 年 12 月時点．詳細は図 10.1 を参照のこと．

10.2.5　欧州主要国の標準化機関

(1)　英　国

英国の国家標準化機関である BSI（British Standards Institution：英国規格協会）は，世界初の国家標準化機関として知られている．その前身は 1901 に設立された Engineering Standards Committee で，1929 年に英王室より認可（Royal Charter）を得て，1931 年に現在の名称に改称した．本部オフィ

10.2 欧州

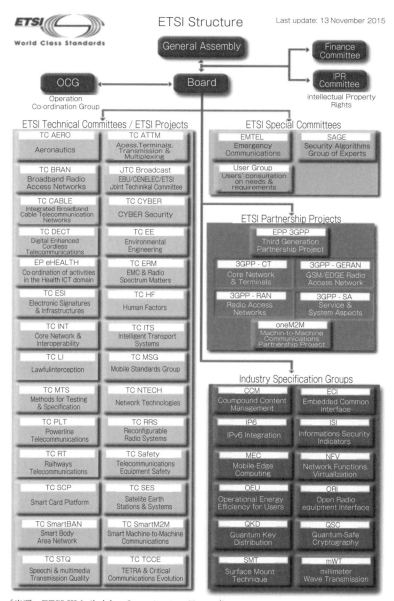

[出所：ETSI Web サイト　Organization Chart (http://www.etsi.org/about/how-we-work/how-we-organize-our-work/organization-chart)]

図 10.1

スはロンドンにある．

　BSI は 1946 年の ISO 設立時にメンバーとなり，1964 年には CEN 及び CENELEC の設立メンバーとなった．IEC についてはもともと，BEC（British Electrotechnical Committee：英国電気規格委員会）が英国におけるメンバーであったが，現在は BSI がメンバーに代わっている．なお，ITU-T 及び ETSI については，政府の一部署（Department for Culture Media & Sport）がメンバーとなっており，BSI の直接的な関与はない．

　BSI の主な事業は，規格の開発及び販売，認証，製品検査の 3 本柱であり，特に認証については，BSI グループとして世界規模で事業展開している．グループ全体の従業員はおよそ 3 000 人だが，うち約 50% が英国外の認証機関に属しており，オフィスは全世界に 50 か所以上ある．

　2014 年に BSI が開発した英国国家規格（BS 規格）は 2 692 件．総数では 37 022 件が発行されている．

(2) ドイツ

　ドイツの国家規格（DIN 規格）を開発している国家標準化機関は，1917 年に設立された機械工業の標準化団体 Normalienausschuss für dem allgemeinen Maschinenbau を前身とする，DIN（Deutsches Institut für Normung：ドイツ規格協会）である．規格の名称に合わせて，組織名も DIN に変更されたのは 1975 年のことで，本部オフィスはベルリンにある．

　ドイツでは，ISO 及び CEN のメンバーとしては DIN が参加し，IEC, CENELEC, ITU-T 及び ETSI には，DIN と VDE（Verband Deutscher Elektrotechnicker：ドイツ電気技術者協会）が共同運営する DKE（Deutsches Elektrotechnische Kommission：ドイツ電気技術委員会）が参加している．

　DIN は非営利組織であり，規格の開発のみを行っている．販売は関連会社の Beuth が行い，他に DIN Software GmbH という規格情報サービスを販売する会社と合わせて，DIN グループとなっている．DIN の従業員数は 2014 年末時点で 411 人．グループ全体では約 600 人となる．

　2014 年に発行された DIN 規格は 1 801 件で，総数では 33 856 件となる．

(3) フランス

フランスの国家標準化機関は，1926 年に設立された AFNOR（Association Française de Normalisation：フランス規格協会）である．AFNOR は，かねてよりフランスにおける ISO 及び CEN のメンバーであったが，2014 年 1 月より，UTE（Union Technique de l'Électricité et de la Communication：フランス電気技術者連合）に代わり，IEC 及び CENELEC のメンバーにもなった（AFNOR と UTE の吸収合併による）．また，ETSI についても AFNOR はメンバーであるが，フランス唯一というわけではない．本部オフィスはパリ郊外のサン=ドニにある．

現在，AFNOR もまたグループ企業として，規格開発及び出版事業を行う Association AFNOR，国内の認証事業を行う AFNOR Certification，国外の認証事業を行う AFNOR International，トレーニング・コンサルタント事業を行う AFNOR Competences などから成る．最も大きな事業は認証事業で，全世界約 40 か国にオフィスを有している．なお，グループ全体の従業員は 1 300 人を超える．

2014 年に発行された NF 規格は 2 005 件（うち改訂が 1 249 件）で，総数では 33 614 件となる．

10.3　ア　ジ　ア

10.3.1　PASC（太平洋地域標準会議）

PASC（Pacific Area Standards Congress：太平洋地域標準会議）は，太平洋地域間の標準化分野の地域協力組織の一つであり，地域内の工業標準化を推進し，ISO/IEC などの国際標準化機関に対する共通意見の形成を行うことを目的としている．メンバーは，米国，日本，中国，カナダなど各国の国家標準化機関より構成されており，現時点で 26 か国・地域が参加している．

10.3.2 ACCSQ（アセアン標準化・品質管理諮問評議会）

ACCSQ（ASEAN Consultative Committee on Standards and Quality：アセアン標準化・品質管理諮問評議会）は，ASEAN 内に設置された標準化のための協議会であり，1972 年に ASEAN 諸国の貿易摩擦を回避し，円滑な貿易を行えるよう，地域間の規格，適合性評価，計測，規制を調整する目的で設立された．ACCSQ の役割は，ASEAN 各国が国際規格を国家規格として採用することのサポートと調整であり，東南アジア地域間の標準化のレベルのばらつきをなくすことを目的としている．

ACCSQ の役割
- 各国国家規格，規制，適合性評価等の国際規格とのハーモナイズの推奨及び政策の決定
- ASEAN 地域及びその他の地域での適合性評価，認定システム，試験実施要領などのベンチマークに関する政策の決定
- TBT 協定における ASEAN メンバー間での良好な関係の構築
- 国際標準化活動における ASEAN 地域の地位の向上

10.3.3 中　国
(1) 標準化制度の概要

中国では，中国国家標準化管理委員会（SAC：Standardization Administration of China）が国家標準化政策実行の中心となり，国家標準である GB 規格（GB：Guo jia Biao zhun）を制定している．SAC は ISO, IEC のメンバーとして登録されており，中国国家の代表として，国際会議への出席と国際及び地域標準化活動に参加している．

中国では国家規格の他，部門規格，地方規格，企業規格があり，この4階層により体系化されている．

国家規格（GB・GB/T 規格）は政府部門において全国規模での統一が必要な技術仕様に関する規格で，2014 年時点で約 30 000 件が制定されている．同じく規格を開発する TC（専門委員会）は 500 件以上が登録されている（SAC web サイト）．

部門規格は，教育，医薬，自動車など各部門（業界内）で統一が必要となる技術要件に関する規格であり，通常，国務院の関係行政主管部門において GB 規格を補充するものとして制定される．2014 年時点で 70 000 件超の規格が制定されている．

地方規格（DB・DB/T 規格）は，省，自治区，直轄市の範囲で制定される工業製品の安全・衛生等に関する規格で，省，自治区，直轄市の標準化行政主管部門において，計画，作成，審査，番号指定，交付が行われる．

企業内で生産する製品に必要な技術規程，管理規定及び業務規程において，該当する国家規格，部門規格又は地方規格が存在しない場合は，企業規格を制

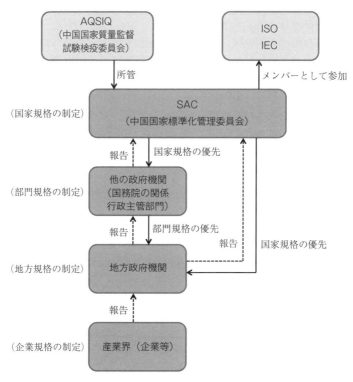

［出所：主要国における国際標準戦略（METI）及び公開資料を基に JSA 作成．］

図 10.2 中国の標準化概要

定して地方政府の主管部門に届けて登録する必要がある．

これらの規格は，中国標準化法の規定により，強制規格と任意規格に分類される．強制規格は，人体の健康，人身，財産の安全に関する規格と法律，行政法規に定められた強制執行の規格であり，その他の規格は任意規格となる．任意規格の場合，規格番号は"GB"などの略号（規格コード）に続き，"/T"が付記されることで識別される．

(2) SAC（中国国家標準化管理委員会）

SACは，中国国家質量監督検験検疫委員会（AQSIQ）に所属する委員会として2001年4月に創設された．中国政府の標準化主管部門であり，主な役割は以下のとおり（要旨抜粋）．

- 国家標準化法律・規制の起草と改正への参加，国家標準化方針とガイドラインの制定と実施，国家標準化活動管理規則と制度の制定
- 国家標準化開発計画の策定，国家規格の制定・改正計画の調整と策定
- 国家標準の制定・改正，国家規格の統一審査，承認，番号指定，公布
- 標準化研究と開発にかかる資金管理
- 国家標準化技術委員会の調整と運営
- 部門，地方標準化活動のコーディネート，部門規格，地方規格の登録と文書化
- 国家代表としての，ISO，IEC等の国際標準化活動への参加
- 国家規格の広報
- WTO/TBTプロトコルに従った標準関係の通知と意見受付

10.3.4 韓　　国

韓国では，産業通商資源部（MOTIE：The Ministry of Trade, Industry and Energy）監督下の韓国技術標準院（KATS：the Korean Agency for Technology and Standards）が，工業標準化法に基づき国家規格であるKS規格を制定している．KSはKATS内の審議会組織である韓国工業標準調査会（KISC：the Korea Industrial Standards Commission）で審議され，技術標準院長が官報で告示している．

KSの制定手順を図10.3に示す．

KATS はまた，ISO，IEC のメンバーとして国際標準化活動に参加する他，PASC のような地域標準化組織にも韓国の代表として参加している．

一方，韓国の標準化団体である韓国標準協会（KSA：Korean Standards Association）は，KATS に協力して，制定改正された KS の普及，業界団体・利害関係者のとりまとめ，民間標準化活動の支援や標準化研究開発プロジェクトなどを行っている．

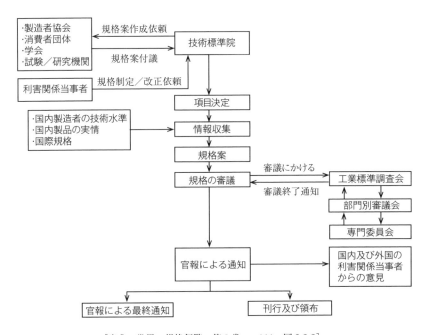

[出典：世界の規格便覧，第 3 巻，p.111，図 2.2.2]

図 10.3 KS の制定手順

10.3.5 シンガポール

シンガポールの国家標準化機関は，2002 年 4 月に通商産業省（MIT）下に設立されたシンガポール規格・生産性・技術革新庁（SPRING：Standards, Productivity and Innovation Board）である．

SPRING は，シンガポール国内企業の成長の促進，シンガポール国内の製品やサービスの信頼性を構築することを目標としており，この目標を達成するため国家標準化機関として規格開発，適合性評価の普及を行う他，人材育成，融資，技術開発の面で企業のサポートを実施している．

SPRING は，SMF（Singapore Manufacturing Federation），SCIC（Singapore Chemical Industry Council）などの規格開発機関と協力し，シンガポール国家規格（SS）の開発を実施している．またシンガポール国内には，著名な企業，国家機関，規格開発委員会の議長などから構成される Standards Council が設置されており，必要に応じて SPRING へ助言を行う．Standards Council は，シンガポール国内の標準化活動における最高決定機関であり，標準化プログラムの方向性，方針，戦略の策定を行い，規格の制定，改正，廃止の承認を行う権限を有している．

Standards Council の下には，各技術分野において 12 の規格委員会（SC：Standards Committees）が設置されており，各産業・技術分野における標準化・国際標準化の戦略と方向性を設定する役割を担っている．SC は，TC を設置する権限を有しており，現在，58 の TC が国内に存在している．

なお，2014 年に発行された SS 規格は，175 件であり，累計で 570 件発行している．SS 規格の販売は，SPRING の指名を受け，TOPPAN LEEFUNG が販売を実施している．

シンガポール国内の適合性評価については，SAC（Singapore Accreditation Council）がマネジメントシステム認証機関（QMS，EMS，HACCP，OHSAS），試験所，検査機関の認定を実施している．

10.3.6　ベトナム

ベトナムの国家標準化機関は，1962 年，ベトナム科学技術省（MOST）の下部組織に設立された標準・計量・品質局（STAMEQ：Directorate for Standards, Metrology and Quality）である．本部オフィスは，ハノイにある．

STAMEQ には，規格開発，計測，適合性評価，品質保証のシステムをサ

ポートする部署がある他，STAMEQ の下部ユニットとして規格開発，認定等の各事業を専門的に行う 13 のユニットが存在する．

規格開発においては，VSQI（Vietnam Standards and Quality Institute）が委員会運営，規格案の審査などの規格開発に必要な業務において中心的な役割を担っている．その他，適合性評価の実施・開発，試験所認定では QUACERT，研修事業では Training Center, 規格の発行などの出版事業は Information Center が実施している．

ベトナムの国家規格（TCVN）は，工業分野と農業分野の両方を対象としており，食品分野の規格が多く発行されているのが特徴である．TCVN は，国際規格や海外規格（ASTM，BS，AS，JIS など）を基礎として開発されるケースが多く，発行されている規格のうち，約 50％が国際規格・海外規格を採用している．

10.3.7 インド

インドの国家標準化機関は，インド規格協会（BIS：Burea of Indian Standards）である．BIS の前身は，1947 年に設立された旧インド規格協会（ISI：Indian Standards Institution）であり，1987 年に Burea of Indian Standards Act（1986 年）に基づき設立された．BIS は，インド国内の生産性の向上のため規格開発，認証，試験所，国際標準化活動，規格の出版販売，研修事業を実施している．本部オフィスは，ニューデリーにある．

BIS は，規格開発のため分野ごとに 14 の部門を設置し，インド国家規格（IS）の開発業務を実施している．これら各部門には規格開発業務を監督するための Division Council が設置されており，規格開発における助言が行われている．

なお，IS 規格は，工業製品のみならず食品・農業など様々な分野の規格が開発されており，現時点で約 19 000 件が制定されており，約 5 000 件が国際規格と整合している．IS 規格は，BIS で販売を実施している．

また BIS では，マネジメントシステム認証，製品認証（BIS マーク認証制度），

貴金属の品質証明制度（Hallmarking Scheme）も実施している．

10.3.8 タ　イ

タイの国家標準化機関は，タイ工業標準局（TISI：Thai Industrial Standards Institute Ministry of Industry）である．TISI は，タイの経済成長のため標準化を整備する必要性から The Industrial Products Standards Act（1968年）が公布され，この法律に基づき，設立された．本部オフィスは，バンコクにある．

タイの国家規格（TIS）は，TISI が新規業務項目の妥当性を判断し，政府，産業界の代表などから構成される理事会が提案について承認を行い，規格開発業務が実施される．規格開発に当たっては，67 の分野別 TC（鉄，鉄鋼製品，コンクリート，製品，食品，医療機器，マネジメントシステム等）で審議し，規格原案が作成している．TIS 規格は，現時点で約 2 900 件が制定されており，その内の約 1 500 件が国際規格と整合している．

また，タイでは，2003 年より製品の安全性，信頼性の確保する目的で CPS（Community Product Standard）の開発を開始した．CPS は，タイ国内の製品に多くの問題やトラブルが存在したために考えられたものであり，社会のニーズにより迅速に対応するため TIS と比較し，規格開発のプロセスを省略し，発行までのタイムスケジュールを短縮して発行している．CPS の対象は主に工芸品，食品や飲料などであり，現時点で，約 1 500 件が制定されている．TIS，CPS は，TISI で販売を実施している．

TISI では，マネジメントシステム認証の認定機関としてタイ国内の QMS，EMS，HACCP，OHSAS 認証機関の認定を実施している．その他，タイ国内製品の安全と信頼性を高めるため製品認証として TIS マーク，CPS マークの認証を実施している．

10.3.9　インドネシア

インドネシアの国家標準化機関は，BSN（Bandan Standadisasi Nasional）

である．BSNは，1997年にインドネシア国内の標準化の協力と調査，規格と適合性評価の適用，標準化の普及と教育を目的として設立された．本部オフィスは，ジャカルタにある．

BSNは，インドネシアの国家規格（SNI）の開発に関わる多くの業務（TCの運営，パブリックコメントの受付，ドラフト作成，規格発行等）を担当しており，現時点でSNI規格は約8 000件，制定されている．SNI規格は，BSNにて販売を実施している．

SNI規格は，国際規格の他，JISやASTMなどの海外規格を積極的に採用している．

インドネシア国内の適合性評価は，BSNの関連組織であるKAN（Komite Akreditasi Nasional）が認定機関として，マネジメントシステム認証機関（QMS，EMS，HACCP，OHSAS），試験所（試験・校正・医療機器）の認定を実施している．

10.3.10　マレーシア

マレーシアの国家標準化機関は，マレーシア標準局（DSM：Department of Standards Malaysia）である．DSMは，1996年に科学技術革新省（MOSTI：Ministry of Science Technology and Innovation）の下に設立され，規格開発と適合性評価の普及を実施している．

マレーシアの国家規格（MS）は，25のセクター別のISC（Industrial Standards Committee）の中で開発されている．このISCは，従来，DSMとSIRIM（Standards and Industrial Research Institute of Malaysia）が事務局を設置し，運営を行ってきたが，2013年よりMTTB（Malaysian Timber Industry Board），IKM（Malaysian Institute of Chemistry）の2機関が規格開発機関として任命され，専門分野のISCの事務局を担っている．ISCの下には，約200のTC，更にその下には約350のWGが設置されている．

MS規格は，現時点で6 482件，制定されており，その内，3 700件が国際規格に整合している．MS規格は，DSM，SIRIMが販売を実施している．

マレーシアは，幅広い分野の規格を開発しており，ハラールに関連した規格も開発しており，MS 1500（Halal Food：Production, Preparation, Handling and Storage - General Guide）など，現在までにハラールに関連した規格を14件発行している．

マレーシア国内の適合性評価については，MSAC（Malaysian Standards & Accreditation Council）がマネジメントシステム認証機関（QMS，EMS，HACCP，OHSAS），試験所，検査機関の認定を実施している．

引用・参考文献

第1章
1) Sanders, T.R.B 編（松浦四郎訳）(1972)：The aims and principles of standardization, ISO（邦題：標準化の目的と原理，日本規格協会）
2) 工業技術院標準部（1969）：わが国の工業標準化，日本規格協会
3) 原田節雄（2004）：ユビキタス時代に勝つソニー形ビジネスモデル，日刊工業新聞社
4) 経済産業省標準化経済性研究会（2006）：国際競争とグローバル・スタンダード，日本規格協会
5) 新井克己，長田洋（2006）：標準仕様開発型コンソーシアムの戦略とマネジメント，研究技術計画学会第21回年次学術大会要旨集

第2章
1) UNIDO（2006）：Role of standards

第4章
1) 滝川敏明（2007）：標準化と競争法，日本知財学会誌，Vol.4, No.1
2) 池田毅（2015）：知的財産ガイドラインの一部改正－標準必須特許の行使に対する独禁法の適用，ジュリスト，2015年11月号（No.1486）
3) 江藤学（2008）：標準化活動におけるパテントポリシーの役割，研究・技術・計画，Vol.22, No.3/4
4) 江藤学（2016）：ライセンス収入から特許無力化戦略へ，一橋ビジネスレビュー，2016春号，pp.92-106
5) 加藤恒（2006）：パテントプール概説，発明協会
6) 土井教之（2009）：パテントプールと競争政策－展望と課題－，紀要"経済学論究－西田稔教授退職記念号"，Vol.63, No.1
7) Aoki, R. and Nagaoka, S. (2004)：The Consortium Standard and Patent Pools, *The Economic Review*, Vol.55, No.4, pp. 346-356
8) 平山賢太郎（2011）：標準規格策定と知的財産権行使に関する欧州委員会の新ルール，NBL, No.949

第6章
1) ISO (1997)：Friendship among Equals, ISO Central Secretariat
   <http://www.iso.org/iso/2012_friendship_among_equals.pdf>
2) ISO (2016)：ISO in figures for the year 2015, ISO Central Secretariat
   <http://www.iso.org/iso/home/about/iso-in-figures.htm>

3) ISO（2015）：ISO Strategy 2016-2020, ISO
 <http://www.iso.org/iso/iso_strategy_2016-2020.pdf>
 日本規格協会：ISO 戦略 2016－2020（和英対訳）－どこでも利用される ISO 規格
 <http://www.jsa.or.jp/wp-content/uploads/iso_strategy_2016-2020.pdf>
4) ISO（2010）：ISO Strategic Plan 2010-2015, ISO
 <http://www.iso.org/iso/iso_strategic_plan_2011-2015.pdf>
 日本規格協会：ISO 戦略計画 2011－2015 －グローバルな課題の解決策
5) ISO（2016）：Directives and Policies, ISO Central Secretariat
 <http://www.iso.org/iso/iso_iec_directives_and_iso_supplement>
 日本規格協会（2016）：ISO/IEC の規定・政策等
 <http://www.jsa.or.jp/itn/service/shiryo/shiryo-1.html?id=shiryou4>
6) 各標準化機関の Web サイト（ISO, IEC, ITU, JISC, CODEX, ASTM, ASME, IEEE, その他）

第 9 章

1) 経済産業省：JIS 法改正
 https://www.meti.go.jp/policy/economy/hyojun-kijun/jisho/jis.html
2) 日本産業標準調査会：https://www.jisc.go.jp/
3) 経済産業省：JIS 新市場創造型標準化制度について
 https://www.meti.go.jp/policy/economy/hyojun-kijun/katsuyo/shinshijo/index.html

第 10 章

1) 主要国における国際標準戦略，経済産業省
2) 飯塚幸三監修（2005）：世界の規格便覧 第 4 巻 米国・カナダ・中南米編，日本規格協会
3) 飯塚幸三監修（2005）：世界の規格便覧 第 3 巻 日本・中国・アジア・オセアニア編，日本規格協会
4) 日本規格協会編（2000）：ANSI 規格の基礎知識 改訂版，日本規格協会
5) 日本規格協会編（2001）：ASTM 規格の基礎知識，日本規格協会
6) 日本規格協会編（2014）：ASME の基準・認証ガイドブック 改訂版，日本規格協会
7) 株式会社 UL Japan 編（2012）：新版 UL 規格の基礎知識 第 3 版，日本規格協会
8) 各機関の Web サイト（NIST, ANSI, ASTM, ASME, IEEE, UL, ETSI, SAC）

著者略歴

江藤　学（えとう　まなぶ）工学博士
1985 年 3 月　　大阪大学大学院基礎工学研究科博士前期課程修了
1985 年 4 月　　通商産業省入省
2000 年 12 月　　外務省経済協力開発機構日本政府代表部一等書記官／参事官
2004 年 6 月　　独立行政法人産業技術総合研究所工業標準部長
2006 年 7 月　　経済産業省産業技術環境局認証課長
2008 年 3 月　　東北大学大学院工学研究科博士後期課程修了
2008 年 8 月　　一橋大学イノベーション研究センター教授
2011 年 7 月　　日本貿易振興機構（JETRO）ジュネーブ事務所長（JISC ジュネーブ代表）
2013 年 7 月　　一橋大学イノベーション研究センター特任教授／教授
　　　　　　　　現在に至る
〈委員等〉
2008 年〜　金沢工業大学虎ノ門大学院客員教授
2008 年〜　独立行政法人経済産業研究所コンサルティングフェロー
2011 年〜　IEC 財務担当諮問グループ（Treasurer Advisory Group）委員

松本　恒雄（まつもと　つねお）
1974 年 3 月　　京都大学法学部卒
1977 年 3 月　　京都大学大学院法学研究科博士課程中退
　　　　　　　　京都大学法学部助手，広島大学法学部助教授，大阪市立大学法学部助教授を経て
1991 年 4 月　　一橋大学法学部教授
2013 年 8 月　　独立行政法人国民生活センター理事長に就任
　　　　　　　　現在に至る
〈委員等〉
2001 年 1 月〜 2009 年 12 月　日本工業標準調査会消費者問題特別委員会委員長
2001 年〜　　　　　　　　　　ISO/COPOLCO 日本代表　国内委員会委員長
2004 年〜 2011 年　　　　　　ISO/SR 国内委員会委員長
2005 年 10 月〜 2009 年 8 月　国民生活審議会消費者政策部会長
2009 年 9 月〜 2011 年 8 月　　内閣府消費者委員会委員長
2014 年 10 月〜　　　　　　　日本学術会議会員

瀬田　勝男（せた　かつお）工学博士
1975 年 3 月　名古屋大学工学部原子核工学科卒
1980 年 4 月　名古屋大学大学院工学研究科博士課程修了
1981 年 4 月　通商産業省工業技術院計量研究所入所
1997 年 10 月　同所光学計測研究室長
2001 年 4 月　独立行政法人産業技術総合研究所発足，国際標準協力室長に就任
2003 年 7 月　独立行政法人製品評価技術基盤機構適合性評価センター認定センター次長
2004 年 4 月　同機構組織変更　認定センター所長
2010 年 4 月　独立行政法人産業技術総合研究所計測標準研究部門副部門長
2012 年 4 月　独立行政法人製品評価技術基盤機構技監
2016 年 4 月　独立行政法人製品評価技術基盤機構認定センター技術専門職
　　　　　　　現在に至る
〈委員等〉
1999 年 10 月～ 2002 年 11 月　APMP（アジア太平洋計量計画）事務局長
2003 年 5 月～ 2009 年 12 月　APLAC（アジア太平洋試験所認定協力機構）理事
2004 年 4 月～ 2008 年 3 月　JIS マーク制度（旧）検査機関登録判定委員長
2004 年 4 月～ 2010 年 3 月　日本工業標準調査会適合性評価部会委員
2010 年 4 月～現在　　　　　計量法校正事業者登録制度（JCSS）技術委員長

武田　貞生（たけだ　さだお）
1975 年 3 月　東京大学工学部計数工学科卒
1975 年 4 月　通商産業省入省
2001 年 7 月　同省知的基盤課長，認証課長等を経て大臣官房審議官（基準認証）に就任
2002 年 7 月　経済産業省退官
2007 年 6 月　財団法人日本規格協会理事・専務理事
2013 年 6 月　一般財団法人海外産業人材育成協会専務理事
2016 年 6 月　芝浦工業大学複合領域産学官民連携推進本部特任教授
　　　　　　　現在に至る
〈委員等〉
2003 年～ 2009 年　ISO 理事会（Council）日本代表委員
2006 年～ 2009 年　ISO 理事会常設財政委員会（CSC/FIN）議長
2010 年～ 2013 年　ISO 副会長（政策）
2010 年～ 2013 年　ISO 理事会常設政策戦略委員会（CSC/SPC）議長　等

藤澤　浩道（ふじさわ　ひろみち）工学博士，IEEE ライフフェロー
1974 年 3 月　　早稲田大学大学院理工学研究科電気工学専修博士課程修了
1974 年 4 月　　株式会社日立製作所入社・中央研究所配属
2003 年 8 月　　同社ソフトウェア開発本部副技師長，中央研究所主管研究員を経て，研究開発グループ技師長に就任
2015 年 5 月　　大阪府立大学客員教授
2015 年 9 月　　株式会社日立製作所研究開発グループ技師顧問
2015 年 9 月　　早稲田大学理工学術院基幹理工学研究科客員教授
2016 年 7 月　　株式会社日立製作所退職
　　　　　　　　現在に至る
〈委員等〉
2004 年〜 2007 年　IEC PACT（未来技術会長諮問委員会）委員
2005 年〜 2008 年　IEC/TC 105（燃料電池技術専門委員会）国際議長
2007 年〜 2008 年　IEC/CAB（適合性評価評議会）委員
2009 年〜 2014 年　IEC 副会長兼 CAB 議長
2009 年〜 2014 年　日本工業標準調査会適合性評価部会委員
2015 年〜　　　　　日本工業標準調査会委員
2016 年〜　　　　　IEC 大使

平松　幸男（ひらまつ　ゆきお）
1978 年 3 月　　横浜国立大学大学院工学研究科修士課程（電気工学）修了
1978 年 4 月　　日本電信電話公社［現日本電信電話(株)］入社，同年 5 月武蔵野電気通信研究所入所
1989 年 4 月　　同 技術情報センタ主幹技師
1991 年 2 月　　同 交換システム研究所主幹研究員
2000 年 4 月　　同 第三部門標準化戦略担当部長
2002 年 8 月　　同 知的財産センタ企画担当部長
2005 年 4 月　　大阪工業大学大学院知的財産研究科教授
　　　　　　　　現在に至る
〈委員等〉
2001 年〜 2008 年　ITU-T SG 11 議長
2000 年〜　　　　　総務省情報通信審議会専門委員
2011 年〜　　　　　同 情報通信技術分科会電気通信システム委員会主査
2006 年〜　　　　　一般社団法人情報通信技術委員会 IPR 委員会委員長
2005 年〜 2007 年　経済産業省 "特許権等を含む標準制定に関する検討委員会" 委員
2007 年度　　　　　21 世紀政策研究所 "技術の国際標準化に関する海外戦略分析" 研究主幹
2008 年〜 2009 年　関西経済連合会企業経営委員会 "国際標準化と知財戦略に関するシリーズ講演会" アドバイザー
2010 年度　大阪市 "国際標準化を活用した環境ビジネスのあり方検討会" 座長

小野　晃（おの　あきら）　理学博士

1974 年 3 月	東京大学大学院理学系研究科博士課程物理学専攻修了
1974 年 4 月	通商産業省工業技術院計量研究所入所
1996 年 4 月	同所研究企画官等を経て熱物性部長に就任
2001 年 4 月	独立行政法人産業技術総合研究所計測標準研究部門長
2008 年 4 月	同所研究コーディネータ，理事を経て副理事長に就任
2012 年 4 月	同所特別顧問
	現在に至る

〈委員等〉

2004 年～ 2012 年	日本工業標準調査会 JIS マーク制度専門委員会委員長
2005 年～ 2015 年	ISO/TC 229（ナノテクノロジー）日本代表委員，国内委員会委員長
2013 年～ 2015 年	日本規格協会標準委員会副委員長
2016 年～	IEC/TC 113（ナノテクノロジー）国際議長

（略歴は執筆時）

索　引

〈A - Z〉

AAP　234
AC　206
ACCSQ　288
ADR　73
AFNOR　287
Annex　252
Annual Book　280
ANSI　280
APG　248
API　170
Appendix　252
APT　248
AQSIQ　290
ASME　170, 280
ASTAP　248
ASTM International　170, 280

BCMS　135
BEC　286
BIS　293
BPVC　281
BSI　284
BSN　294
BS規格　286

C　203
CAB　206, 244
CAC　169
can　273
CASCO　191, 207, 215
CB　204
──スキーム　162
CC　163
CCIF　232

CCIR　232
CCIT　232
CCITT　232
CCRA　163
CEM　163
CEN　266, 282
CENELEC　216, 266, 283
CEマーキング　149
CI　78
CIE　169
CODEX　169
COPOLCO　70, 77, 191
CPM　247
CPS　294
CSC/FIN　191
CSC/SPC　191
CSR　81

DB・DB/T規格　289
DEVCO　191
DIN　286
──規格　286
Directive　184, 196
DKE　286
Draft Recommendation　237
DSM　295

EFTA　281
EMS　134
EnMS　135
EN　149, 215, 282
ETSI　266, 284
EU　281
ExCo　204

GB規格　288

GB/T 規格　289
Global Relevance　52
GSI　246

HACCP　69

IAF　159, 218
ICPHSO　71
ICTs　231
IEC　167, 199, 204
　——活動推進会議（IEC-APC）
　　228
　——規約　200
　——再生可能エネルギー機器規格試験
　　認証システム（IECRE）　222
　——適合性評価システム　206, 216
　——電気機器・部品適合性試験認証シ
　　ステム（IECEE）　218
　——電子部品品質認証システム（IECQ）
　　221
　——白書　207
　——防爆機器規格適合試験システム
　　（IECEx）　219
IEC-APC　228
IECEE　218
IECEx　219
IECQ　221
IECRE　222
IEEE　170, 281
IEEE-SA　242
IETF　242
IKM　295
ILAC　159, 218
IMO　171
informative　273
IPR アドホック　253
IPSJ　195
IS　293
ISA　173

ISC　295
ISI　293
ISMS　135
ISO　167, 190
　——戦略計画（Strategic Plan）
　　177
　——中央事務局　193
　——理事会　191
ISO/IEC Directives　184, 201
　——Part 2　214
ISO/IEC JTC 1　206
ISO/IEC 専門業務用指針　184, 201
　——第 2 部　214
ITSCJ　195
ITU　167, 231, 237
ITU-D　232, 236, 249
ITU-R　232, 236, 247
　——勧告　248
　——決議　249
ITU-T　168, 236, 240
　——勧告　249

JBMIA　195
JCA　246
JEITA　195
JES　27
JIS　257, 270
　——の分野　275
　——マーク表示制度　30, 264
JISC　28, 174, 189, 270
JNLA 試験事業者登録制度　264
JNLA マーク　271
JTC　206
JTC 1　169, 194
J. ラギー　89

KAN　295
KATS　290
KISC　291

KSA　　291
KS規格　　290

Living Laboプロジェクト　　186
Lord Kelvin　　200

may　　273
MOST　　292
MOSTI　　295
MOTIE　　290
MS　　238
MSAC　　296
MSB　　205
MTTB　　295
mutual recognition　　217

NCB　　224
NF規格　　287
Nine Non-No's　　114
NIST　　279
NMI　　142
NMIJ　　144
normative　　273
NPEs　　117
NTTAA　　279

OECD　　171
　　――多国籍企業ガイドライン　　89
　　――プライバシー保護ガイドライン　　74
One Stop Testing, Certification　　161

PAEs　　117
PASC　　287
PDC　　192
peer assessment　　217
PP　　235
PTP　　147

QMS　　133
Question　　237

RA　　247
RAG　　249
RAND条件　　98, 102
reciprocity　　217
RevCom　　245
RMP　　128, 142
RRB　　249

SAC　　288
SAE International　　170
SC　　181, 205
SCIC　　292
SEG　　206, 210
SEP　　102, 254
SG　　206, 236, 242
shall　　273
should　　273
SIRIM　　295
SM　　238
SMB　　205
SMF　　292
SNI　　295
SPRING　　291
SRG　　210
SS　　292
　　――規格　　292
STAMEQ　　292
Supplement　　238
SyC　　206, 210

TAP　　234
TBT協定　　124
TC　　181, 205
TCVN　　293
TDAG　　250
TISI　　294

TMB　　181, 188, 191
TOPPAN LEEFUNG　　292
TR　　253, 274
TS　　234, 274
TS/TR 制度　　273
TSAG　　244

UL　　281
　――マーク　　281
UN　　231
UN/ECE　　171
UNSSC　　173
US-SDO　　170
UTE　　287

VDE　　286
VSQI　　293

W 3 C　　242
WG　　181
WP　　239, 250
WP 29　　171
WRC　　247
WSC　　169, 254
WTDC　　250
WTO　　124, 202
　――政府調達協定　　53
WTO/TBT 委員会　　171
WTO/TBT 協定　　12, 34, 49, 123, 172, 216, 267
WTSA　　237, 241

〈あ〉

アカデミア　　238
アクセシブルデザイン　　77
アセアン標準化・品質管理諮問評議会（ACCSQ）　　288
アセットマネジメントシステム　　135
アソシエート　　238
安全
　――, ISO 22000　　69
　――, ISO/IEC Guide 50　　69, 72
　――, ISO/IEC Guide 51　　69
　――規格　　30, 262, 281
安全・安心　　67, 276
安定成長・国際協調期　　257

〈い, う〉

一時文書　　251
イノベーションサイクル　　89
インタフェイス規格　　19
インド規格協会（BIS）　　293
インド国家規格（IS）　　293
インドネシア国家規格（SNI）　　295
インプリメンターズガイド　　253

ウィーン協定　　187, 283

〈え〉

英国規格協会（BSI）　　284
英国電気規格委員会　　286
エディタ　　251
エネルギーマネジメントシステム（EnMS）　　135

〈お〉

欧州規格（EN）　　149, 215, 282
欧州自由貿易連合（EFTA）　　281
欧州指令　　150, 266
欧州電気通信標準化機構（ETSI）

266, 284
欧州電気標準化委員会（CENELEC）
216, 266, 283
欧州統合　149
欧州標準化委員会（CEN）　266, 282
欧州連合（EU）　281

〈か〉

会長委員会　191
開発途上国政策委員会（DEVCO）
191
科学技術革新省（MOSTI）　295
課題　237, 250
学会規格　23
学会標準　25
可能事項　273
過半数　239
環境　87
環境保全　276
環境マネジメントシステム（EMS）
134
──，ISO 14001　178
韓国技術標準院（KATS）　290
韓国工業標準調査会（KISC）　290
韓国産業通商資源部（MOTIE）　290
韓国標準協会（KSA）　291
幹事国　182
──業務　182
勧誘方針　84

〈き〉

機械安全　262
危害分析重要管理点（HACCP）　69
規格　15
──，ISO Guide 82　89
──，JIS Z 8002　12
──の種類　19
──の著作権　179
技術管理評議会（TMB）　181, 188,
191
技術協力協定　283
技術諮問委員会（AC）　206
技術仕様書（TS）　234, 274
技術報告書（TR）　253, 274
基準認証5分野　258
寄書（Contribution）　250
規制行政　61
規制法規　123
機能安全　263
技能試験供給者（PTP）　147
技能試験提供機関　128
規範的　252, 273
基本安全規格　262
基本規格　19
旧インド規格協会（ISI）　293
狭義の適合性評価機関　145
強制規格　13, 26, 48, 124
行政手続における特定の個人を識別するための番号の利用に関する法律　75
強制法規　265
競争法　93, 114
共通特許ガイドライン　254
共通特許ポリシー　254
共通評価基準（CC）　163
共通評価方法（CEM）　163
共同ラポータグループ　235
共用品　78
巨大適合性評価機関　155
拒否権　239
許容事項　273
金融商品の販売等に関する法律　84

〈く，け〉

苦情対応
──，ISO 10002　72
グループ安全規格　262

経済協力開発機構（OECD） 171
計測標準総合センター（NMIJ） 144
景品表示法 63
契約条項 66
決議 239
決定 239
ケルビン卿 200
原案作成委員会 268
研究グループ（SG） 206, 236, 242
検査 131
　　――機関 128

〈こ〉

公害 81
広義の適合性評価機関 145
公共財 59
公共政策 59
工業標準化法 28, 65
広告 62
校正機関 142
公正競争規約 63
公正な事業慣行 87
構造規定 271
行動規範 60, 84
　　――, ISO 10001 84
合同専門委員会（JTC） 206
高度成長期 257
高齢者 77
　　――, ISO/IEC Guide 71 78
　　――・障害者配慮設計指針 276
コーデックス委員会（CAC） 169
国際海事機関（IMO） 171
国際幹事 182
国際規格 20, 267
　　――との整合化 259
国際試験所認定協力機構（ILAC） 159, 218
国際市場性 52
国際消費者機構（CI） 78

国際消費者製品健康安全機構（ICPHSO） 71
国際照明委員会（CIE） 169
国際食品規格委員会（CODEX） 169
国際相互承認（CCRA） 157, 163
国際長距離電話諮問委員会（CCIF） 232
国際適合性評価制度 202
国際電気通信連合（ITU） 167, 231, 237
国際電気標準会議（IEC） 167, 199, 204
国際電信諮問委員会（CCIT） 232
国際電信電話諮問委員会（CCITT） 232
国際認定フォーラム（IAF） 159, 218
国際標準化機関 167, 190
国際標準化機構（ISO） 167, 190
国際無線通信諮問委員会（CCIR） 232
国際連合（UN） 231
国内委員会 203
国内審議団体 189
国内対応委員会 189
国内認証機関（NCB） 224
国民生活センター 71
国連欧州経済委員会（UN/ECE） 171
国連規格調整委員会（UNSSC） 173
国連自動車基準調和世界フォーラム 171
互恵性 217
個人情報保護 74
　　――, ISO 15001 75
　　――委員会 75
　　――に関する法律 74
　　――法 84
個人番号カード 75

コスト　151
国家規格　21, 267
国家技術移転促進法（NTTAA）　279
国家計量標準機関（NMI）　142
個別機械安全規格　263
コミュニティへの参画及びコミュニティの発展　87
コンセンサス標準　23, 38, 56
コンソーシアム規格　22
コンビナー（Convenor）　182, 205
コンプライアンス　83
　——経営　83

〈さ〉

サービス　63, 137
　——, ISO/IEC Guide 76　65
　——規格　19
　——の標準化　65
　——プロセス認証　140
財政委員会（CSC/FIN）　191
財政グループ国A国　204
裁判外紛争解決手続の利用の促進に関する法律　73
作業グループ（WP）　239, 250
作業部会（WG）　181
産業標準化制度　270
産業標準化法　13, 65, 270
産業復興期　257
暫定勧告　237, 250

〈し〉

支援行政　61
事業継続マネジメントシステム（BCMS）　135
試験　131
　——規格　272
　——・検査方法規格　45
　——項目　272
　——条件　272

——証明書　270
——所・校正機関　128
——方法規格　19
自己認証制度　68
自主規制　60
自主行動基準　83
市場戦略評議会（MSB）　205
市場統合　265
システムアプローチ　210
システム委員会（SyC）　206, 210
システム資源グループ（SRG）　210
システム評価グループ（SEG）　206, 210
事前規制　68
執行役員会（ExCo）　204
自動車技術者協会（SAE）　170
社会的責任　80
　——, ISO 26000　85, 88, 178
社内規格　22
社内標準　38
省エネルギー　276
障害者　77
省資源　276
消費者　269
　——, ISO 10377　70
　——, ISO 10393　70
　——, ISO/IEC Guide 14　65
　——, ISO/IEC Guide 37　69
　——安全調査委員会　71
　——課題　87
　——基本法　78
　——行政　61
　——契約法　66
　——政策　61
　——政策委員会（COPOLCO）　70, 77, 191
　——政策専門委員会　77
　——と標準化　60
　——の権利　78

消費生活用製品のリコールハンドブック　70
商品テスト　71
情報規格調査会（ITSCJ）　195
情報処理学会（IPSJ）　195
情報セキュリティマネジメントシステム（ISMS）　135
——，ISO/IEC 27001　78
情報通信技術（ICTs）　231
情報提供的　273
情報の非対称性　18
シンガポール規格・生産性・技術革新庁（SPRING）　291
シンガポール国家規格（SS）　292
新技術分野　276
信義誠実の原則　67
人権　87
新市場創造型標準化制度　189, 277

〈す〉

推奨事項　273
スイッチングコスト　17
スキーム　165
——オーナー　140
ステークホルダー　80

〈せ〉

生活の質　276
整合規格　266
政策開発委員会（PDC）　192
性能基準化　68
性能規定　271
性能の差別化　272
製品　137
——安全に関する流通事業者向けガイド　70
——規格　19, 271
——認証　271
——認証機関　128, 137

——の使用者　269
——の提供者　269
世界電気通信標準化総会（WTSA）　237, 241
世界標準化協力（WSC）　169, 254
世界貿易機構（WTO）　124, 202
セクター規格　135
セクターメンバー（SM）　238
全権委員会議（PP）　235
SG 全体会合　250
専門委員会（TC）　181, 205
戦略グループ（SG）　206, 236, 242
戦略政策委員会（CSC/SPC）　191

〈そ〉

総会（C）　191, 203
相互受入　156
相互査察　217
相互承認　217
組織統治　87
組織の信頼性　68
ソフトウェア著作権ガイドライン　254
ソフトウェア著作権声明・許諾宣言書　254
ソフトロー　60

〈た〉

タイ工業標準局（TISI）　294
第三者証明　137
第三者適合性評価　216
代替勧告承認手続き（AAP）　234
太平洋地域標準会議（PASC）　287
団体規格　22

〈ち，つ〉

地域規格　20, 267
地域標準化機関　267
知的財産　36, 253

——の利用に関する独占禁止法上の指針　95
中国国家質量監督検験検疫委員会（AQSIQ）　290
中国国家標準化管理委員会（SAC）　288
中立者　269
中立性原理　214

津波避難誘導標識システム　276

〈て〉

提供データに関する規格　19
訂正　253
低電圧電気機器指令　151
適合性評価　124, 149, 264
　　——, ISO/IEC 17000 シリーズ規格　127, 165
　　——委員会（CASCO）　191, 207, 215
　　——機関　125, 216
　　——機関の国際規格　165
　　——評議会（CAB）　206, 224
適正管理体制整備義務　84
デザインフォーオール　78
デジュール標準　24, 55
　　——化機関　186
デファクト標準　25
電気通信　231
　　——開発部門（ITU-D）　232, 236, 249
　　——標準化部門（ITU-T）　168, 236, 240
電気電子エンジニアリング学会（IEEE）　170, 281
電気用品安全法　151
電子情報技術産業協会（JEITA）　195
電信　231

伝統的承認手続き（TAP）　234

〈と〉

ドイツ VDE 規格　201
ドイツ規格協会（DIN）　286
ドイツ電気技術委員会（DKE）　286
ドイツ電気技術者協会（VDE）　286
登録認証機関　264
トーマスエジソン賞　229
特許声明・許諾宣言書　254
特許声明書　97
特許法　92
トップスタンダード制度　189
ドレスデン協定　216, 283

〈に，ね〉

日本工業標準調査会（JISC）　28
日本産業規格（JIS）　257, 270
日本産業標準調査会（JISC）　174, 189, 270
日本標準規格（JES）　28
ニューアプローチ　149, 266
任意規格　13, 29, 48, 124, 265
認証　137
認定　146
　　——機関　128, 218
　　——機関の国際相互承認　160

ネットワーク外部性　15, 33, 42

〈は〉

パテントプール　103, 110
パテントポリシー　98
バリアフリー　78
万国規格統一協会（ISA）　173
万国電信連合　232

〈ひ〉

ビジネス機械・情報システム産業協会（JBMIA） 195
ビジネスと人権に関する指導原則 89
ビジネスモデル 180
ビジネス・レビュー・レター 105
非排他的なグラントバック 105
評議会（CB） 204
表示 62
標準 13
　——化, ISO/IEC Guide 2 12, 18
　——化 9, 12
　——開発組織（米国の）（US-SDO） 170
　——化機関のビジネスモデル 179
　——化の目的 11
　——化の用語の定義 10
　——管理評議会（SMB） 205
　——規格 15
　——・計量・品質局（STAMEQ） 292
　——仕様書 274
　——必須特許（SEP） 102, 254
　——報告書 274
標準物質
　——, ISO Guide 34 128
　——, ISO Guide 35 128
　——生産者（RMP） 128, 142
標章ガイドライン 254
品質マネジメントシステム（QMS） 133
　——, ISO 9001 260
　——認証 133

〈ふ〉

フォーカスグループ 235
フォーラム規格 22
フォーラム標準 24
福祉用具 79
副専門委員会（SC） 205
不当景品類及び不当表示防止法 63
部門間協調グループ 235
プライバシーポリシー 84
プライバシーマーク 75
フランス規格協会（AFNOR） 287
フランス国家規格（NF） 287
フランス電気技術者連合 287
プロジェクト認証 226
プロセス 137
　——規格 19, 272
分科委員会（SC） 181
紛争解決（ADR） 73
　——, ISO 10003 73

〈へ〉

米国機械学会（ASME） 170, 280
米国規格協会（ANSI） 280
米国国立標準技術研究所（NIST） 279
米国材料試験協会 170, 280
米国石油協会（API） 170
米国電気電子学会（IEEE） 170, 281
ベトナム科学技術省（MOST） 292
ベトナム国家規格（TCVN） 293

〈ほ〉

補遺 238, 253
ボイラ及び圧力容器 281
貿易の技術的障害に関する協定 124
放送用高周波数帯域割当 249
方法規格 272
法令遵守 82
ホールドアップ 101
保険業者安全試験所（UL） 281

〈ま〉

マーケティング　62
マイナンバー法　75
マネジメントシステム　134, 260
　——規格　85, 135, 260
　——認証機関　128
マルチスタンダード　52, 99
マルチステークホルダー・プロセス
　80
マレーシア標準局（DSM）　295

〈み，む，め，も〉

民事ルール　62

無線規制　248
無線通信部門（ITU-R）　232, 236,
　247

メンバーステーツ（MS）　238

モジュール　152, 266
　——化　149

〈ゆ，よ〉

ユニバーサルデザイン　78

要員認証機関　128
要求事項　273
用語規格　19, 272

〈ら，り，ろ〉

ライター　276
ライフサイクル　227
ラポータ（Rapporteur）　250

リエゾン文書　251
利害関係者　268
リコール情報サイト　71
リスク　151
　——ベース適合性評価　227
　——マネジメントシステム　136
臨時日本標準規格（臨時JES）　27
倫理法令遵守マネジメント・システム
　85

労働慣行　87
ロードケルビン賞　229
ロックイン効果　17, 43
ロット生産　139

標準化教本
―― 世界をつなげる標準化の知識

2016年7月29日　第1版第1刷発行
2025年5月30日　　　　第8刷発行

編集委員長	江藤　学	
発　行　者	朝日　弘	
発　行　所	一般財団法人 日本規格協会	

〒108-0073　東京都港区三田3丁目11-28 三田 Avanti
https://www.jsa.or.jp/
振替　00160-2-195146

製　　　作　日本規格協会ソリューションズ株式会社
印　刷　所　株式会社平文社

©Manabu Eto, et al., 2016　　　　　Printed in Japan
ISBN978-4-542-30704-9

●当会発行図書，海外規格のお求めは，下記をご利用ください．
JSA Webdesk（オンライン注文）：https://webdesk.jsa.or.jp/
電話：050-1742-6256　E-mail：csd@jsa.or.jp